河北省教育厅学术著作出版基金资助
河北省自然科学基金现代轧制技术与先进钢铁材料基地
专项项目资助（08B015）

平整轧制工艺模型

白振华　刘宏民
李秀军　周　利　著

北京
冶金工业出版社
2010

内容简介

本书主要包括平整轧制基本工艺数学模型、特定平整机组工艺数学模型、平整机组辊型优化模型等三个部分，内容主要包括轧制压力机理模型、工程实用轧制力及其自学习模型、压靠理论及压靠发生时的板形模型、四辊高强钢平整机辊径参数设计模型、VC 辊平整机核心工艺数学模型、双机架平整机组摩擦系数及变形抗力返算模型、双机架平整机组金属模型参数综合优化模型、双机架 UCM 机型平整机组辊系参数综合优化模型、普通四辊平整机的辊型优化模型、VC 辊平整机辊型优化模型、高强钢平整机的辊型优化模型等20套与平整工艺相关的模型及技术。

本书可供轧钢专业从事板带轧制技术的高等学校教师、研究生和大学生以及现场的工程技术人员使用和参考。

图书在版编目(CIP)数据

平整轧制工艺模型/白振华等著. —北京：冶金工业出版社，2010. 1

ISBN 978-7-5024-5114-1

Ⅰ. ①平…　Ⅱ. ①白…　Ⅲ. ①平整轧制—轧制模型　Ⅳ. ①TG335. 1

中国版本图书馆 CIP 数据核字(2009)第 235668 号

出 版 人　曹胜利

地　　址　北京北河沿大街嵩祝院北巷 39 号，邮编 100009

电　　话　(010) 64027926　电子信箱　postmaster@ cnmip. com. cn

责任编辑　尚海霞　美术编辑　张媛媛　版式设计　葛新霞

责任校对　侯　瑂　责任印制　牛晓波

ISBN 978-7-5024-5114-1

北京百善印刷厂印刷；冶金工业出版社发行；各地新华书店经销

2010 年 1 月第 1 版，2010 年 1 月第 1 次印刷

850mm × 1168mm　1/32；8 印张；214 千字；246 页；1-2000 册

26. 00 元

冶金工业出版社发行部　电话：(010)64044283　传真：(010)64027893

冶金书店　地址：北京东四西大街 46 号(100711)　电话：(010)65289081

（本书如有印装质量问题，本社发行部负责退换）

前　言

随着家用电器、汽车、电子、建筑、造船、军工、航天等行业的需求增大，板带生产工业获得迅猛发展。如今，板带比已经成为衡量一个国家钢铁工业水平的重要标志之一。而平整作为冷轧板带生产中最接近成品的一道工序，不但可以通过控制带材的延伸率与板形来保证退火后产品的力学性能与外形质量，而且可以在带钢表面形成一定的粗糙度，达到提高带钢涂覆性能和成形性能的目的。随着用户对带钢力学性能、板形、表面质量等方面要求的不断提高，平整工序的重要性日益凸现出来。以前，现场平整轧制工艺参数的设定主要依靠表格与操作工经验相结合的方法，产品质量的稳定性无法保证。近10年来，随着用户要求的提高，现场逐步走向对平整生产模型化、自动化改造。国内平整工艺起步较晚，尚未有平整工艺模型方面的专著出版，为了满足从事轧钢生产的工程技术人员学习、研究平整生产过程中工艺数学模型的需要，促进技术的进一步发展，著者根据现场近10年的研究成果与实践经验，撰写了本书。

本书的第1章在对平整工艺与国内外平整工艺的现状进行了简单介绍的基础上，对平整轧制过程中所遇到的主要问题进行了重点分析；第2章介绍了平整轧制基本工艺数学模型，包括轧制压力机理模型、工程实用轧制力及其自学习模型、压靠理论及压靠发生时的板形模型、带钢表面粗糙度模型、带钢表面延伸率设定模型、延伸率和板形综合控制模型等6个模型；第3章介绍了特定平整机组工艺数学模型，主要包括四辊高强钢平整机辊径参数设计模型、VC辊平整机核心工艺数学模型、双机架平整机组摩擦系数及变形抗力返算模型、双机架平整机组带钢表面粗糙度预报及工作辊配辊模型、双机架平整机机组延伸率综合分配模型、双 UCM 平整机组色差综合控制模型、双机架平整机组金属模型参数综合优化模型、双机架 UCM 机型平整机组辊系参数综合优化模型等八个模型；第 4 章介绍了平整机组辊形优化模型及其现场应用，主要包括普通四辊平整机的辊形优化模型、VC 辊平整机辊形优化模型、高强钢平整机的辊形优化模型、热镀锌平整机的辊形优化模型、极薄带钢平整轧制过程机组辊型优化模型、双 UCM 平整机辊形优化模型等 6 个与辊形相关的模型。本书比较全面地反映了平整轧制工艺模型的全貌和国内外近年来新的进展，其中大部分内容属于著者最近 10 年的研究成果，并已经在相关机组上得到应用。

本书所著的相关研究成果得到连家创教授、刘宏民教授的指导。在本书的撰写过程中，宝山钢铁股份有限公司吴首民首席工程师、顾廷权首席工程师、程其华主任工程师、张宝平首席工程师、黄传清首席工程师、徐俊厂长、杨杰厂长与攀枝花新钢钒股份有限公司李俊洪博士、周波工程师以及凌源钢铁股份有限公司席英信厂长参与了本书的相关理论成果的现场试验与验证工作，燕山大学周庆田教授、李兴东博士、杨立坡博士、王东城博士、周莲莲硕士以及硕士研究生康晓鹏等参加了部分理论研究工作。

本书由“河北省教育厅学术著作出版基金”、“河北省自然科学基金现代轧制技术与先进钢铁材料基地专项项目(08B015)”资助出版。

由于著者水平有限，书中不足之处请读者批评指正。

著　者

2009 年 10 月

目　录

1 绪　论

近年来，随着家用电器、汽车、电子、建筑、造船、军工、航天等行业的需求增大，板带生产工业获得迅猛发展。如今，板带比已经成为衡量一个国家钢铁工业水平的重要标志。平整作为冷轧板带生产中最接近成品的一道工序，不但可以通过控制带材的延伸率与板形来保证退火后产品的力学性能与外形质量，而且可以在带钢表面形成一定的粗糙度，达到提高带钢涂覆性能和成形性能的目的。因此，随着用户对带钢力学性能、板形、表面质量等方面要求的不断提高，平整工序的重要性就日益凸现出来。

1.1 平整工艺概述

经退火后的冷轧带钢卷，其表面粗糙度、平直度和组织性能等指标均难以满足用户要求。通常，退火后的冷轧带钢具有如下典型组织特征：(1) 粗大、伸长的铁素体组织；(2) 有利的织构；(3) 很小的位错密度；(4) 氮稳定结合成氮化铝；(5) 相对粗大的渗碳体析出物。由此得到的力学性能是：比较低的屈服强度和抗拉强度、非常好的冷成形性能和显著的屈服平台。

冷轧带钢经过再结晶退火，消除了加工硬化组织，但却使力学性能和加工性能变坏。这时带钢的应力应变曲线具有明显的上屈服极限，并且在下屈服极限出现屈服平台，如图1-1所示。抑制屈服平台的方法有平整轧制、拉伸变形以及矫直等，而平整轧制是最有效的一种加工方法，适合于大规模生产。

经过再结晶退火后的带钢以较小的变形量（0.5%～3%）进行轧制，以消除屈服平台和轻微的波浪，同时得到要求的表面结构，这种轧制过程叫做平整。

平整的目的是：改善带钢的平直度，使带钢表面有一定的粗糙度或洁净度，最后消除退火带钢明显的屈服极限，清除由此产

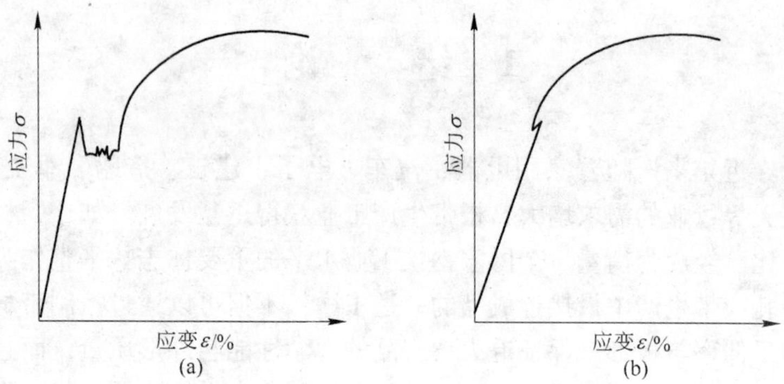

图 1-1 带钢平整前后的应力应变曲线
（a）平整前；（b）平整后

生的滑移线的倾向。为保持带钢的平直度，防止长时间存放后再产生屈服平台，通常在平整后紧接着进行矫直。

平整的工艺参数主要是指平整延伸率、张力、压力、温度、轧辊表面状态、轧制润滑条件等。由于平整压下率较小，很难准确计量，常用延伸率来度量。延伸率是平整生产中控制带钢力学性能的唯一变形指标，因此延伸率调节是工艺质量控制的重要内容。不同用途、不同厚度的带钢要使用不同的平整延伸率。针对不同操作方式，延伸率调节手段也不一样。轧制力是延伸率调节的有效控制变量，这是因为轧制力与延伸率基本上是线性关系。为了确保带钢在长度方向上，尤其在头尾部加减速段性能的均一性，必须采用延伸率自动控制系统对平整延伸率进行恒定控制。

平整生产工艺有两种：干法平整和湿法平整。以往平整生产中，不用工艺润滑的即为干法平整。近年来，为了提高防锈能力和改善带钢表面质量，广泛采用水溶性或油溶性防锈剂作平整液喷洒辊缝，进行湿法平整。有关湿平整与干平整工艺的比较见表1-1。

表 1-1　湿平整与干平整工艺的比较

项　目	湿平整	干平整
生产效率	高	低
单位板宽轧制力/$kN \cdot mm^{-1}$	2~3	3~5
延伸率控制	大延伸率范围容易	小延伸率范围容易
粗糙度复制率/%	30~50	60~80
防锈效果	好	无
表面缺陷	少	容易产生
辊　耗	低	较高
工作环境	干净	有粉尘

平整机的形式和设备组成基本上与可逆式冷轧机相同。目前普遍采用的有二辊式、四辊式以及六辊式平整机。宽带钢平整机普遍采用单机架四辊式或六辊式冷轧机，对镀锡板和薄带钢平整并兼用二次冷轧，则采用六辊式双机架平整机。生产不锈钢带时常采用二辊式单机架可逆平整机，其平整带钢的厚度范围很宽，并且对厚度较薄的带钢可采用多道次平整，使产品累计延伸率达到规定要求。

1.2　目前国内外相关平整工艺研究现状

目前，国际上对平整机的设计和控制及生产工艺研究较多、研究水平较高的主要集中在美国、日本、意大利、德国等国家，其中具有代表性的公司有 AK、川崎制铁、Danieli 以及 Heartland 等公司[1,2]。其中，美国 AK 钢铁公司采用了 CVC 单机架平整机，CVC 技术和轧辊弯辊保证了带钢的板形。日本川崎千页厂开发了 KM-TEC 生产工艺，用连续退火线后加多用途轧机生产从 T1~T6 以及 DR8~DR10 的全调质度范围的镀锡原板。该工艺包括：成分与退火后调质处理压下率相结合；退火线后加多用途轧机，压下率范围为 1.0%~30.0%，并与 CAL 连续化；极薄板高速通板技术和精整设备连续化。该作业线的多用途轧机为世界上首条可进行干、湿平整和二次轧制的轧机，设备设有板形控制装置，包括弯辊装置、压下矫正和可变凸度支撑辊（TP辊）。意大利Danieli公司为美国纽柯钢铁公司提供了一套可逆的冷轧—平整联合轧机，该轧机年生产冷轧带卷800kt和平整136kt带卷，最大平整延伸率可达7.0%。德国Heartland钢铁公司单机架平整机使用了DSR技术，DSR辊轧制时可以用或者不用润滑液，最大延伸率可达10%。这些公司经过多年的发展，在平整机的设计（包括机型的选择）、控制及生产工艺等方面已经形成一套较为完整的技术，但是，出于技术垄断与商业竞争的需要，这些技术并没有公开。

在国内，由于种种原因，对平整机的设计、控制及生产工艺的开发与研究起步比较晚，虽然在局部领域具有一定的建树，但整体技术水平与国际先进企业相比还有一定的差距，尚未形成一套比较完整的、具有独自知识产权的、成熟的平整设计、控制以及生产工艺技术，大部分高水平的平整设计技术、控制方法以及生产工艺仍然主要依赖引进。表1-2列举了国内平整机（包括部分光整机）的基本情况。

表1-2 国内平整机的基本情况

厂 家	机架形式	产品类型	最大速度 /m·min^{-1}	投产年份
宝钢2030冷轧厂	单机架/四辊	冷轧、镀锌、彩涂	1700	2001
宝钢1420冷轧厂	双机架/六辊	镀锡板	1070	1997
宝钢1550冷轧厂	单机架/四辊	冷轧、镀锌、电工钢	560	2000
宝钢1800冷轧厂	单机架/六辊	冷轧、汽车、家电	680	2005
宝钢冷轧薄板厂	双机架/六辊	冷轧、镀锡	1000	1991
鞍钢新轧钢	单机架/四辊	冷轧、镀锌、彩涂	1200	1960
鞍钢新轧钢	单机架/四辊	冷轧、镀锌、彩涂	1200	1991
鞍钢新轧钢	单机架/四辊	冷轧、镀锌、彩涂	1200	2001
鞍钢新轧钢	单机架/CVC	冷轧	820	2006

续表 1-2

厂　家	机架形式	产品类型	最大速度 /m·min^{-1}	投产年份
武钢冷轧厂	单机架/四辊	冷轧、镀锌	1500	1978
武钢冷轧厂	双机架/四辊	冷轧、镀锡	2000	1978
武钢冷轧厂	单机架/四辊	冷轧、镀锌、彩涂	820	2005
武钢海南冷轧厂	单机架/四辊	冷轧	1000	1995
本钢冷轧厂	单机架/四辊	冷轧、镀锌	1154	1996
本钢浦项冷轧薄板	单机架/UC	冷轧、镀锌、彩涂	650	2005
马钢冷轧厂	单机架/四辊	冷轧、镀锌	1000	2004
湖南华菱涟钢超薄板冷轧薄板	单机架/四辊	冷轧、镀锌	1100	2006
攀钢冷轧厂	单机架/四辊	冷轧、镀锌	1000	1996
包钢冷轧薄板厂	单机架/四辊	冷轧、镀锌	1000	2005
邯钢冷轧厂	单机架/四辊	冷轧、镀锌	1500	2005
天津冷轧薄板厂	单机架/四辊	冷轧	900	1993
济南钢铁冷轧厂	单机架/四辊	镀锌	800	2005
无锡长江薄板冷轧厂	单机架/四辊	冷轧	800	2004
昆钢冷轧厂	单机架/四辊	冷轧	860	2002
重钢冷轧薄板厂	单机架/四辊	冷轧	305	2004

1.3　平整轧制过程中的板形与表面质量问题简介

1.3.1　平整板形问题

平整机与冷轧机结构、尺寸基本相同，但在工艺条件、板形控制手段上有很大差别。平整变形量小，轧制力小，用于调节板形的手段主要是工作辊和支持辊的辊型配置、压下调节和正负弯辊。平整机组上无板形仪等检测仪表，不能形成闭环控制。实际生产中板形控制更多的是依赖于生产操作，即要根据带钢板形进行弯辊力、张力和轧制力等参数的综合调节。而在冷轧机上，除了上述控制辊缝的传统手段外，还采用了工作辊或中间辊的轴向抽动、上下辊双交叉及带钢张力分布调控等新的板形调控方法[3,4]。相继出现了 WRS 轧机、HC 轧机、PC 轧机、CVC 轧机等新一代高技术轧机（High-techmills），而且，现代冷轧机上都配有板形闭环控制系统。相比之下，平整机上的板形控制手段十分有限。同时因退火后轧件比较软，平整变形量又很小，轧制力一般不超过 4500kN，所以平整机的板形控制与冷轧有所不同，主要有以下特点：

（1）冷轧平整的首要任务是对带钢性能的控制，因此平整的板形控制应以保证性能要求为前提。弯辊力、轧制力、张力等的调节和使用受到一定的限制，国内外对此所做的研究要比轧机少得多。

（2）平整变形量小，一般为 0.5% ~3%，轧制力小，板形控制能力有限，板形控制手段受限制。

（3）平整之前一般都将带钢进行退火，因此平整加工的带钢更薄、更软，平整工序对冷轧厂最终产品的板形影响就更直接、更重要，其辊型的加工精度要求更高。因此，需要研究轧辊加工精度对平整结果的影响。

（4）平整机热辊型的产生条件与冷、热轧均有所不同。

（5）平整机与轧机一样，厚度与板形控制之间存在耦合关系。

针对以上特点，必须对平整机进行现场测试，对设备、板形调节手段进行全面研究，以直接获取平整过程的实际资料，建立满足平整机特殊情况的板形模型并制定合理的板形控制目标和方案。

1.3.2 平整轧制过程中带材表面质量问题

对成品带钢而言，衡量其表面质量的标准有两类：表面粗糙度精度与表面缺陷控制程度。

表面粗糙度作为反映带钢表面质量的一个主要量化指标，不仅影响带钢冲压时的变形行为和涂镀后的外观面貌，而且可以改变材料的耐蚀性。在国外，新日铁、NKK、川崎制铁、西马克等公司已经对轧制过程中带钢表面粗糙度的预报与控制技术展开过系统的研究，已经形成了各自的专有技术，但出于知识产权保护和技术垄断的需要，这些技术并没有被公开推广使用，仍处于保密阶段，几乎没有任何关键资料见诸于文献，如何建立轧机板面粗糙度预报与控制模型，对要生产的带钢表面粗糙度值进行定量的预报与控制，最终达到事先调整，避免粗糙度超差仍然是各国钢铁公司技术开发的重点。在国内，由于种种原因，轧制工艺的发展相对滞后，对带钢表面粗糙度控制技术的研究基本处于起步阶段，没有一整套成熟的控制技术。

根据现场调研可以知道，在平整轧制过程中，带钢的表面缺陷大致分成以下两类：第一类是由于轧制过程中非正常因素所引起的缺陷，如辊印、烙痕等；第二类是由于平整轧制过程中工艺参数不合理而引起的缺陷，如色差等。对于第一类表面缺陷，现场经过多年的技术攻关，已经掌握了这些表面缺陷产生的原因，并提出了相应的治理措施。根据相关文献，表 1-3 列出这些平整带钢常见表面缺陷名称、形态以及产生原因[5]。

表 1-3 常见表面质量缺陷形态及其原因

序号	常见表面缺陷名称	形态与特征	产 生 原 因
1	烙 痕	这是物体从单侧挤压带钢形成的凹坑。伤痕发生倾向沿长方向是周期性出现的	在轧制、剪切等穿过轧机的钢板中，飞入异物的时候，异物在板卷和切定尺板的操作中产生的接触划伤，形成烙痕
2	辊 印	周期性出现的凹或凸的伤痕。对里面没有影响，这一点与烙痕不同	平整时附在工作辊上的异物和轧辊本身的伤痕在带钢上的压印，也有可能是附属设备、轧制油、冷却乳液、带钢等带进的异物、滑移痕迹、轧辊疲劳产生的剥落等

续表 1-3

序号	常见表面缺陷名称	形态与特征	产生原因
3	折　印	在钢板表面上呈树枝状、羽毛状或半月形形态，多数沿斜方向发生	折印是由于钢板折叠而产生的皱纹。在轧制过程中，两部分带钢相互重叠而被压合，同时压印到轧辊上，形成伤痕。在下面情况下容易发生折印：(1)张力不均匀；(2)带钢形状不好；（3）左右的压下没有取得平衡；（4）板厚不均，偏差大；（5）钢板定中心不好；（6）轧辊凸度不佳
4	辊颤纹	与轧向垂直横贯板宽，都形成比较小的间距。带钢表面出现一种明暗相间、与带钢运动方向垂直的条纹	（1）轧制操作时机械、电气发生异常震动；（2）平整机各种轧辊研磨时的振纹压印到带钢上

第二类表面缺陷的代表是色差，其主要原因为带钢表面粗糙度出现局部不均匀，造成其反光性的差异，从而在视觉上表现为色差。而带钢表面之所以会出现粗糙度局部不均匀的问题，其主要原因是带钢表面轧制压力与延伸率的分布不均匀，这是工艺参数不合理而引起的。

2 平整轧制基本工艺模型

在平整生产过程中，相关工艺参数（如张力、轧制压力、延伸率、弯辊力等）的设定以往主要采用表格与操作工经验相结合的方法，造成产品质量的波动比较大，与现代化的生产格格不入。为了提高生产的稳定性，保证产品质量，实现自动化生产，著者结合近10年来实际生产经验，分别开发出平整轧制时不同类型产品轧制压力机理模型、工程实用轧制力及其自学习模型、压靠理论及压靠发生时的板形模型、带钢表面粗糙度模型、带钢表面延伸率设定模型以及延伸率和板形综合控制模型等基本工艺模型6个。本章将详细介绍。需要说明的，在平整轧制的基本工艺模型中，一般带材平整轧制时的板形模型虽然也属于基本工艺模型的范畴，但是由于该模型在相关文献[6~22]已经有详细的描述，因此，本章将不作重点介绍。

2.1 不同类型产品平整轧制时轧制压力机理模型

由于平整机的延伸率较小，一般情况下为0.5% ~1.5%，因此，需要一个迥然不同的轧制压力模型去描述平整轧制过程。在建模中，不但要考虑轧辊的弹性变形，而且要考虑轧件的弹性变形。具体来说，就是在计算过程中不仅需要考虑轧辊弹性压扁时的塑性变形区长度，而且要考虑轧件出入口弹性变形区长度，并计算与之对应的塑性变形区单位压力及弹性变形区单位压力，这样才能建立适合于平整机轧制的较准确的轧制压力模型。同时，根据被平整产品的厚度分布情况，厚度较大（≥1.5mm）的带钢应该考虑到其在平整轧制过程中，带材的塑性变形量很小，变形沿带材厚度方向的不均匀性比较明显，如果仍采用卡尔曼的沿带材厚度应力均匀分布的平面假设来建立轧制压力模型，则必然带来较大的误差，因此，在建模过程中要充分考虑到应力和变形沿带材厚度分布的不均匀性问题；而厚度较小（≤0.5mm）的带材，在建模过程中应该充分考虑到平整时带材塑性区相对弹性区缩小，摩擦力模型中的停滞区的范围并不止于塑性区，有可能扩大到弹性变形区这一特性。综合以上因素，结合现场实际情况，本节提出一整套新的轧制压力计算模型，并将相关模型应用到生产实践中，已取得良好的使用效果。

需要说明的是，本节所研究与开发的轧制力计算模型是在连家创模型[23,24]的基础上发展而来的，与连家创模型的区别在于：

（1）考虑到出入口弹性变形区长度远远小于轧辊半径，新模型采用以弦代弧法，将轧辊在弹性区的轮廓曲线看成一条直线，从而在不影响精度的前提下简化了计算；

（2）在分析停滞区的摩擦力分布时，采用了混合摩擦理论，同时考虑到停滞区的不对称性，并且能够准确地求解出停滞区的长度；

（3）新模型在求解轧辊的弹性压扁时采用了数值积分法，避免了繁杂的理论推导，同时在涉及轧制压力分布问题的计算时不用简化，提高了精度；

（4）新模型在计算变形区长度时采用了新的几何方法；

（5）新模型在分析较厚带钢平整轧制压力模型时考虑到应力边界条件的修正；

（6）新模型在分析极薄带钢平整轧制的轧制力计算模型时，根据其特殊性提出了计算单位轧制力分布的新策略。

2.1.1 冷轧及平整轧制过程中典型轧制压力模型简介

长期以来，轧钢界不少学者对冷轧及平整过程中带钢平均单位压力的计算进行了大量的研究，比较典型的有 Ekelund[25]、M. D. Stone[26]、Alexander-Ford[27]、Bland-Ford[28]、A. И. Целиков[29]、Fleck 与 Johnson[30]、Le 与 Sutcliffe[31]、连家创、胡锡增[32]、贾春玉[33]、马庆龙[34]、王东城[35,36] 等人。以下简单介绍一下 M. D. Stone 公式、Le 与 Sutcliffe 公式和连家创公式。

M. D. Stone 公式的平均单位压力公式为：

$$\bar{p} = (2k - \bar{\sigma})\left(\frac{\exp\frac{\mu l'}{\bar{h}} - 1}{\frac{\mu l'}{\bar{h}}}\right) \tag{2-1}$$

$$l' = \sqrt{R\Delta h + \left[\frac{8R(1-\nu^2)}{\pi E}\bar{p}^2\right]} + \frac{8R(1-\nu^2)}{\pi E}\bar{p} \tag{2-2}$$

$$2k = 1.15\sigma_s$$

式中 $2k$——剪切应力强度，MPa；

σ_s——变形抗力，MPa；

$\bar{\sigma}$——带材入口和出口断面上实际变形抗力的平均值，MPa；

$\bar{h}$——带材入口和出口断面厚度的平均值，mm；

Δh——压下量，mm；

R——工作辊半径，mm；

μ——带材与轧辊间的摩擦系数；

ν——泊松比，对于钢，$\nu = 0.3$；

E——弹性模量，对于钢，$E = 2.1 \times 10^{11}$ MPa。

M. D. Stone 公式是建立在平板压缩的轧制力公式和 Hitchcock 的接触弧长公式基础上，它认为整个变形区都是塑性区，没有弹性区。因此，即使变形区总长度的计算是准确的，该公式也得不到准确的轧制总压力数值，由于轧辊的弹性压扁和轧件的弹性变形，变形区增大部分并不全是塑性区，有相当一部分是弹性区，而弹性区的平均单位压力要比塑性区小得多。因此，该模型的轧制力计算结果在冷轧薄带时要比实测轧制压力大。

考虑到箔材轧制时轧辊弹性变形的特殊性，Fleck 与 Johnson 提出一套非圆弧轧辊理论，用于求解冷轧箔材时的轧制压力及轧辊变形，随后这一理论被用于求解平整轧制压力[37]。该理论的最大特点是根据轧制变形区的特征将轧制条件分为三种，针对每种轧制条件采用各自的算法。即计算某一特定轧制条件下的轧制压力，需先确定此轧制条件属于哪一种情况，这就需要一定经验，这样便使求解过程变得繁琐，另外，在某些条件下，迭代过程容易发散，因而使求解结果不稳定。为解决这些问题，Le 与 Sutcliffe 认为在中性区轧辊的轮廓不是绝对的“扁平”，可采用 Hook 定律求解中性区轧制压力的分布，并将三种轧制情况统一考虑，不论轧制条件属于哪种情况，都采用统一的方法计算，这使算法的强壮性与通用性得到显著提高。该理论采用平面变形假设，变形区轮廓如图 2-1 所示。取轧件厚度对称线作为 x 轴，轧辊中心连线作为 z 轴。变形区分为五部分：入口弹性变形区、入口塑性压下区、中性区、出口塑性压下区、出口弹性回复区。

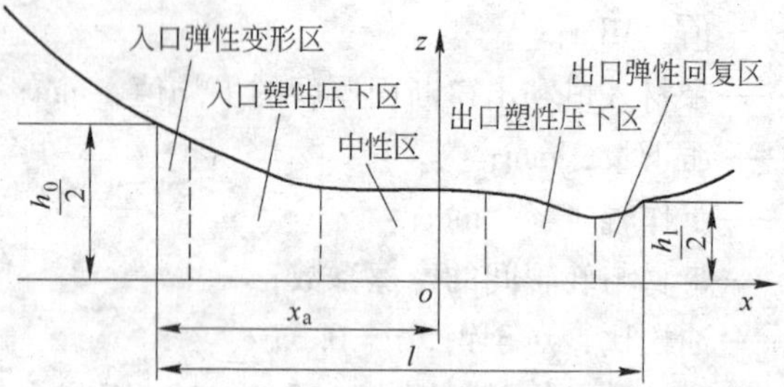

图 2-1　变形区轮廓

采用卡尔曼均匀变形理论，轧件的平衡微分方程为：

$$h\frac{d\sigma}{dx} + (p + \sigma)\frac{dh}{dx} + 2\tau = 0 \tag{2-3}$$

式中　h——轧件厚度，m；

p——轧辊与轧件之间的法向应力，也称单位轧制压力，MPa；

σ——轧制方向的法向应力，MPa；

τ——轧辊与轧件之间的切向应力，MPa。

根据 Hook 定律，得到入口与出口弹性区轧件 z 方向弹性应变 ε_S^{ze} 可表示为：

$$\varepsilon_S^{ze} = -\frac{1-\nu_S^2}{E_S}\left[p + \frac{\nu_S}{1-\nu_S}(\sigma - \sigma_i)\right] \tag{2-4}$$

式中 E_S ——轧件的弹性模量，MPa；

ν_S ——轧件泊松比；

σ_i ——在入口侧表示轧件的入口侧张应力，在出口侧表示轧件的出口侧张应力，MPa。

式 2-4 两边对 x 求导并与式 2-3 联立，得到：

$$\frac{dp}{dx} = -\frac{E_S}{(1-\nu_S^2)h}\cdot\frac{dh}{dx} + \frac{\nu_S}{1-\nu_S}\cdot\frac{2\tau}{h} + \frac{\nu_S}{1-\nu_S}\cdot\frac{\sigma+p}{h}\cdot\frac{dh}{dx} \tag{2-5}$$

采用库仑摩擦定律，切应力 τ 与法应力 p 之间的关系为：

$$\tau = \pm\mu p \tag{2-6}$$

式中 μ ——摩擦系数。

在塑性压下区，采用 Mises 屈服准则，有：

$$p + \sigma = \frac{2}{\sqrt{3}}\sigma_s \tag{2-7}$$

式中 σ_s ——平均变形抗力，MPa。

联立式 2-7 与式 2-3 得到：

$$\frac{dp}{dx} = \frac{2}{\sqrt{3}}\cdot\frac{\sigma_s}{h}\cdot\frac{dh}{dx} + \frac{2\tau}{h} \tag{2-8}$$

在中性区，轧辊与轧件之间无相对滑动，有：

$$\varepsilon_R^x - \varepsilon_S^x = \xi \tag{2-9}$$

式中 ξ ——常数；

$\varepsilon_R^x, \varepsilon_S^x$ ——分别为轧辊、轧件 x 方向的总应变量。

根据弹性半平面理论，可得：

$$\varepsilon_R^x = -\frac{p(1-2\nu_R)(1+\nu_R)}{E_R} - \frac{2(1-\nu_R^2)}{\pi E_R}\int_{-x_a}^{l-x_a}\frac{\tau}{x-s}ds \tag{2-10}$$

式中　E_R ——轧辊的弹性模量，MPa；

ν_R ——轧辊的泊松比。

对于平面变形，根据体积不变条件，轧件 x 方向与 z 方向的塑性应变和为零，因此：

$$\varepsilon_S^x = \frac{1-\nu_S^2}{E_S}\left(\sigma + \frac{\nu_S}{1-\nu_S}p\right) + \varepsilon_S^{xp} \tag{2-11}$$

$$\varepsilon_S^z = -\frac{1-\nu_S^2}{E_S}\left(p + \frac{\nu_S}{1-\nu_S}\sigma\right) - \varepsilon_S^{xp} \tag{2-12}$$

式中　ε_S^z ——轧件在 z 方向上的总应变量；

ε_S^{xp} ——轧件在 x 方向上的塑性应变量。

由式 2-11、式 2-12 得到：

$$\varepsilon_S^x = -\varepsilon_S^z + \frac{(1-2\nu_S)(1+\nu_S)}{E_S}(\sigma - p) \tag{2-13}$$

忽略式 2-10 中切应力 τ 的影响，将式 2-10、式 2-13 代入式 2-9，对 x 求导，得：

$$\frac{1-2\nu_R}{1-\nu_R}\cdot\frac{E_S}{E_R}\cdot\frac{\mathrm{d}p}{\mathrm{d}x} + \frac{1-2\nu_S}{1-\nu_S}\left(\frac{\mathrm{d}\sigma}{\mathrm{d}x} - \frac{\mathrm{d}p}{\mathrm{d}x}\right) = \frac{E_S}{(1-\nu_S^2)h}\cdot\frac{\mathrm{d}h}{\mathrm{d}x} \tag{2-14}$$

考虑到带材满足屈服条件，有：

$$\frac{\mathrm{d}\sigma}{\mathrm{d}x} + \frac{\mathrm{d}p}{\mathrm{d}x} = 0 \tag{2-15}$$

联立式 2-14 与式 2-15 得到：

$$\frac{\mathrm{d}p}{\mathrm{d}x} = \frac{C}{h}\cdot\frac{\mathrm{d}h}{\mathrm{d}x} \tag{2-16}$$

式中　$$C = -\frac{E_S}{1-\nu_S^2}\left(\frac{2-4\nu_S}{1-\nu_S} - \frac{1-2\nu_R}{1-\nu_R}\cdot\frac{E_S}{E_R}\right)^{-1}$$

将式 2-7、式 2-15、式 2-16 与式 2-3 联立，得到：

$$\tau = \left(\frac{C}{2} - \frac{\sigma_S}{\sqrt{3}}\right)\frac{dh}{dx} \tag{2-17}$$

求解微分方程式2-5、式2-8和式2-16，可得变形区单位轧制压力 p 的分布。切向应力 τ 按式2-6和式2-17计算。对 p 沿变形区长度积分并乘以带材宽度，可得总轧制压力 P。

变形轧辊轮廓的基本方程为：

$$h = h_0 + 2\sqrt{R^2 - x_a^2} - 2\sqrt{R^2 - x^2} + \delta \tag{2-18}$$

式中　h_0——轧件入口侧厚度，mm；

R——轧辊半径，mm；

x_a——轧件入口至 z 轴距离，mm；

δ——轧制压力造成的轧辊弹性压扁变形量，根据弹性半平面理论求解。

求解时，将变形区沿轧制方向划分为很多小段。首先假设轧辊轮廓为圆弧，分别计算每个小段上的轧制压力；然后采用影响函数法计算在此分布载荷作用下的轧辊弹性压扁形状；再采用新的轧辊轮廓计算轧制压力。如此循环迭代，直至收敛。上述方法存在的主要缺点是计算速度慢。例如，为使结果足够精确，一般需将变形区沿轧制方向划分为100~500段，如将变形区划分为200段，对于特定的轧辊轮廓，采用卡尔曼理论计算每个节点处的轧制压力，计算次数为200次，但采用影响函数法计算新的轧辊轮廓时，每一节点处轧辊的弹性压扁量均需计算200次，总的计算次数达4万次，使总体计算时间显著增加。为降低计算时间，文献［35］采用分段的二次曲线拟合轧制压力沿轧制方向的分布，将弹性变形区、塑性变形区、中性区的交界点以及轧制压力曲线的拐点作为二次曲线的边界，推导了二次分布力作用下的轧辊弹性压扁量的计算模型。当变形区同样划分为200段时，由于只需采用7段二次曲线就可使拟合得到的轧制压力很好地吻合于真实值，因此计算轧辊的弹性压扁变形量只需计算 7×200 = 1400次，计算时间显著降低。

连家创教授于 20 世纪 70 年代率先推出一套计算冷轧及平整时带材轧制力的数学模型。该模型由于考虑了轧辊与轧件弹性接触的接触弧长理论和轧件出入口的弹性变形区，将总轧制压力表示为塑性变形区总压力和弹性变形区总压力之和，同时更准确地分析了轧件的变形以及轧辊与轧件的接触弧长，因此在理论上是取得了突破性的进展。但是，由于该模型在计算摩擦力时仍采用 Coloumn 干摩擦定律，因此轧制压力的计算值与实测值相比仍稍有误差。

为了进一步提高冷轧及平整轧制力的计算精度，连家创、王伟从轧件塑性变形区的摩擦模型入手，在 20 世纪 70 年代模型的基础上，于 20 世纪末又推出了一套新的更符合薄板冷轧及平整实际的轧制力计算模型[38]。在新模型中，采用克拉盖尔斯基的预位移理论，充分考虑到冷轧及平整轧制时塑性变形区中的黏着摩擦区，将塑性区的摩擦力描述为：

$$\left.\begin{array}{lll}\text{黏着区} & \tau_x = \dfrac{2x}{l_n}\mu p_x, & |x| < 0.5l_n \\ \text{滑动区} & \tau_x = \mu p_x \operatorname{sgn}(x), & |x| \geqslant 0.5l_n\end{array}\right\} \tag{2-19}$$

然后，利用文献［7，8］中求解塑性区轧制力的方法，将式 2-19 代入，解得塑性区单位压力的计算公式为：

$$\left.\begin{array}{ll}\text{前滑区} & \\ p_x = (K_1 - \sigma_1)\left(1 + \dfrac{\nu_2\psi}{1 - \nu_1\psi}\right)e^{\frac{2\mu}{h_y}(x_n + x)}, & -x_n \leqslant x \leqslant -0.5l_n \\ \text{后滑区} & \\ p_x = (K_0 - \sigma_0)\left(1 + \dfrac{\nu_2\psi_0}{1 - \nu_1\psi_0}\right)e^{\frac{2\mu}{h_y}(l - x_n - x)}, & 0.5l_n < x \leqslant l - x_n \\ \text{黏着区} & \\ p_x = k_{np}e^{\frac{\mu}{h_y}\left(l - \frac{l_n}{2} - \frac{2x^2}{l_n}\right)}, & -0.5l_n < x \leqslant 0.5l_n\end{array}\right\} \tag{2-20}$$

平均单位压力　$p_m = k_{np}\dfrac{\xi_m e^m - 1}{m}$　(2-21)

$$k_{np} = \sqrt{(K_1 - \sigma_1)\left(1 + \frac{\nu_2\psi}{1 - \nu_1\psi}\right)(K_0 - \sigma_0)\left(1 + \frac{\nu_2\psi_0}{1 - \nu_1\psi_0}\right)}$$

$$\xi_m = \frac{1 + m^2\alpha_n^2/3 + m\alpha_n}{e^{m\alpha_n}}$$

$$m = \frac{\mu l}{h_y}$$

$$h_y = \frac{2h_1}{3} + \frac{h_0}{3}$$

$$\alpha_n = \frac{l_n}{l}$$

$$x_n = \frac{l}{2} + \frac{h_y}{4\mu}\ln\frac{k_0 - \sigma_0}{k_1 - \sigma_1}$$

$$\nu_1 = \frac{2(1 - 2\nu)}{\nu}$$

$$\nu_2 = \frac{2(1 - \nu)}{\nu}$$

$$\psi = 0.5 - \frac{1 - B\Delta x_0}{B^2\Delta x_0^2}(e^{B\Delta x_0} - B\Delta x_0 - 1)$$

$$B = \frac{2\mu\nu}{(1 - \nu)h_1}$$

$$\psi_0 = \frac{1 - B_0 l - (1 - B_0 l - B_0\Delta x_1)e^{B_0\Delta x_1}}{B_0\Delta x_1(2B_0 l + B_0\Delta x_1)} - 0.5$$

$$B_0 = \frac{2\mu\nu}{(1 - \nu)h_0}$$

$$K_1 = 1.15\sigma_{s1}$$

$$K_0 = 1.15\sigma_{s0}$$

式中 x_n——中性区位置；

ν——带材的泊松比；

σ_{s1}——带材出口变形抗力，MPa；

σ_{s0}——带材入口变形抗力，MPa；

σ_1——带材出口张应力，MPa；

σ_0 ——带材入口张应力，MPa；

h_1 ——带材出口厚度，mm；

h_0 ——带材入口厚度，mm；

l_n ——黏着摩擦区的长度，与轧制工况有关，m；

Δx_1 ——入口弹性变形区长度，mm；

Δx_0 ——出口弹性变形区长度，mm；

l ——塑性变形区长度，mm。

根据文献［23］简化计算，结果可表示为：

$$\Delta x_0 = \frac{\xi_1 l}{\sqrt{1 - \nu_1 \psi}} \tag{2-22}$$

$$\Delta x_1 = \sqrt{l^2 + \frac{\xi_0^2 l^2}{1 - \nu_1 \psi_0}} - l \tag{2-23}$$

$$l^2 = l_0^2 + \frac{2\alpha p_{\max} l \sqrt{1 - \nu_1 \psi}}{2\xi_1 + \sqrt{1 - \nu_1 \psi}} \tag{2-24}$$

$$p_{\max} = 1.5 p_m - 0.25 \left[(K_1 - \sigma_1)\left(1 + \frac{\nu_2 \psi}{1 - \nu_1 \psi}\right) + (K_0 - \sigma_0)\left(1 + \frac{\nu_2 \psi_0}{1 - \nu_1 \psi_0}\right) \right]$$

$$\alpha = \frac{2(1 - \nu_0^2) R}{E_0}$$

$$\xi_0 = \sqrt{\frac{(1 - \nu^2)(K_0 - \sigma_0) h_0}{E \Delta h}}$$

$$\xi_1 = \sqrt{\frac{(1 - \nu^2)(K_1 - \sigma_1) h_1}{E \Delta h}}$$

$$l_0 = \sqrt{R \Delta h}$$

$$\Delta h = h_0 - h_1$$

式中　R ——工作辊半径，mm；

E_0 ——工作辊的弹性模量，MPa；

ν_0 ——泊松比。

总的轧制压力就由入口弹性区轧制力 P_1、出口弹性区轧制力 P_0 以及塑性区轧制压力 P_n 等三部分组成，其表达式为：

$$P = P_1 + P_0 + P_n \tag{2-25}$$

$$P_n = Bp_m l$$

$$P_1 \approx 0.65B(K_1 - \sigma_1)\left(1 + \frac{\nu_2\psi}{1 - \nu_1\psi}\right)\Delta x_0$$

$$P_0 \approx 0.5B(K_0 - \sigma_0)\left(1 + \frac{\nu_2\psi_0}{1 - \nu_1\psi_0}\right)\Delta x_1$$

式中 B ——带材宽度，m。

2.1.2 一般薄带平整轧制时的轧制压力机理模型

2.1.2.1 单位轧制压力及总轧制压力的计算

要准确地计算平整轧制时的单位轧制压力，必须同时考虑轧辊和带材的弹性变形，精确地确定变形区边界上的载荷分布情况。因此，本节将单位轧制压力的计算分成出口弹性变形区、入口弹性变形区及塑性变形区单位压力计算，然后在此基础上求出总轧制压力。

A 出口弹性变形区单位压力的计算

带材的弹性恢复变形使得带材在出口处不是从轧辊压扁后的最低点走出来，而是比最低点再高出 $\Delta r_1/2$ 的弹性变形（如图2-2所示），所以变形区长度将增大 Δx_1。在 Δx_1 的范围内单位压力的分布可以用下面的方法来确定。

对一般薄带的平整轧制而言，由于带材的宽厚比较大，因此轧件的变形可以看成是平面变形问题。根据弹性力学理论[39]可知，变形与应力的关系为：

$$\varepsilon_y = \frac{1 - \nu^2}{E}\left(\sigma_y - \frac{\nu}{1 - \nu}\sigma_x\right) \tag{2-26}$$

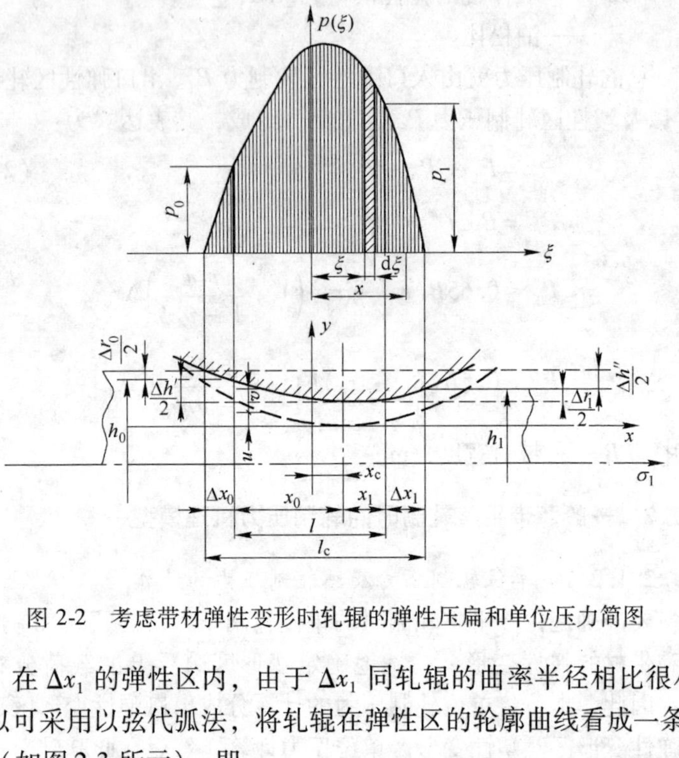

图 2-2　考虑带材弹性变形时轧辊的弹性压扁和单位压力简图

在 Δx_1 的弹性区内，由于 Δx_1 同轧辊的曲率半径相比很小，所以可采用以弦代弧法，将轧辊在弹性区的轮廓曲线看成一条直线（如图 2-3 所示），即：

$$\varepsilon_y = \varepsilon_u - \frac{\varepsilon_u - \varepsilon_1}{\Delta x_1}\left(x - \frac{l}{2}\right) \tag{2-27}$$

式中　ε_u ——弹性区与塑性区交界处（即轮廓曲线最低点处）带材的弹性变形；

ε_1 ——轧件出口处对应于前张力 σ_1 时的弹性变形。

在式 2-26 中，根据边界条件，令 $\sigma_x = -\sigma_1$，$\sigma_y = p_x = 0$，可得：

$$\varepsilon_1 = \frac{(1 + \nu)\nu}{E}\sigma_1 \tag{2-28}$$

把几何方程式 2-27 代入物理方程式 2-26，并令 $\sigma_y = p_x$，得：

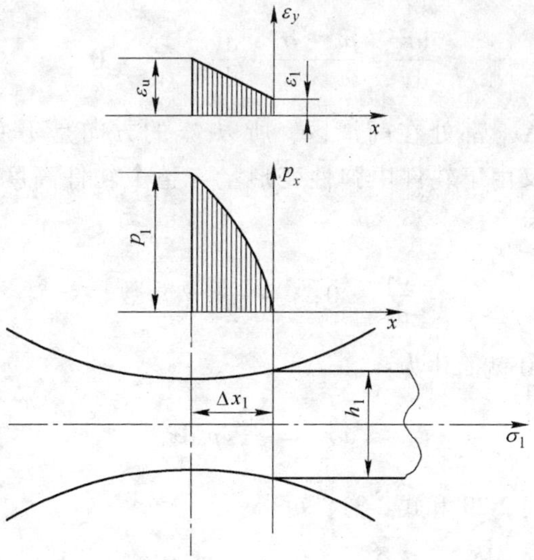

图 2-3 出口弹性区单位压力及轧件弹性变形的分布曲线

$$\varepsilon_u - \frac{\varepsilon_u - \varepsilon_1}{\Delta x_1}\left(x - \frac{l}{2}\right) = \frac{1 - \nu^2}{E}\left(p_x - \frac{\nu}{1 - \nu}\sigma_x\right) \quad (2\text{-}29)$$

为确定 p_x 与 σ_x 的关系，还必须再找出一个平衡方程式。在 Δx_1 的弹性区内取一单元体（见图 2-4），由单元体在水平方向上

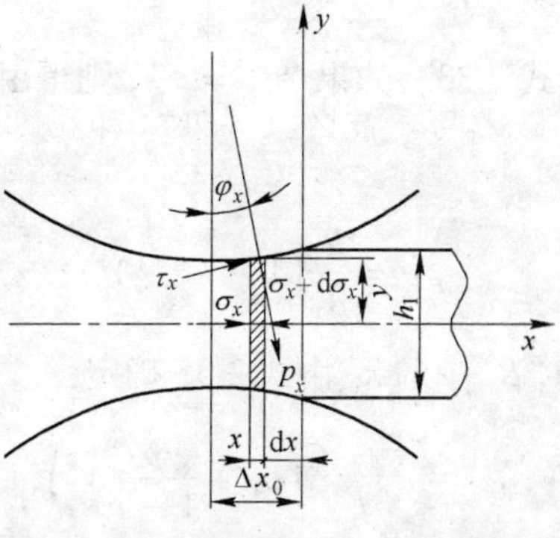

图 2-4 出口弹性区单位压力的计算

力的平衡条件可建立平衡微分方程：

$$\frac{\mathrm{d}\sigma_x}{\mathrm{d}x}+\frac{p_x+\sigma_x}{y}\cdot\frac{\mathrm{d}y}{\mathrm{d}x}+\frac{\tau_x}{y}=0 \tag{2-30}$$

由于 Δx_1 都处在前滑区，所以 τ_x 的方向是不变的，可令 $\tau_x=\mu p_x$。又由于轧件中弹性变形量与整个轧件高度之比很小，可近似认为：

$$\frac{\mathrm{d}y}{\mathrm{d}x}\approx 0,\ y\approx\frac{h_1}{2}=\text{常数}$$

式 2-30 就简化为：

$$\mathrm{d}\sigma_x=-\frac{2\mu}{h_1}p_x\mathrm{d}x \tag{2-31}$$

联立式 2-29 和式 2-31，可得：

$$\frac{\mathrm{d}p_x}{\mathrm{d}x}+\frac{2\mu\nu}{h_1(1-\nu)}p_x=-\frac{\varepsilon_{\mathrm{u}}-\varepsilon_1}{\Delta x_1}\cdot\frac{E}{1-\nu^2} \tag{2-32}$$

令　$A_1=\dfrac{2\mu\nu}{h_1(1-\nu)},\ B_1=-\dfrac{\varepsilon_{\mathrm{u}}-\varepsilon_1}{\Delta x_1}\cdot\dfrac{E}{1-\nu^2}$

求微分解方程式 2-32，得：

$$p_x=\frac{B_1}{A_1}\left[1-\mathrm{e}^{-A_1\left(x-\frac{l}{2}-\Delta x_1\right)}\right] \tag{2-33}$$

显然，对于式 2-33，如果令 $x=\dfrac{l}{2}$，则得由弹性区开始进入塑性区的压力为：

$$p_1=\frac{B_1}{A_1}(1-\mathrm{e}^{A_1\Delta x_1}) \tag{2-34}$$

根据式 2-26，B_1 中的 ε_{u} 由式 2-35 确定：

$$\varepsilon_{\mathrm{u}}=\frac{1-\nu^2}{E}\left(p_1+\frac{\nu}{1-\nu}\sigma_1'\right) \tag{2-35}$$

式中　σ_1'——由弹性区开始进入塑性区处的水平拉应力，MPa。

由塑性条件可得：

$$p_1 = K_1 - \sigma_1' \tag{2-36}$$

式中 K_1 ——该变形条件下的流动极限 σ_{s1} 乘上 1.15，即 $K_1 = 1.15\sigma_{s1}$。

将式 2-34 ~ 式 2-36 联立起来求解，可得：

$$\sigma_1' = -\frac{D_1 K_1 - \sigma_1}{1 - D_1} \tag{2-37}$$

$$p_1 = \frac{K_1 - \sigma_1}{1 - D_1} \tag{2-38}$$

式中

$$D_1 = \frac{1-\nu}{\nu}\left(1 + \frac{A_1 \Delta x_1}{1 - e^{A_1 \Delta x_1}}\right)$$

所以式 2-33 可表示为：

$$p_x = \frac{p_1}{1 - e^{A_1 \Delta x_1}}\left[1 - e^{-A_1\left(x - \frac{l}{2} - \Delta x_1\right)}\right] \tag{2-39}$$

同样，将相关方程式代入式 2-35，则 ε_u 可表示为：

$$\varepsilon_u = \frac{1-\nu^2}{E}\left(K_1 + \frac{1-2\nu}{1-\nu} \cdot \frac{D_1 K_1 - \sigma_1}{1 - D_1}\right) \tag{2-40}$$

B 入口弹性变形区单位压力的计算

由于轧件进入塑性变形以前必须首先经过弹性变形，因此，在变形区入口一方也同样存在弹性变形区（如图 2-2 所示）。在一般情况下，入口弹性变形区长度 Δx_0 很小，可以忽略不计，但当压下量非常微小（如平整轧制）时，就必须考虑入口弹性区的影响。

对入口弹性区，变形与应力关系的物理方程式与式 2-26 相同，而变形沿入口区分布的几何方程为：

$$\varepsilon_y = \varepsilon_0 - \frac{\varepsilon_0 - \varepsilon_m}{\Delta x_0}\left(x + \frac{l}{2} + \Delta x_0\right) \tag{2-41}$$

$$\varepsilon_0 = \frac{1+\nu}{E}\nu\sigma_0$$

式中 ε_m ——入口弹性区与塑性区交界处轧件的弹性变形；

ε_0 ——轧件入口处对应于后张力 σ_0 时的弹性变形；

l ——塑性变形区的长度，mm。

采用与出口弹性区类似的推导方法，显然有：

$$p_x = \frac{B_0}{A_0}\left[1 - e^{-A_0\left(x+\frac{l}{2}+\Delta x_0\right)}\right] \tag{2-42}$$

式中 $$A_0 = -\frac{2\mu\nu}{h_0(1-\nu)},\ B_0 = \frac{\varepsilon_m - \varepsilon_0}{\Delta x_0}\cdot\frac{E}{1-\nu^2}$$

$$p_0 = \frac{B_0}{A_0}\left(1 - e^{-A_0\Delta x_0}\right) \tag{2-43}$$

同样，入口弹性区开始进入塑性区时的水平应力和单位压力分别为：

$$\sigma_0' = \frac{D_0K_0 + \sigma_0}{1 + D_0} \tag{2-44}$$

$$p_0 = \frac{K_0 - \sigma_0}{1 + D_0} \tag{2-45}$$

式中 $$D_0 = -\frac{1-\nu}{\nu}\left(1 - \frac{A_0\Delta x_0}{1 - e^{-A_0\Delta x_0}}\right)$$

在入口弹性区有：

$$p_x = \frac{p_0}{1 - e^{-A_0\Delta x_0}}\left[1 - e^{-A_0\left(x+\Delta x_0+\frac{l}{2}\right)}\right] \tag{2-46}$$

$$\varepsilon_m = \frac{1-\nu^2}{E}\left(K_0 - \frac{1-2\nu}{1-\nu}\cdot\frac{D_0K_0+\sigma_0}{1+D_0}\right) \tag{2-47}$$

C 塑性变形区单位压力的计算

根据文献［4］，可以采用下面的基本微分方程式来计算塑性变形区的单位压力：

$$\frac{d(p_x - K)}{dx} - \frac{K}{y}\cdot\frac{dy}{dx} \pm \frac{\tau_x}{y} = 0 \tag{2-48}$$

为简化计算，可以将变形区带材的厚度用 h_y 代替：

$$h_y = \frac{1}{l}\int_0^l h\mathrm{d}x = h_1 + \frac{\Delta h}{3} \tag{2-49}$$

同样，可以认为：

$$\frac{\mathrm{d}y}{\mathrm{d}x} \approx 0 \tag{2-50}$$

式 2-49、式 2-50 代入式 2-48，得：

$$\frac{\mathrm{d}p_x}{\mathrm{d}x} - \frac{\mathrm{d}K}{\mathrm{d}x} \pm \frac{\tau_x}{h_y} = 0 \tag{2-51}$$

如果将 K 取平均值，则式 2-51 变为：

$$\frac{\mathrm{d}p_x}{\mathrm{d}x} \pm \frac{\tau_x}{h_y} = 0 \tag{2-52}$$

摩擦力采用如图 2-5 所示的模型。

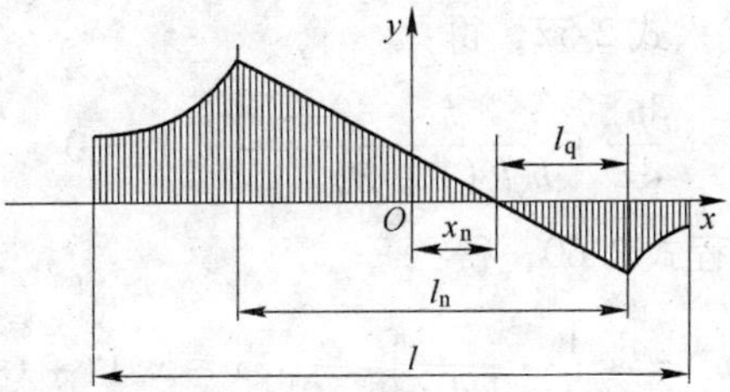

图 2-5 摩擦力分布

在前滑区

$$\tau_x = \mu p_x \tag{2-53}$$

式 2-53 代入式 2-52，得：

$$\frac{\mathrm{d}p_x}{\mathrm{d}x} + \frac{2\mu p_x}{h_y} = 0 \tag{2-54}$$

解微分方程式 2-54，得：

$$p_x = p_1 \mathrm{e}^{-\frac{2\mu}{h_y}\left(x - \frac{l}{2}\right)} \tag{2-55}$$

在后滑区

$$\tau_x = \mu p_x \tag{2-56}$$

同样，式 2-56 代入式 2-52，得：

$$\frac{\mathrm{d}p_x}{\mathrm{d}x} - \frac{2\mu p_x}{h_y} = 0 \tag{2-57}$$

解微分方程式 2-57，得：

$$p_x = p_0 \mathrm{e}^{\frac{2\mu}{h_y}\left(x + \frac{l}{2}\right)} \tag{2-58}$$

停滞区：考虑到停滞区沿中性面可能产生不对称性，将停滞区分为前停滞区与后停滞区，同时定义前停滞区长度（l_q）与停滞区长度（l_n）之比为 β。x_n 为中性面的位置，k_c 为黏着区与滑动区交界处的摩擦力。

若 $\beta < 0.5$，则认为：

$$\tau_x = k_c \frac{x - x_n}{l_n(1 - \beta)} \tag{2-59}$$

式 2-59 代入式 2-52，得：

$$\frac{\mathrm{d}p_x}{\mathrm{d}x} + \frac{k_c}{h_y l_n(1 - \beta)}(x - x_n) = 0 \tag{2-60}$$

解微分方程式 2-60，得：

$$p_x = -\frac{1}{2} \cdot \frac{k_c}{h_y l_n(1 - \beta)}(x - x_n)^2 + C \tag{2-61}$$

式中　C——常数。

令 $x = -(l_n - \beta l_n - x_n)$，则根据边界条件 $\mu p = k_c$，代入式 2-61，得：

$$C = \frac{k}{u} + \frac{1}{2} \cdot \frac{k_c l_n(1 - \beta)}{h_y} \tag{2-62}$$

所以，将式 2-62 代入式 2-61，得：

$$p_x = -\frac{1}{2} \cdot \frac{k_c}{h_y l_n(1 - \beta)}(x - x_n)^2 + \frac{k_c}{u} + \frac{1}{2} \cdot \frac{k_c l_n(1 - \beta)}{h_y} \tag{2-63}$$

同时，在 $x = -(l_n - \beta l_n - x_n)$ 时，根据后滑区的压力方程式，给出另一个边界条件：

$$p_x = p_0 e^{\frac{2\mu}{h_y}\left(-l_n+\beta l_n+x_n+\frac{l}{2}\right)} = \frac{k_c}{\mu} \tag{2-64}$$

整理式 2-64，得：

$$\beta = \frac{\frac{h_y}{2\mu}\lg\left(\frac{k_c}{\mu p_0}\right) - x_n - \frac{l}{2}}{l_n} + 1 \tag{2-65}$$

当 $x = \beta l_n + x_n$ 时，根据停滞区与前滑区在该点轧制压力相等的边界条件，有：

$$p_x = \frac{k_c}{u} + \frac{1}{2} \cdot \frac{k_c l_n (1 - 2\beta)}{h_y (1 - \beta)} = p_1 e^{-\frac{2\mu}{h_y}\left(\beta l_n + x_n - \frac{l}{2}\right)} \tag{2-66}$$

中性面的位置 x_n 可粗略表示为：

$$x_n \approx \frac{h_y}{4\mu} \ln \frac{p_1}{p_0} \tag{2-67}$$

联立式 2-65 和式 2-66，即可解出 β 和 l_n。

若 $\beta > 0.5$，则认为：

$$\tau_x = k_c \frac{x - x_n}{l_n \beta} \tag{2-68}$$

式 2-68 代入式 2-52，得：

$$\frac{dp_x}{dx} + \frac{k_c}{h_y l_n \beta}(x - x_n) = 0 \tag{2-69}$$

解式 2-69，得：

$$p_x = -\frac{1}{2} \cdot \frac{k_c}{h_y l_n \beta}(x - x_n)^2 + C \tag{2-70}$$

当 $x = \beta l_n + x_n$ 时，采用与 $\beta < 0.5$ 时的同样方法解出边界常数 C：

$$C = \frac{1}{2} \cdot \frac{k\beta l_n}{h_y} + \frac{k_c}{\mu} \tag{2-71}$$

式 2-71 代入相关方程式，得：

$$p_x = -\frac{1}{2}\cdot\frac{k_c}{h_y l_n \beta}(x - x_n)^2 + \frac{1}{2}\cdot\frac{k_c \beta l_n}{h_y} + \frac{k_c}{\mu} \tag{2-72}$$

同样的，在 $x = \beta l_n + x_n$ 时，根据前滑区压力方程，还有：

$$p_x = p_1 e^{-\frac{2\mu}{h_y}\left(\beta l_n + x_n - \frac{l}{2}\right)} = \frac{k_c}{\mu} \tag{2-73}$$

整理式 2-73，得：

$$\beta = \frac{-\frac{h_y}{2\mu}\lg\left(\frac{k_c}{\mu p_0}\right) - x_n + \frac{l}{2}}{l_n} \tag{2-74}$$

当 $x = -(l_n - \beta l_n - x_n)$ 时，根据停滞区与后滑区在该点轧制压力相等的边界条件，有：

$$\frac{1}{2}\cdot\frac{k_c l_n(2\beta - 1)}{h_y \beta} + \frac{k_c}{\mu} = p_0 e^{\frac{2\mu}{h_y}\left(-l_n + \beta l_n + x_n + \frac{l}{2}\right)} \tag{2-75}$$

联立式 2-74 和式 2-75 可解出 β 和 l_n。

D　总轧制压力的计算

根据式 2-39、式 2-46、式 2-65、式 2-58、式 2-63、式 2-72 求出单位轧制压力的分布后，可以采用式 2-76 求出总轧制压力：

$$P = B\int_{-\frac{l}{2}-\Delta x_0}^{\frac{l}{2}+\Delta x_1} p_x \mathrm{d}x \tag{2-76}$$

式中　B——带材的宽度，mm。

显然，对于式 2-76，在 p_x 表达式已知的前提下，采用数值积分法即可以求出总轧制压力 P 的值，而没有必要具体写出 P 的表达式。

从上述计算公式可知，要确定塑性区和弹性区的单位压力及总压力，还必须确定塑性区长度 l 和弹性变形区长度 Δx_0 及 Δx_1 的数值。

2.1.2.2　考虑轧件与轧辊弹性变形时接触弧长的计算

为了计算轧件与轧辊弹性变形时的接触弧长，可以采用连氏模型中的有关推导，但为了进一步简化计算，本节拟采用以下新模型来推导变形区长度。

如图 2-6 所示，1 号曲线代表轧辊弹性压扁前的轮廓曲线，显然为一半径为 R 的圆弧；2 号曲线代表轧辊弹性压扁后的轮廓曲线；u_A、u_B、u_D、u_E、u_F 代表带材的压下位移；v_A、v_B、v_D、v_E、v_F 代表弹性压扁后轧辊表面的位移。

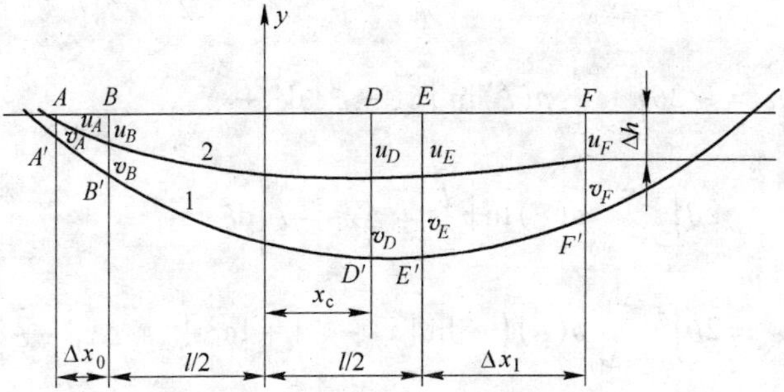

图 2-6 平整轧制时变形区形状

根据简单的几何关系，有：

$$\frac{l}{2} - x_c = \sqrt{R(DD' - EE')}$$

$$= \sqrt{R(u_D + v_D - u_E - v_E)} \tag{2-77}$$

$$\frac{l}{2} - x_c + \Delta x_1 = \sqrt{R(DD' - FF')}$$

$$= \sqrt{R(u_D + v_D - u_F - v_F)} \tag{2-78}$$

$$\frac{l}{2} + x_c = \sqrt{R(DD' - BB')}$$

$$= \sqrt{R(u_D + v_D - u_B - v_B)} \tag{2-79}$$

$$\frac{l}{2} + x_c + \Delta x_0 = \sqrt{R(DD' - AA')}$$

$$= \sqrt{R(u_D + v_D - u_A - v_A)} \tag{2-80}$$

根据弹性力学知识，对轧辊而言：

$$v_D - v_E = -2\theta\int_{-\frac{l}{2}-\Delta x_0}^{\frac{l}{2}+\Delta x_1} p(\xi)\ln|x_c - \xi|\,d\xi + 2\theta\int_{-\frac{l}{2}-\Delta x_0}^{\frac{l}{2}+\Delta x_1} p(\xi)\ln\left|\frac{l}{2} - \xi\right|d\xi$$

$$= 2\theta\int_{-\frac{l}{2}-\Delta x_0}^{\frac{l}{2}+\Delta x_1} p(\xi)\left(-\ln|x_c - \xi| + \ln\left|\frac{l}{2} - \xi\right|\right)d\xi \quad (2\text{-}81)$$

$$v_D - v_F = -2\theta\int_{-\frac{l}{2}-\Delta x_0}^{\frac{l}{2}+\Delta x_1} p(\xi)\ln|x_c - \xi|\,d\xi + 2\theta\int_{-\frac{l}{2}-\Delta x_0}^{\frac{l}{2}+\Delta x_1} p(\xi)\ln\left|\frac{l}{2} + \Delta x_1 - \xi\right|d\xi$$

$$= 2\theta\int_{-\frac{l}{2}-\Delta x_0}^{\frac{l}{2}+\Delta x_1} p(\xi)\left(-\ln|x_c - \xi| + \ln\left|\frac{l}{2} + \Delta x_1 - \xi\right|\right)d\xi \quad (2\text{-}82)$$

$$v_D - v_B = -2\theta\int_{-\frac{l}{2}-\Delta x_0}^{\frac{l}{2}+\Delta x_1} p(\xi)\ln|x_c - \xi|\,d\xi + 2\theta\int_{-\frac{l}{2}-\Delta x_0}^{\frac{l}{2}+\Delta x_1} p(\xi)\ln\left|-\frac{l}{2} - \xi\right|d\xi$$

$$= 2\theta\int_{-\frac{l}{2}-\Delta x_0}^{\frac{l}{2}+\Delta x_1} p(\xi)\left(-\ln|x_c - \xi| + \ln\left|-\frac{l}{2} - \xi\right|\right)d\xi \quad (2\text{-}83)$$

$$v_D - v_A = -2\theta\int_{-\frac{l}{2}-\Delta x_0}^{\frac{l}{2}+\Delta x_1} p(\xi)\ln|x_c - \xi|\,d\xi + 2\theta\int_{-\frac{l}{2}-\Delta x_0}^{\frac{l}{2}+\Delta x_1} p(\xi)\ln\left|-\frac{l}{2} - \Delta x_0 - \xi\right|d\xi$$

$$= 2\theta\int_{-\frac{l}{2}-\Delta x_0}^{\frac{l}{2}+\Delta x_1} p(\xi)\left(-\ln|x_c - \xi| + \ln\left|-\frac{l}{2} - \Delta x_0 - \xi\right|\right)d\xi \quad (2\text{-}84)$$

根据 2.1.2.1 节的有关推导可知，对带材而言：

$$u_A = \varepsilon_A h_0 = \frac{(1+\nu)\nu}{E}\sigma_0 h_0 \tag{2-85}$$

$$u_B = \varepsilon_B h_0 = \frac{1-\nu^2}{E}\left(K_0 - \frac{1-2\nu}{1-\nu}\cdot\frac{D_0 K_0 + \sigma_0}{1+D_0} - \frac{\nu}{1-\nu}\sigma_0\right)h_0 \tag{2-86}$$

$$u_F = \Delta h \tag{2-87}$$

$$\begin{aligned} u_E &= \Delta h + (\varepsilon_E - \varepsilon_F)h_1 \\ &= \Delta h + \frac{1-\nu^2}{E}\left(K_1 + \frac{1-2\nu}{1-\nu}\cdot\frac{D_1 K_1 - \sigma_1}{1-D_1} - \frac{\nu}{1-\nu}\sigma_1\right) \end{aligned} \tag{2-88}$$

$$u_D \approx u_E - \frac{\left(\frac{l}{2} - x_c\right)^2}{R'} \tag{2-89}$$

式中 $$R' = \frac{l^2}{\Delta h}$$

以式2-81为例，根据2.1.2.1节的有关推导，$p(\xi)$ 表达式是确定的，因而 $p(\xi)\left(\ln|x_c - \xi| + \ln\left|\frac{l}{2} - \xi\right|\right)$ 也是确定的，同时，因为最终目的是求轧制压力，而 $v_D - v_E$ 仅仅是一个中间变量，所以无需写出 $v_D - v_E$ 的具体表达式，而是采用数值积分法较快地求出 $v_D - v_E$ 的值。具体过程为：将区间 $\left[\frac{l}{2} + \Delta x_1, -\frac{l}{2} - \Delta x_0\right]$ 分成 n 等份，每份区间长度为 $\Delta x = \frac{l + \Delta x_1 + \Delta x_0}{n}$，同时将小区间内 $p(\xi)\left(\ln|x_c - \xi| + \ln\left|\frac{l}{2} - \xi\right|\right)$ 函数值用 f_i 来代替。$v_D - v_E$ 可表示为：$v_D - v_E = \sum_{i=1}^{n} 2R\theta f_i \Delta x$。随着 n 值的增加，误差将控制在0.001%之内。采用同样方法可求得 $v_D - v_F$、$v_D - v_B$、$v_D - v_A$。

最后，根据联立式2-77和式2-78，整理可得：

$$x_c = \frac{l}{2} - \frac{R(u_E + v_E - u_F - v_F) - \Delta x_1^2}{2\Delta x_1} \tag{2-90}$$

$$\begin{aligned} v_E - v_F &= -2\theta\int_{-\frac{l}{2}-\Delta x_0}^{\frac{l}{2}+\Delta x_1} p(\xi)\ln\left|\frac{l}{2} - \xi\right|\mathrm{d}\xi + \\ &\quad 2\theta\int_{-\frac{l}{2}-\Delta x_0}^{\frac{l}{2}+\Delta x_1} p(\xi)\ln\left|\frac{l}{2} + \Delta x_1 - \xi\right|\mathrm{d}\xi \\ &= 2\theta\int_{-\frac{l}{2}-\Delta x_0}^{\frac{l}{2}+\Delta x_1} p(\xi)\left(-\ln\left|\frac{l}{2} - \xi\right| + \ln\left|\frac{l}{2} + \Delta x_1 - \xi\right|\right)\mathrm{d}\xi \end{aligned} \tag{2-91}$$

将式 2-81 ~ 式 2-83 分别代入式 2-78 ~ 式 2-80，共有 Δx_1、Δx_0、l 3 个未知数，与此对应有三个方程式，因此采用迭代法可以很快地求出未知数。

2.1.3　极薄带钢平整轧制时轧制力的计算模型

近年来，随着轧制工艺的不断进步，薄带轧制变得越来越重要。由轧制理论可知，轧制薄带会令辊缝处轧辊压力急剧增加，因而工作辊的变形相对于薄带钢的厚度也随之增加，即轧辊压力和轧辊表面间的交互作用对薄带轧制而言越来越成为一个重要的限制因素。因此，20 世纪时，许多文章都在讨论极限压下量的问题，即轧制薄带时有一极限，超过此极限后，无论轧制力多大都不可能产生压下。该观点的依据是，当所轧薄带上产生的压下超过轧制变形所需的压力时，轧辊将会无限压扁而不能令薄带变形。尽管如此，人们发现实际上还是可以轧出比上述文章所预测的厚度更薄的带钢。美国的一份资料[1]显示，镀锡低碳钢带可以在工作辊直径为 533mm 的轧机上轧成薄至 0.05mm，而根据以上文章所提供的公式，预报的最小轧制厚度大约是 0.15mm。因而该问题仍然值得进一步研究。

著者经过大量的研究，认为造成前述文章中所提供的计算公式对最小可轧厚度预报失准的原因在于其摩擦力模型不够准确。

同时，著者通过计算推测，在极薄带钢的轧制过程中，存在着一个相当大的区域，在该区域内轧辊与带材之间的摩擦力低于库仑摩擦所预计的数值。也就是说，该区域内的摩擦力数值只达到维持轧辊压扁所需的程度。具体应用到所研究的模型上，即认为摩擦力模型中的停滞区的范围并不止于塑性区，很有可能扩大到弹性变形区（如图 2-7 所示）。停滞区的轧制力计算模型具体推导过程如下[40]。

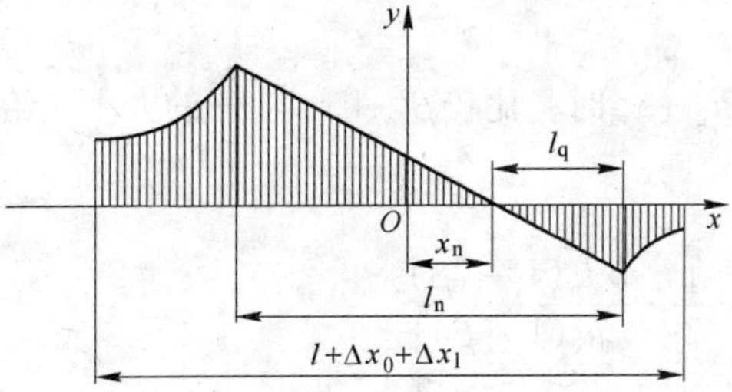

图 2-7 极薄带材变形区摩擦力分布

首先定义前停滞区长度 l_q 与停滞区长度 l_n 之比为 β，x_n 为中性面的位置。

若 $\beta < 0.5$，且 $l_n - \beta l_n - x_n > \dfrac{l}{2}$，即认为后停滞区已进入入口弹性变形区，假设摩擦力的表达式为：

$$\tau_x = k_c \frac{x - x_n}{l_n(1 - \beta)} \tag{2-92}$$

根据 2.1.2 节的有关推导，可得对应的轧制压力分布为：

$$p_x = -\frac{1}{2} \cdot \frac{k_c}{h_y l_n(1 - \beta)}(x - x_n)^2 + \frac{k_c}{u} + \frac{1}{2} \cdot \frac{k_c l_n(1 - \beta)}{h_y} \tag{2-93}$$

在 $x = -(l_n - \beta l_n - x_n)$ 处，根据入口弹性变形区的压力方程式，给出一个边界条件：

$$p_x = \frac{p_0}{1 - e^{-A_0 \Delta x_0}}\left[1 - e^{-A_0\left(-l_n + \beta l_n + x_n + \Delta x_0 + \frac{l}{2}\right)}\right] = \frac{k_c}{\mu} \tag{2-94}$$

整理式 2-94，得：

$$\beta = \frac{\dfrac{\lg\left[-\dfrac{k_c}{\mu p_0}(1 - e^{-A_0 \Delta x_0}) + 1\right]}{-A_0} - x_n - \Delta x_0 - \dfrac{l}{2}}{l_n} + 1 \tag{2-95}$$

当 $x = \beta l_n + x_n$ 时，比较 $\beta l_n + x_n$ 与 $\dfrac{l}{2}$ 的大小，给出另一个边界条件：

$$p_x = \frac{k_c}{u} + \frac{1}{2} \cdot \frac{k_c l_n (1 - 2\beta)}{h_y (1 - \beta)}$$

$$= \begin{cases} p_1 e^{-\frac{2\mu}{h_y}\left(\beta l_n + x_n - \frac{l}{2}\right)}, & \beta l_n + x_n < \dfrac{l}{2} \\ \dfrac{p_1}{1 - e^{A_1 \Delta x_1}}\left[1 - e^{-A_1\left(\beta l_n + x_n - \frac{l}{2} - \Delta x_1\right)}\right], & \beta l_n + x_n \geqslant \dfrac{l}{2} \end{cases} \tag{2-96}$$

在式 2-96 中，若 $\beta l_n + x_n < \dfrac{l}{2}$，说明前停滞区还在塑性区内；反之则说明前停滞区已进入出口弹性变形区。联立方程式 2-95 和式 2-96 即可解出 β 和 l_n。

若 $\beta > 0.5$，且 $\beta l_n + x_n > \dfrac{l}{2}$，即认为前停滞区已进入出口弹性变形区，假设摩擦力的表达式为：

$$\tau_x = k_c \frac{x - x_n}{l_n \beta} \tag{2-97}$$

用类似方法求出对应的轧制压力的分布为：

$$p_x = -\frac{1}{2} \cdot \frac{k_c}{h_y l_n \beta}(x - x_n)^2 + \frac{1}{2} \cdot \frac{k_c \beta l_n}{h_y} + \frac{k_c}{\mu} \tag{2-98}$$

同样的，在 $x=\beta l_n+x_n$ 时，根据出口弹性变形区的压力方程式，给出一个边界条件：

$$p_x=\frac{p_1}{e^{A_1\Delta x_1}-1}\left[1-e^{-A_1\left(\beta l_n+x_n-\frac{l}{2}-\Delta x_1\right)}\right]=\frac{k_c}{\mu} \tag{2-99}$$

整理式2-99，得：

$$\beta=\frac{\dfrac{\lg\left[-\dfrac{k_c}{\mu p_1}(1-e^{A_1\Delta x_1})+1\right]}{-A_1}-x_n+\dfrac{l}{2}+\Delta x_1}{l_n} \tag{2-100}$$

当 $x=-(l_n-\beta l_n-x_n)$ 时，比较 $l_n-\beta l_n-x_n$ 与 $\frac{l}{2}$ 的大小，给出另一个边界条件：

$$\frac{1}{2}\cdot\frac{k_c l_n(2\beta-1)}{h_y\beta}+\frac{k_c}{\mu}$$

$$=\begin{cases}p_0 e^{\frac{2\mu}{h_y}\left(-l_n+\beta l_n+x_n+\frac{l}{2}\right)}, & l_n-\beta l_n-x_n<\dfrac{l}{2}\\ \dfrac{p_0}{1-e^{-A_0\Delta x_0}}\left[1-e^{-A_0\left(-l_n+\beta l_n+x_n+\Delta x_0+\frac{l}{2}\right)}\right], & l_n-\beta l_n-x_n\geqslant\dfrac{l}{2}\end{cases} \tag{2-101}$$

联立式2-100和式2-101可解出 β 和 l_n。

显然，在停滞区以外，轧制力的分布模型同2.1.2.1节的有关推导，变形区长度的计算同2.1.2.2节的有关推导。

2.1.4 较厚带材考虑到应力与变形沿厚度分布不均匀时的轧制压力模型

对平整轧制而言，当带材厚度较大时，由于带材塑性变形量很小，变形沿带材厚度方向的不均匀性比较明显，如果仍采用卡尔曼的沿带材厚度应力均匀分布的平面假设来建立轧制压力模型，则必然存在较大的误差。为此，本节考虑到应力和变形沿带材厚度分布的不均匀性，按照接触表面边界条件列出相应的平衡微分方程，利用弹性力学中的半平面理论求出入口和出口边界水平应力沿厚度方向的分布，并将其作为边界条件代入求解平衡微分方程，从而最终建立一套新的针对厚带平整轧制的实用轧制压力模型[41~43]。

2.1.4.1 接触表面应力平衡微分方程

首先，如图 2-8 所示，取带材接触表面处的单元体进行受力分析。根据图 2-8 所示的接触表面微单元体的受力平衡条件有：

$$p_x\cos\alpha_x + t_x\sin\alpha_x = \sigma_{yn}\cos\alpha_x - \tau_{xn}\sin\alpha_x \tag{2-102}$$

$$p_x\sin\alpha_x - t_x\cos\alpha_x = \sigma_{xn}\sin\alpha_x - \tau_{xn}\cos\alpha_x \tag{2-103}$$

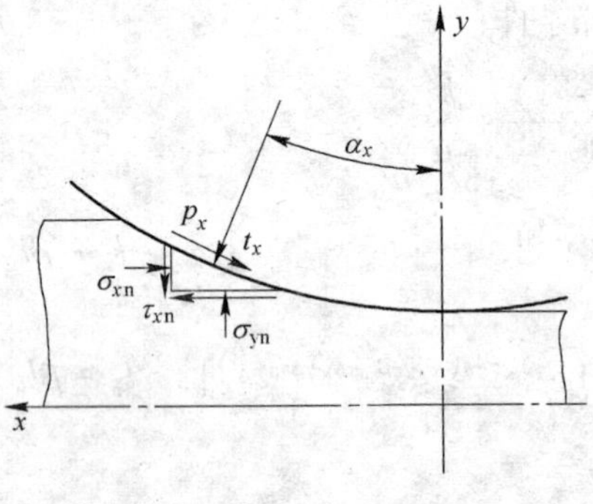

图 2-8 带材表面单元体应力平衡

α_x—单元体所在位置的接触角；σ_{xn}，σ_{yn}—单元体所在位置的正应力；

τ_{xn} —单元体所在位置的剪应力；p_x—接触表面的单位压力；

t_x—接触表面的摩擦力

对平整轧制而言，α_x 很小，$\sin\alpha_x \approx 0$，$\cos\alpha_x \approx 1$，代入式 2-102和式 2-103，得：

$$\tau_{xn} = t_x \tag{2-104}$$

$$\sigma_{yn} = p_x \tag{2-105}$$

实验研究表明，变形区内金属水平方向的流动速度沿轧件高度近似地按抛物线分布。显然，由于金属流动速度的不均匀性，变形区内产生切应力 τ_{xy}。如果把金属的流动近似看做是黏性流动，则根据流体动力学理论，可以得到切应力沿高度的线性分布规律：

$$\tau_{xy} = \tau_{xn}\frac{y}{y_n} = t_x\frac{y}{y_n} \tag{2-106}$$

式中 y_n ——接触表面到带材中部的距离，mm。

将平整轧制看作平面变形问题，则可列出下列平衡微分方程：

$$\frac{\partial\sigma_x}{\partial x} + \frac{\partial\tau_{xy}}{\partial y} = 0 \tag{2-107}$$

将式 2-104 代入式 2-105，得：

$$\frac{\partial\sigma_x}{\partial x} = -\frac{\partial\tau_{xy}}{\partial y} = -\frac{t_x}{y_n} \tag{2-108}$$

根据式 2-108，有：

$$\sigma_{xn} = -\int\frac{t_x}{y_n}\mathrm{d}x + f(y_n) \tag{2-109}$$

对式 2-109 求导，得：

$$\frac{\mathrm{d}\sigma_{xn}}{\mathrm{d}x} = -\frac{t_x}{y_n} \tag{2-110}$$

如果采用库仑摩擦模型 $t_x = \pm\mu p_x$（后滑区取“+”前滑区取“-”），则式 2-110 变为：

$$\frac{\mathrm{d}\sigma_{xn}}{\mathrm{d}x} = \mp\frac{\mu p_x}{y_n} \tag{2-111}$$

式 2-111 就是接触表面单位压力微分方程。如果已知变形区入、出口边界的表面水平应力 σ_{xn0}、σ_{xn1}，采用 2.1.2.1 节介绍的相关方法，在弹性区将式 2-111 与弹性变形的物理方程式联立，同时在塑性区利用平面变形的塑性条件，即可求得相应的单位轧

制压力与摩擦力 p_x、t_x 的分布，从而最终求得总的轧制压力。因此，问题的关键部分就转化为如何求解边界应力 σ_{xn0} 和 σ_{xn1}。

2.1.4.2　半平面理论在轧制模型中的应用

根据文献［39，44］可以知道，当半无限平面体的边界上受到垂直集中力 P 作用时，力 P 作用点附近区域的应力分量在直角坐标系下（如图 2-9 所示）可表示为：

$$\sigma_x = -\frac{2P}{\pi} \cdot \frac{yx^2}{(x^2+y^2)^2} \tag{2-112}$$

$$\sigma_y = -\frac{2P}{\pi} \cdot \frac{y^3}{(x^2+y^2)^2} \tag{2-113}$$

$$\tau_{yx} = -\frac{2P}{\pi} \cdot \frac{xy^2}{(x^2+y^2)^2} \tag{2-114}$$

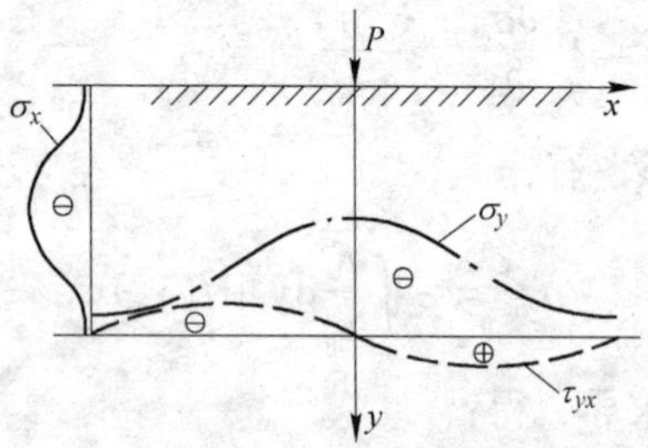

图 2-9　垂直集中力作用下半无限平面体应力分布

同样根据文献，当半无限平面体在边界上受到水平集中力 P 作用时，各应力分量在直角坐标系下也可求得。

在平整轧制时，由于塑性变形量很小，在变形区的入口和出口存在着较大的弹性变形区，所以，可以近似地采用弹性力学中的半平面理论解出入口和出口边界水平应力沿厚度方向的分布。具体地说，即将带材轧制过程中变形区内的压力载荷看成弹性力学中平板上受到垂直压力的作用，而将摩擦力看成边界上的水平作用力。当然，仅从带材的厚度来看，是不满足弹性力学中的半平面条件的，但可以在带材的下表面上人为地加上一个应力，并使得该应力与上表面在下表面处产生的应力大小相等，方向相反(如图2-10所示，以带材上表面受垂直轧制压力为例，给出整个等效过程)。因此，带材在入、出口弹性变形区内就相当于弹性半平面条件。如果已知轧制压力与摩擦力的分布，就可以相应求出入、出口边界的水平应力，具体解析过程如下。

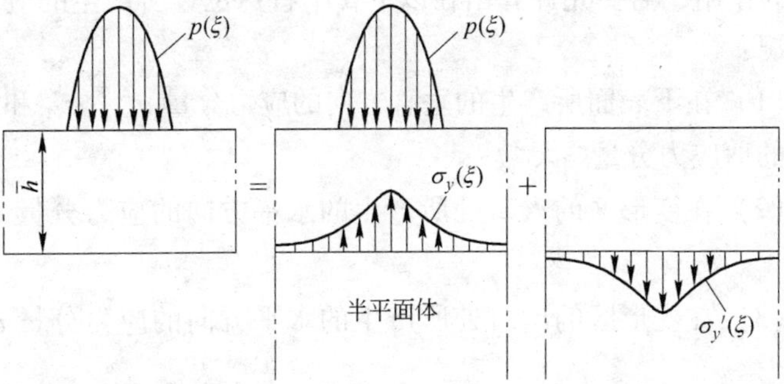

图 2-10 半平面等效

假设变形区内轧制压力与摩擦力的分布为$p(\xi)$、$\tau(\xi)$，根据弹性半平面理论，由$p(\xi)$、$\tau(\xi)$引起的弹性区内带材的各应力分量可表示为：

$$\sigma_{xp} = -\frac{2y}{\pi}\int\frac{(x-\xi)^2 p(\xi)}{[(x-\xi)^2+y^2]^2}\mathrm{d}\xi \tag{2-115}$$

$$\sigma_{yp} = -\frac{2y^3}{\pi}\int\frac{p(\xi)}{[(x-\xi)^2+y^2]^2}\mathrm{d}\xi \tag{2-116}$$

$$\tau_{xyp} = -\frac{2y^2}{\pi}\int\frac{(x-\xi)p(\xi)}{[(x-\xi)^2+y^2]^2}\mathrm{d}\xi \tag{2-117}$$

$$\sigma_{x\tau} = -\frac{2}{\pi}\int\frac{(x-\xi)^3\tau(\xi)}{[(x-\xi)^2+y^2]^2}\mathrm{d}\xi \tag{2-118}$$

$$\sigma_{y\tau} = -\frac{2y^2}{\pi}\int\frac{(x-\xi)\tau(\xi)}{[(x-\xi)^2+y^2]^2}\mathrm{d}\xi \tag{2-119}$$

$$\tau_{xy\tau} = -\frac{2y}{\pi}\int\frac{(x-\xi)^2\tau(\xi)}{[(x-\xi)^2+y^2]^2}\mathrm{d}\xi \tag{2-120}$$

将带材上下表面的受力情况按对称情况来处理，只要分析上表面的载荷在带材内部所产生的应力分布即可，下表面的载荷作用在带材内部所产生的应力分布可根据对称性求得，最后，将两者叠加即可求得最终结果。对于上表面轧制压力 $p(\xi)$ 与摩擦力 $\tau(\xi)$ 的作用，需要先计算出在以下 3 个特殊位置所产生的应力分布情况：

(1) 在下表面所产生的垂直方向的应力分量 σ_{yp}^{h}、$\sigma_{y\tau}^{\mathrm{h}}$ 和水平方向的剪应力分量 τ_{xyp}^{h}、$\tau_{xy\tau}^{\mathrm{h}}$；

(2) 在变形区的入口处所产生的水平方向的应力分量 σ_{x_1p}、$\sigma_{x_1\tau}$；

(3) 在变形区的出口处所产生的水平方向的应力分量 σ_{x_0p}、$\sigma_{x_0\tau}$。

然后将 σ_{yp}^{h} 与 $\sigma_{y\tau}^{\mathrm{h}}$ 相互叠加得 σ_y^{h}；τ_{xyp}^{h} 与 $\tau_{xy\tau}^{\mathrm{h}}$ 相互叠加得 τ_{xy}^{h}；σ_{x1p} 与 $\sigma_{x_1\tau}$ 相互叠加得 σ_{x_1}；σ_{x_0p} 与 $\sigma_{x_0\tau}$ 相互叠加得 σ_{x_0}。假设 σ'_y，τ'_{xy} 为人为叠加上去的，为了使带材在弹性变形区内满足弹性半平面条件的应力，则：

$$\sigma'_y = -\sigma_y^{\mathrm{h}} \tag{2-121}$$

$$\tau'_{xy} = -\tau_{xy}^{\mathrm{h}} \tag{2-122}$$

最后再采用相同的方法来处理下表面人为加上去的应力 σ'_y、τ'_{xy}，求出其在上表面引起的应力 σ''_y、τ''_{xy} 以及在入、出口边界处的水平应力 σ'_{x_0}、σ'_{x_1}，反复进行该项工作，直至入、出口边界处的水平应力 $\sigma\sigma_{x_0}$、$\sigma\sigma_{x_1}$ 不再变化为止（其中，$\sigma\sigma_{x_0} = \sigma_{x_0} + \sigma'_{x_0} + \sigma''_{x_0} + \sigma'''_{x_0} + \cdots$，$\sigma\sigma_{x_1} = \sigma_{x_1} + \sigma'_{x_1} + \sigma''_{x_1} + \sigma'''_{x_1} + \cdots$）。

当然，$\sigma\sigma_{x_0}$ 和 $\sigma\sigma_{x_1}$ 只是表达了水平应力沿带材厚度方向的分布规律，还不是真正的应力值，要求 σ_{xn0} 和 σ_{xn1} 还必须借助以下两个边界条件：

$$\int \sigma \sigma_{x1} \mathrm{d}x = T_1 \tag{2-123}$$

$$\int \sigma \sigma_{x0} \mathrm{d}x = T_0 \tag{2-124}$$

式中 T_1——前总张力，kN；

T_0——后总张力，kN。

2.1.4.3 平整轧制压力模型的建立

综合2.1.4.1节和2.1.4.2节可以知道，变形区入、出口边界的表面水平应力 σ_{xn0}、σ_{xn1} 和单位轧制压力分布 $p(\xi)$ 之间是一一对应的关系。如图2-11所示，可以采用迭代法解出 $p(\xi)$ 与 σ_{xn0}、σ_{xn1}，并最终建立起适合平整特点的轧制压力模型。

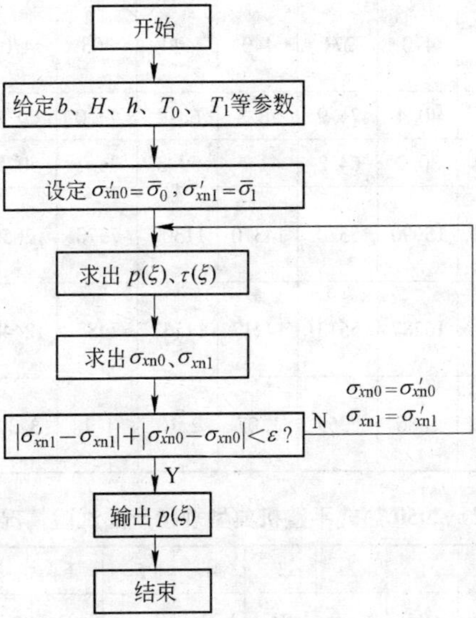

图 2-11 平整单位轧制压力计算框图

显然，总轧制压力可用式2-125求出：

$$P = \int p(\xi) \mathrm{d}\xi \tag{2-125}$$

2.1.5 模型的应用情况简介

为了分析与验证上述轧制力计算模型的准确性，著者分别在宝钢1550CAL平整机以及2050热轧平整机、凌钢900mm冷轧带钢平整机上进行了相关实验，有关试验结果见表2-1～表2-3。

表2-1 1550CAL平整机典型规格产品试验情况分析

规格号	1	2	3	4	5	6	7	8
材 质	CQ	DQ1	CQ	CQ	CQ	CQ	CQ	CQ
规格/mm×mm	0.300×974	0.494×1025	0.350×1020	0.444×1002	0.300×900	0.394×1000	0.300×900	0.300×900
轧制速度/m·min^{-1}	470	271	440	440	303	470	380	365
前张力/kN	40.4	74.9	58.3	68.4	43.0	60.7	43.2	46.7
后张力/kN	30.2	64.2	41.6	59.3	34.7	50.5	34.8	36.1
总轧制压力实测值/kN	15990	5370	14370	11300	7570	12050	11470	15980
总轧制压力计算值/kN	16287	5513	14217	11537	7487	12448	11636	15679
计算值与实际值之间的误差/%	1.86	2.59	1.07	2.10	1.1	3.30	3.30	1.88

表2-2 2050热轧平整机典型规格产品试验情况分析

规格号	1	2	3	4	5	6	7	8	9
规格/mm×mm	2.0×1283	2.8×1283	1.98×1283	2.22×1283	2.0×1283	2.02×1283	2.23×1283	3.03×1283	2.23×1283
开卷张力/kN	39	44	48	30	31	40	32	38	39
卷取张力/kN	80	80	70	120	100	80	140	140	140
轧制速度/m·min^{-1}	300	250	300	200	200	250	350	350	350

续表 2-2

规格号	1	2	3	4	5	6	7	8	9
屈服强度/抗拉强度/MPa	260/350	390/520	390/520	260/350	260/350	300/400	260/350	260/350	260/350
轧制力设定值/kN	2100	2100	2000	2000	2000	2000	2200	2200	2200
轧制力计算值/kN	2084	2072	1975	2035	1977	1991	2242	2158	2165
计算值与实际值之间的误差/%	0.76	1.3	1.25	1.75	1.65	0.45	1.91	1.91	1.59

表 2-3 凌钢 900mm 平整机典型规格产品试验结果

规格号	1	2	3	4	5
材 质	Q195	Q195	Q195	Q235	Q235
规格/mm × mm	1.0 × 680	0.6 × 700	0.5 × 700	1.8 × 610	0.6 × 650
延伸率/%	0.020	0.012	0.008	0.025	0.012
入口张力/kN	22	30	30	30	28
出口张力/kN	25	35	35	45	30
轧制速度/$m \cdot min^{-1}$	98	80	90	37	21
轧制力实测值/kN	2480	2440	2640	1770	2800
轧制力计算值/kN	2365	2490	2570	1820	2700
计算值与实测值之间的偏差/%	4.6	2.0	2.9	2.8	3.6

通过表 2-1 ~ 表 2-3 计算值与实测值对比，可以得出以下结论：

（1）总轧制压力的计算值与实测值吻合较好，说明相关轧制力计算模型是正确的、可信的；

（2）不同的轧制条件必须采用与之相对应的轧制力计算模型，只有这样才能准确地预报总轧制压力，从而指导生产。

2.2　平整轧制时工程实用轧制力及其自学习模型

生产实践表明，在平整轧制过程中，采用2.1节介绍的相关平整轧制压力模型虽然能够达到较高的计算精度，但由于该模型中涉及迭代过程，计算不是很稳定，计算时间也不可控制，因此相关模型比较适合用于离线分析与预报，不适合在线分析与预报。而其他轧制压力模型，如连家创模型、Stone模型等也有类似缺陷。为了解决该问题，充分考虑到不同平整机组的设备工艺特点与实际工况，在罗伯茨平整轧制压力模型的基础上，经过大量的现场数据回归与理论分析，综合轧制速度、变形抗力、张力、延伸率等平整轧制工艺参数的影响，提出了一套工程上实用的平整轧制压力计算模型，给出了相应的模型自学习方案，并将其应用于生产实践，已取得良好的使用效果，具有进一步推广应用的价值。

2.2.1　工程实用平整轧制压力模型

对平整轧制而言，考虑到轧制过程中轧辊与带材交界面处接触弧的非圆柱表面性质以及工程上对模型本身的稳定性要求，根据大量的理论研究与现场数据回归，在罗伯茨平整轧制压力模型的基础上，提出一套工程上实用的轧制压力模型[45]：

$$P = fB \tag{2-126}$$

$$L = \frac{1}{2}[a_1 \ln(\varepsilon) + a_0]\left[\frac{D\varepsilon\mu}{2} + \sqrt{\left(\frac{D\varepsilon\mu}{2}\right)^2 + 2Dh_0\varepsilon}\right] \tag{2-127}$$

$$f = \frac{\sigma_p h_0(1-\varepsilon)}{\mu}\{\exp[\mu L/h_0(1-\varepsilon)] - 1\} \tag{2-128}$$

$$e \approx \frac{2v}{D\mu} \tag{2-129}$$

$$\sigma_p = k_3(\sigma_s + a\lg 1000e) - (k_1\sigma_0 + k_2\sigma_1) \tag{2-130}$$

式中 P——总轧制压力，kN；

f——单位宽度轧制力，kN；

B——带材宽度，mm；

L——轧制变形区中轧辊与带材接触弧长度，mm；

a_0——平整钢种影响系数，一般来说，$-10.0 \leqslant a_0 \leqslant 10.0$；

a_1——工况影响系数，一般来说，$-6.0 \leqslant a_1 \leqslant 6.0$；

D——工作辊直径，mm；

ε——带材延伸率；

μ——摩擦系数；

h_0——入口厚度，mm；

σ_p——当量变形抗力，MPa；

e——应变速率；

v——轧制速度，m/min；

k_3——变形抗力影响系数；

σ_s——带材屈服强度，MPa；

a——应变速率系数；

σ_1——带材前张力，kN；

σ_0——带材后张力，kN；

k_1，k_2——分别为前、后张力加权系数，一般来说，$k_1 = k_2 = 0.5$。

显然，对一个特定的轧制过程而言，ε、v、σ_0、σ_1、h_0、D、B、σ_s、μ 等参数是确定的，轧制压力的大小取决于钢种与工况影响系数 a_0 和 a_1。因此，如何准确地确定钢种与工况影响系数 a_0 和 a_1，就成为保证模型精度的关键，2.2.2 节将详细介绍 a_0 和 a_1 的确定过程。

2.2.2 平整工况影响系数的确定

为了充分考虑特定平整设备的特殊工况与钢种对轧制压力的影响，在模型中特别引入钢种与工况影响系数这一参数。而钢种

与工况影响系数 a_0 和 a_1，则需要根据现场实际数据来进行提取。基本方案如下[46]。

根据现场经验可以知道，如果选择某特定钢种已经轧制完毕的带材 n 卷，则可以采集到 n 组实际轧制工艺参数 ε_i、v_i、σ_{0i}、σ_{1i}、h_{0i}、B_i、$D_i(i = 1, 2, \cdots, n)$ 以及与之对应的 n 组实际轧制压力 $P_i(i = 1, 2, \cdots, n)$。

同样的，如果给定一组钢种与工况影响系数 $X = \{a_0, a_1\}$，并将该系数 $X = \{a_0, a_1\}$ 与实际轧制工艺参数 ε_i、v_i、σ_{0i}、σ_{1i}、h_{0i}、B_i、$D_i(i = 1, 2, \cdots, n)$ 代入式 2-126 ~ 式 2-130 所述的平整轧制压力模型，则可以得到相应的 n 组轧制压力计算值 $P'_i(i = 1, 2, \cdots, n)$。

引进目标函数 $F(X) = \frac{1}{n}\sqrt{\sum_{i=1}^{n}(P_i - P'_i)^2}$。$F(X)$ 越小，代表轧制压力的模型计算值与现场实际值越接近，而相应的钢种与工况影响系数 $X = \{a_0, a_1\}$ 越符合实际情况。于是，问题就转换为寻找一个最优 $X = \{a_0, a_1\}$，使得 $F(X) = \frac{1}{n}\sqrt{\sum_{i=1}^{n}(P_i - P'_i)^2}$ 最小。这个简单的寻优问题采用以下步骤就可以得出计算结果（如图 2-12 所示）：

（1）在步骤 1 中，定义初始目标值 F_0，并赋予 F_0 一个非常大的值，如令 $F_0 = 10^{10}$，同时定义两个中间变量 m_1 和 m_2，并令 $m_1 = 0$、$m_2 = 0$。

（2）在步骤 2 中给定 a_0 的搜索步长 Δ_0，并令 $a_0 = -10 + m_1\Delta_0$。

（3）在步骤 3 中给定 a_1 的搜索步长 Δ_1，并令 $a_1 = -6 + m_2\Delta_1$。

（4）在步骤 4 中，利用式 2-110 ~ 式 2-114 的轧制压力模型计算出当前 a_0、a_1 状况下的各个钢卷的轧制压力值 $P'_i(i = 1, 2, \cdots, n)$。

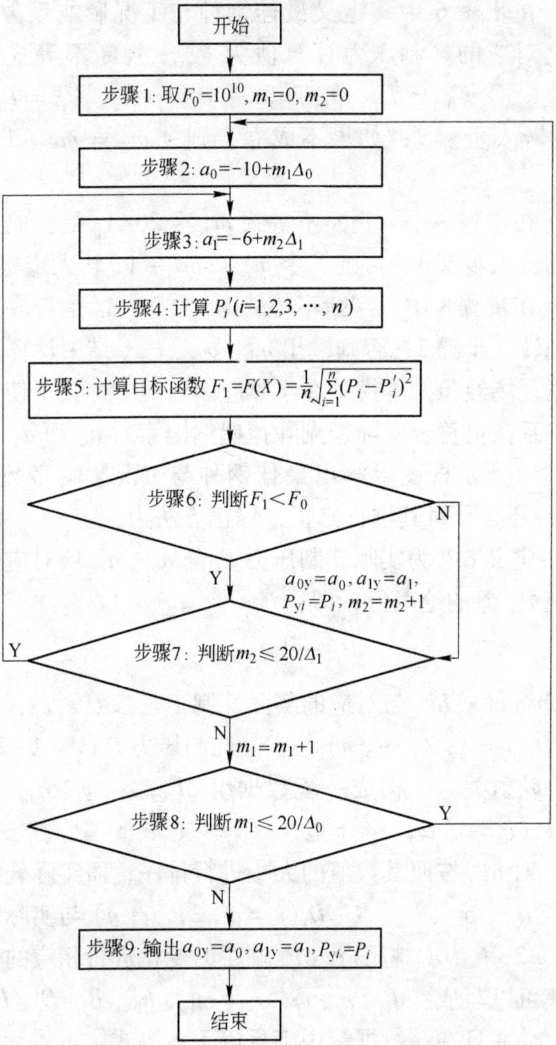

图 2-12 平整工况影响系数计算框图

(5) 在步骤 5 中，计算当前状况下目标函数的具体数值

$$F_1=F(X)=\frac{1}{n}\sqrt{\sum_{i=1}^{n}(P_i-P'_i)^2}。$$

(6) 在步骤6中，定义最佳钢种与工况影响系数为 a_{0y} 和 a_{1y}，与之对应的轧制压力计算值为 P'_{yi}，判断不等式 $F_1 < F_0$ 是否成立。令 $F_0 = F_1$，$a_{0y} = a_0$，$a_{1y} = a_1$，$P'_{yi} = P'_i$，$m_2 = m_2 + 1$，转入步骤7；如果不成立，则令 $m_2 = m_2 + 1$，转入步骤7。

(7) 在步骤7中，判断不等式 $m_2 \leqslant 20/\Delta_1$ 是否成立。如果成立，则转入步骤3；否则，令 $m_1 = m_1 + 1$，转入步骤8。

(8) 在步骤8中，判断不等式 $m_1 \leqslant 20/\Delta_0$ 是否成立。如果成立，则转入步骤2；否则输出 a_{0y}、a_{1y}、P'_{yi}，结束计算。

根据现场经验，本模型在实际应用过程中，为了使得钢种与工况影响系数更符合实际，剔除掉偶然因素对 a_0 和 a_1 影响，在利用图2-12所示框图求解出最佳钢种与工况影响系数为 a_{0y} 和 a_{1y} 之后，还必须对其进行修正，修正方法为：

(1) 定义 δP_i 为实际轧制压力 P_i 与 a_{0y}、a_{1y} 所对应的轧制压力计算值 P'_{yi} 差的绝对值，即：

$$\delta P_i = |P_i - P'_{yi}| \tag{2-131}$$

(2) 将每个 δP_i 与对应的实际轧制工艺参数 ε_i、v_i、σ_{0i}、σ_{1i}、h_{0i}、B_i、$D_i(i = 1, 2, \cdots, n)$ 与实际轧制压力 $P_i(i = 1, 2, \cdots, n)$ 建立一一映射关系，构成一簇数据组 δP_i、ε_i、v_i、σ_{0i}、σ_{1i}、h_{0i}、B_i、D_i、$P_i(i = 1, 2, \cdots, n)$。

(3) 对 δP_i 按照其数值的大小进行排序，而实际轧制工艺参数 ε_i、v_i、σ_{0i}、σ_{1i}、h_{0i}、B_i、$D_i(i = 1, 2, \cdots, n)$ 与实际轧制压力 $P_i(i = 1, 2, \cdots, n)$ 将随着 δP_i 顺序的变化进行相应的变化，相关数据簇可以写成：δP_j、ε_j、v_j、σ_{0j}、σ_{1ij}、h_{0j}、B_j、D_j、$P_j(j = 1, 2, \cdots, n)$。并且在该数据簇中满足以下不等式：

$$\delta P_1 \leqslant \delta P_2 \leqslant \cdots \leqslant \delta P_j \leqslant \delta P_{j+1} \cdots \leqslant \delta P_n \tag{2-132}$$

(4) 为了剔除偶然因素对钢种与工况影响系数 a_0、a_1 的影响，可以去掉数据簇中10%左右排在后面的相关数据，构成新的数据簇 δP_j、ε_j、v_j、σ_{0j}、σ_{1ij}、h_{0j}、B_j、D_j、$P_j(j = 1, 2, \cdots,$

$0.9n$)。

(5) 以 $0.9n$ 组实际轧制工艺参数 ε_j、v_j、σ_{0j}、σ_{1j}、h_{0j}、B_j、$D_j(j=1, 2, \cdots, 0.9n)$ 以及与之对应的 $0.9n$ 组实际轧制压力 $P_j(j=1, 2, \cdots, 0.9n)$ 为基础，重新计算相应的钢种与工况影响系数的修正值 a_{0yy}、a_{1yy}，得到钢种与工况影响系数的最终数值。

2.2.3 轧制压力模型的自学习

在实际生产过程中，为了提高轧制压力模型的预报精度，以前通常采用对摩擦系数或者变形抗力进行自学习的方案，把现场所有工况的变化以及来料波动的影响都归结到摩擦系数或者变形抗力中，通过不断的修正摩擦系数或者变形抗力来保证模型的精度。采用该方法的最大弊端是多次自学习之后，摩擦系数或者变形抗力经过多次修正之后失去了原有的物理意义，成为“伪变形抗力”或者“伪摩擦系数”，不但保证不了模型的预报精度，而且不利于现场的故障分析、轧制工艺参数的优化。为此，本节在 2.2.1 节、2.2.2 节相关理论的基础上，提出了一套新的轧制压力模型自学习方案，通过对钢种与工况影响系数的不断自学习来保证模型的计算精度，基本方案如下。

首先，将钢种与工况影响系数的自学习分成长期自学习与短期自学习两个部分，其中长期自学习部分的钢种与工况影响系数定义为 a_{0c}、a_{1c}，短期自学习部分的系数定义为 a_{0d}、a_{1d}。需要说明的是，钢种与工况影响系数的长期自学习部分是指某一特定钢种的带钢在一段时间内轧制工况对轧制压力的影响；而短期自学习部分则是指某一特定钢种的带钢在当前状态下的轧制工况对轧制压力的影响。

在长期自学习部分中，可以选取最近生产的 N 卷数据进行学习（根据数据量的大小，一般可以取 $N=1000$），相应的采集 N 组实际轧制工艺参数 ε_i、v_i、σ_{0i}、σ_{1i}、h_{0i}、B_i、$D_i(i=1, 2, \cdots, N)$ 以及与之对应的 N 组实际轧制压力 $P_i(i=1, 2, \cdots, N)$，利用 2.2.2 节所述模型计算出相应钢种与工况影响系数的值 a_{0yy}、

a_{1yy}，令：

$$\begin{cases} a_{0c} = a_{0yy} \\ a_{1c} = a_{1yy} \end{cases} \tag{2-133}$$

然后将 a_{0c}、a_{1c} 与实际轧制工艺参数 ε_i、v_i、σ_{0i}、σ_{1i}、h_{0i}、B_i、$D_i(i=1,2,\cdots,N)$ 代入相关模型，求出相应轧制压力计算值 $P'_{ci}(i=1,2,\cdots,N)$。

在当前钢卷轧制结束后，可以采集到一卷最新实际轧制数据，此时，剔除掉 $\max(P'_{ci}-P_i)$ 这组数据，以新的实际轧制数据代之，保证用于长期自学习的轧制数据样本库不断更新，为下一钢卷的长期自学习做准备。

在短期自学习部分中，可以选取最近生产的 3 卷数据进行学习，相应采集 3 组实际轧制工艺参数 ε_i、v_i、σ_{0i}、σ_{1i}、h_{0i}、B_i、$D_i(i=1,2,3)$ 以及与之对应的 3 组实际轧制压力 $P_i(i=1,2,3)$，然后利用图 2-12 求出最佳钢种与工况影响系数 a_{0y}、a_{1y}，将其作为短期自学习系数，即令：

$$\begin{cases} a_{0d} = a_{0y} \\ a_{1d} = a_{1y} \end{cases} \tag{2-134}$$

在长期自学习与短期自学习完毕之后，将两者进行加权，得出预报轧制压力所采用的钢种与工况影响系数，即：

$$\begin{cases} a_0 = \alpha a_{0c} + (1-\alpha)a_{0d} \\ a_1 = \alpha a_{1c} + (1-\alpha)a_{1d} \end{cases} \tag{2-135}$$

式中　α——加权系数，一般取 0.7 。

最后，将式 2-135 的相关结果代入式 2-126 ~ 式 2-130 就可以得到相应的轧制压力预报值。

2.2.4　模型在现场的应用

某冷轧薄板厂 1220 平整机组为了提高轧制压力的预报精度，利用 2.2.1 节 ~2.2.3 节所述的相关模型，开发出“1220 平整机组轧制压力在线预报软件”一套，直接应用到现场轧制压力的预报与设定，根据现场三个月的统计结果，95%以上的钢卷轧制压力预报值与实际值的相对误差在10%以内，达到了工程要求。为了进一步定量说明模型的预报精度，选取典型SPCC钢种三个月总计1232卷轧制数据，不同钢卷的轧制压力预报值与实际值相对误差分布情况见表2-4。

表2-4　SPCC钢种轧制压力预报值与实际值误差统计数据

预报值与实际值的相对误差/%	钢卷数	比例/%
≤5	989	80.3
5～10	201	16.3
10～15	38	3.1
≥15	4	0.3

显然，通过表2-4可以看出，采用本模型之后轧制压力的计算精度达到了相当高的水平，完全可以满足工程上的需要。

特别需要指出的是，由于本模型不涉及迭代计算过程，因此不会出现计算溢出和不收敛问题，所以，本模型计算过程非常稳定，计算速度能够保证适时给出计算结果，这也是本模型的另外一大优点。

2.3　平整压靠理论及压靠发生时的板形模型

2.3.1　平整压靠基本理论及实验方案

压靠就是指极薄带材在轧制过程中，工作辊在板宽以外出现的相互接触压扁的现象[47]，如图2-13所示。

人们在研究压靠问题时，以前往往采用压靠试纸通过静压试验来进行研究，这种方法虽然可以得出一些结论，但只能代表静压时的情况，并不能反映实际轧制过程的压靠问题，而且其实验过程较为繁琐。为了直观地证明轧制过程中压靠现象的存在，同

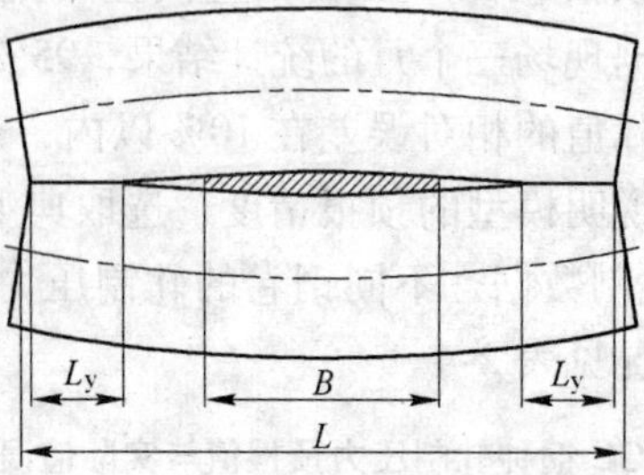

图 2-13　极薄带材轧制时辊端压靠示意图

L —工作辊辊身长；L_y —压靠宽度；B —带宽

时定量测量出压靠宽度的数值，现场可以采用如下简单的实验方法：(1) 准备好典型规格的极薄带材，设其宽度为 B；(2) 将平整机下工作辊（或上工作辊）两端辊面涂上印油，如图 2-14 所示；(3) 对实验带材进行正常轧制，待轧制完毕后，观察上工作辊（或下工作辊）边部是否粘有印油。如果粘上印油，说明轧辊边部已经发生了压靠现象，上工作辊上印油的长度就是压靠宽度；反之，如果没有粘上印油，则说明该轧制过程没有压靠现象的发生。

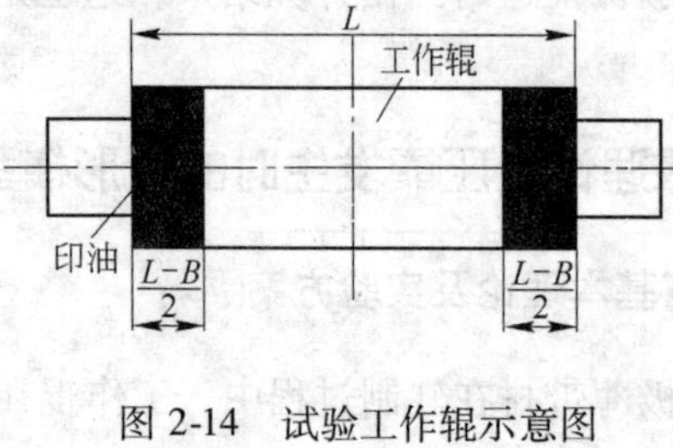

图 2-14　试验工作辊示意图

需要说明的是，之所以选择印油作为实验材料，是因为印油具有以下优点：(1) 不易挥发，对钢质材料黏附性好；(2) 无污染，不会对环境造成危害；(3) 易清除，试验过后，只需用抹布轻擦附着印油的轧辊表面，即可完全消除。

2.3.2　四辊平整机压靠时的板形模型

2.3.2.1　基本数学模型

显然，即便发生压靠现象，在板宽以内，金属变形模型依然成立，根据相关文献[6~22]，带材的前后张力 σ_{1i}、σ_{0i} 分别可用式 2-136 和式 2-137 的函数表示：

$$\sigma_{1i}=f_1(h_{1i},h_{0i},L_i,B,T_0,T_1) \tag{2-136}$$

$$\sigma_{0i}=f_0(h_{1i},h_{0i},L_i,B,T_0,T_1) \tag{2-137}$$

式中　h_{1i}——带材出口厚度横向分布值，mm；

h_{0i}——带材来料的厚度横向分布值，mm；

L_i——来料板形的长度横向分布值，mm；

B——带材的宽度，mm；

T_0——平均后张力，kN；

T_1——平均前张力，kN。

不同的是，如果考虑辊端压靠现象，在辊系受力模型中，工作辊在板宽以外应该多一个附加的压应力，如图 2-15 所示。为了

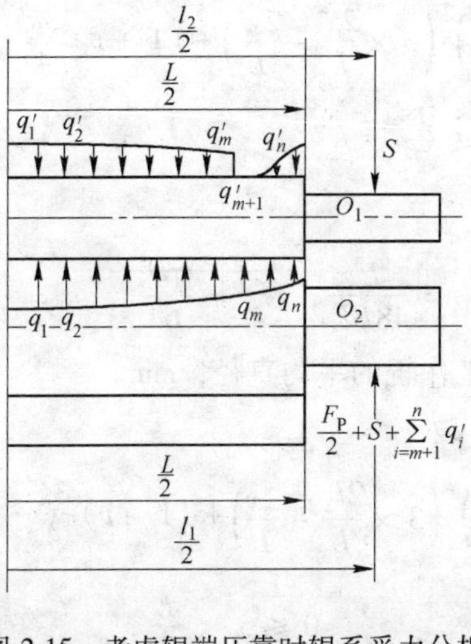

图 2-15　考虑辊端压靠时辊系受力分析

方便分析，可以把工作辊在板宽以内和板宽以外的受力统一用 $q'(x)$ 来表示，只是在板宽以外不发生压靠的部位 $q'(x)=0$ 而已。

考虑辊端压靠时的辊系弹性变形的计算依然采用分段离散法，如图 2-15 所示。把 $q'(x)$、$q(x)$（$q(x)$ 为辊间压力）都分成 n 段，带材宽度分为 m 段，每段 $\Delta x=\dfrac{L}{2n}=\dfrac{B}{2m}$。段内压力分别用集中力 q'_j 和 q_j 代替，则工作辊垂直方向的弯曲挠度方程可表示为：

$$f_{wi}=\sum_{j=1}^{n}a_{ij}(q_j-q'_j)-a_{Swi}S \tag{2-138}$$

式中　a_{ij} ——j 段载荷引起 i 段工作辊挠度的影响函数，它是 $x=(i-0.5)\Delta x$ 和 $x'=(j-0.5)\Delta x$ 的函数；

a_{Swi} ——弯辊力 S 对 j 段挠度的影响函数。

a_{ij} 的表达式为：

$$a_{ij}=\begin{cases}k_1\left[\left(\dfrac{2x}{L}\right)^2\left(3\times\dfrac{2x'}{L}-\dfrac{2x}{L}\right)+(1+\nu)\dfrac{3k}{4}\cdot\dfrac{2x}{L}\cdot\left(\dfrac{2D_w}{L}\right)^2\right],\\ 0\leqslant x<x'\\ k_1\left[\left(\dfrac{2x'}{L}\right)^2\left(3\times\dfrac{2x}{L}-\dfrac{2x'}{L}\right)+(1+\nu)\dfrac{3k}{4}\cdot\dfrac{2x}{L}\cdot\left(\dfrac{2D_w}{L}\right)^2\right],\\ x'\leqslant x\leqslant\dfrac{L}{2}\end{cases} \tag{2-139}$$

$$k_1=\frac{L^3}{48EI_w},\quad I_w=\frac{\pi D_w^4}{64},\quad k=\frac{10}{9}$$

式中　D_w ——工作辊的平均直径，mm。

a_{Swi} 的表达式为：

$$a_{Swi}=k_1\left[\left(\frac{2x}{L}\right)^2\left(3\times\frac{2l_2}{L}-\frac{2x}{L}\right)+(1+\nu)\frac{3k}{4}\cdot\frac{2x}{L}\cdot\left(\frac{2D_w}{L}\right)^2\right],$$

$$0\leqslant x<\frac{L}{2} \tag{2-140}$$

同样的，支撑辊垂直方向的弯曲挠度方程为：

$$f_{bi} = -\sum_{j=1}^{n} b_{ij}q_j + \left(\frac{F_P}{2} + S + \sum_{j=m+1}^{n} q_j'\right)b_{pi} \tag{2-141}$$

式中 F_P——考虑到轧辊和轧件弹性变形时轧制压力的计算值，kN。

式 2-141 中，b_{ij} 同 a_{ij}，只是将 D_w 改成 D_b（D_b 为支撑辊平均直径），同样 b_{pi} 同 a_{Swi}，只是将 l_2 改成 l_1。

工作辊与支撑辊变形协调方程为：

$$f_{wi} = f_{bi} + K_{wb}(q_1 - q_i) - \frac{\Delta D_{wi} + \Delta D_{bi}}{2} \tag{2-142}$$

$$\Delta D_{wi} = D_{w1} - D_{wi}$$

$$\Delta D_{bi} = D_{b1} - D_{bi}$$

式中 D_{wi}——工作辊在第 i 段考虑辊型因素的实际直径，mm；

D_{bi}——支撑辊在第 i 段考虑辊型因素的实际直径，mm；

K_{wb}——工作辊与支撑辊辊间压扁系数，根据相关文献，其表达式为：

$$K_{wb} = 2\left[\frac{1-\nu^2}{\pi E}\left(\ln\frac{D_w}{b} + 0.407\right) + \frac{1-\nu^2}{\pi E}\left(\ln\frac{D_b}{b} + 0.036\right)\right] \tag{2-143}$$

将式 2-138 和式 2-139 代入式 2-140 并整理，得：

$$\sum_{j=1}^{n}(a_{ij} + b_{ij})q_j - K_{wb}q_1 + K_{wb}q_i = C_i \tag{2-144}$$

式中

$$C_i = \sum_{j=1}^{n} a_{ij}q_j' + a_{Swi}S + \left(\frac{F_P}{2} + S + \sum_{j=m+1}^{n} q_j'\right)b_{pi} - \frac{\Delta D_{wi} + \Delta D_{bi}}{2}$$

由于式 2-142 对 $i = 1$ 恒能满足，因此共有 $n-1$ 个方程式，还需要有一个力的平衡方程式，即：

$$\sum_{j=1}^{n} q_j = \sum_{j=1}^{n} q'_j + S \tag{2-145}$$

共有 n 个方程式，可求得 n 个 q_i 的未知数。求出 q_i 以后就可以计算出 f_{wi}，然后按式 2-146 计算出 h_{1i}：

$$h_{1i} = \begin{cases} h_{11} - f_{wi}^{上} - f_{wi}^{下} + \dfrac{\Delta D_{wi}}{2} - 2K'(q'_1 - q'_i),\ i = 1, 2, \cdots, m \\ h_{11} - f_{wi}^{上} - f_{wi}^{下} + \dfrac{\Delta D_{wi}}{2} - 2K'q'_1 + 2K_{ww}q'_i, \\ \qquad i = m+1, m+2, \cdots, n \end{cases} \tag{2-146}$$

式中　K'——工作辊与轧件间的压扁系数，根据文献，其表达式为：

$$K' = \theta\left(\ln\frac{2D_w}{\Delta h + 16\theta q'} + \frac{32\theta q'}{\Delta h + 16\theta q'}\right) \tag{2-147}$$

$$\theta = \frac{1 - \nu^2}{\pi E} \tag{2-148}$$

式中　K_{ww}——工作辊与工作辊之间的压扁系数，根据文献，其表达式与式 2-143 相似；

Δh——绝对变形量，mm。

应该注意的是，此时 h_{1i} 表示的是一个广义的辊缝的概念。在带宽以内，h_{1i} 表示带材的出口厚度分布情况；在压靠部分，h_{1i} 是一个负值，其绝对值表示压靠量的大小；在带宽以外的非压靠部分，h_{1i} 表示视在的工作辊辊缝。

根据以上分析，当 $i = m+1, m+2, \cdots, n$ 时，存在如下关系：

$$q'_i = \begin{cases} 0, & h_{1i} \geqslant 0 \\ |h_{1i}/(2K_{ww})|, & h_{1i} < 0 \end{cases} \tag{2-149}$$

显然，如果从第 k 点开始存在 $h_{1k} < 0$，那么就意味着从第 k 点开始出现辊间压靠，压靠宽度 B_y 满足

$$B_y = (n - k)\Delta x \tag{2-150}$$

而辊端压靠量 h_i 可以表示为：

$$h_i = \frac{|h_{1i}|}{2}, \quad i = k, k+1, \cdots, n \qquad (2\text{-}151)$$

此时，实际轧制压力 F_{P0} 可以用式 2-152 来表示：

$$F_{P0} = F_P + 2\sum_{i=k}^{n} q_i' \qquad (2\text{-}152)$$

最后，联立式 2-136 ~ 式 2-152，采用如图 2-16 所示的计算框图，即可求得发生辊端压靠时带材的板形 σ_{1i}、压靠宽度 B_y、辊

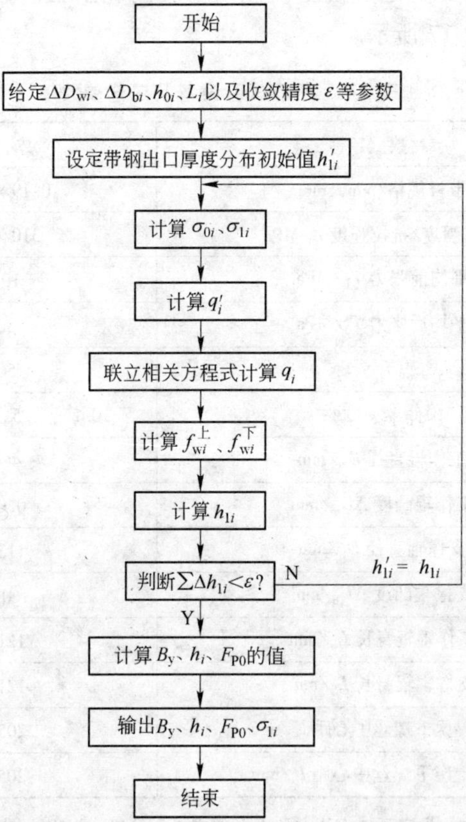

图 2-16 发生辊端压靠时参数计算框图

端压靠量 h_i、实际轧制压力 F_{P0}。

2.3.2.2　模型在现场的应用

为了验证2.3.2.1节介绍的相关模型的准确性，特以某1220双机架平整机组第一机架为例，选择规格为0.19mm×727mm的产品做压靠试验（相关试验设备及工艺参数见表2-5），测出压靠宽度、实际轧制压力以及带材的板形情况（需要说明的是，由于该平整机没有板形仪，所以在测量板形时采用分割法，即将带材沿宽度方向裁成小条，然后通过测量每条的长度反推出板形值），并通过模型模拟出对应的轧制工艺参数，结果如表2-6、图2-17所示。

表2-5　压靠试验设备及工艺参数

参数名称	数值
带材规格/mm×mm	0.19×727
屈服强度/抗拉强度 σ/MPa	310/410
平均前张力 T_1/MPa	108
平均后张力 T_0/MPa	80
弯辊力 S/kN	50
延伸率 ε①/%	0.25，0.5，0.7，0.9
工作辊直径 D_w/mm	460
工作辊凸度 ΔD_w/mm	0.08
支撑辊直径 D_b/mm	1139
支撑辊凸度 ΔD_b/mm	0
工作辊辊身长 L_w/mm	1219
支撑辊辊身长 L_b/mm	1219
工作辊压下螺丝中心距 l_w/mm	2057
支撑辊压下螺丝中心距 l_b/mm	2057

① 试验过程中，设定延伸率从大到小，分成4个等级，以得出同一规格产品不同延伸率下的压靠情况。

表 2-6 压靠试验结果与模型计算结果对比

延伸率 ε/%		0.25	0.5	0.7	0.9
压靠宽度 B_y /mm	实测值	0	22	110	152
	计算值	0	17.4	102.5	160.3
轧制压力 F_P /kN	实测值	180	341	460	720
	计算值 P	192	286	320	400
	计算值 P_0	192	325	472	701

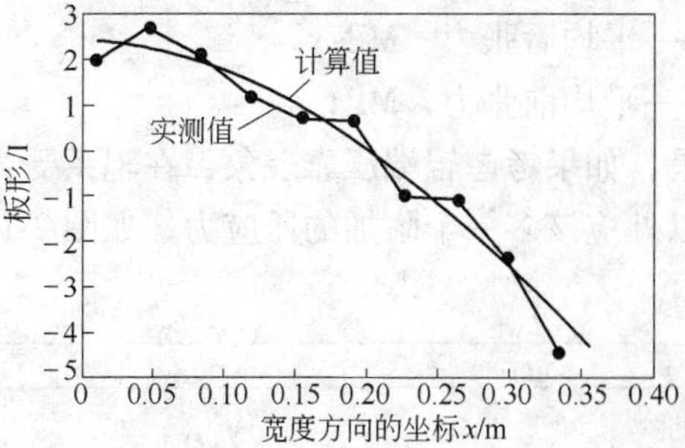

图 2-17 辊端压靠时板形❶实测值与计算值对比（ε =0.9%）

通过表 2-6 可以看出，在设定断面伸长率为 0.25% 时，平整轧制过程没有辊端压靠现象的发生（此时，压靠宽度为 0）；当断面伸长率增大到 0.5% 时，开始出现辊端压靠现象；而后，随着断面伸长率继续增大，辊端压靠越来越严重。

同时，通过表 2-6 和图 2-17 可以清楚地看出，采用 2.3.2.1 节介绍的相关模型所得出的压靠宽度、轧制压力以及板形的计算值与实测值相当吻合，能够满足工程上的精度要求。

2.3.3 六辊平整机压靠时的板形模型

对六辊平整机而言，即便发生辊端压靠现象，在板宽以内，

❶ 板形单位为 I，1I 定义为相对长度差为 10^{-5}。

金属变形模型依然成立，根据相关模型，带材的前后张力 σ_{1i}、σ_{0i} 的函数为：

$$\sigma_{1i} = f_1(h_{1i}, h_{0i}, L_i, B, T_0, T_1) \tag{2-153}$$

$$\sigma_{0i} = f_0(h_{1i}, h_{0i}, L_i, B, T_0, T_1) \tag{2-154}$$

式中　h_{1i} ——带材出口厚度横向分布值，mm；

h_{0i} ——带材来料的厚度横向分布值，mm；

L_i ——来料板形的长度横向分布值，mm；

B ——带材的宽度，mm；

T_0 ——平均后张力，MPa；

T_1 ——平均前张力，MPa。

不同的是，如果考虑辊端压靠现象，在辊系受力模型中，工作辊在板宽以外应该多一个附加的压应力，如图 2-18 所示。

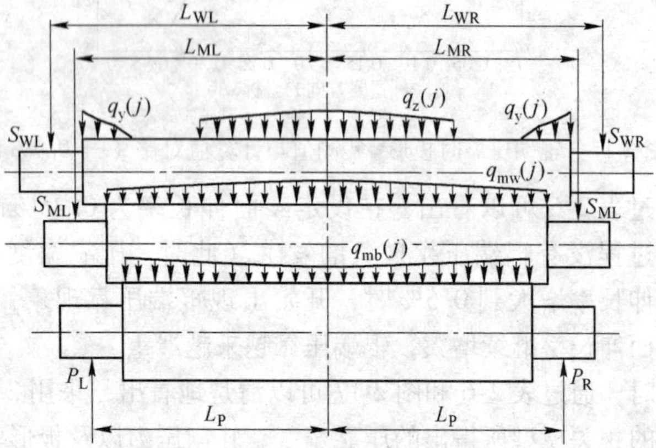

图 2-18　考虑辊端压靠时辊系受力分析

考虑辊端压靠时的辊系弹性变形模型依然采用分段离散法，如图 2-18 所示。假设轧制压力沿轴线方向分布为 $q_z(x)$，中间辊与工作辊间的分布为 $q_{mw}(x)$，中间辊与支撑辊间的压力分布为 $q_{mb}(x)$，工作辊与工作辊之间压靠力为 $q_y(x)$，设工作辊的辊身长度为 l_w，将工作辊的辊身长度分为 N 段（N 为奇数），工作辊左

侧所对应的段数为 NL，则每段的长度为 $\Delta x = \frac{l_w}{N}$。为分析方便，段内压力分别用集中力 $q_z(i)$、$q_{mw}(i)$、$q_{mb}(i)$、$q_y(i)$ 代替。则工作辊左右两侧垂直方向的弯曲挠度方程可表示为：

$$f_{wl}(i)=\sum_{j=1}^{NL}[q_{mw}(j)-q_z(j)-q_y(j)]a_w(i,j)-F_{WL}a_{Sw}(i)-\theta_w x(i),\quad 1\leqslant i\leqslant NL \tag{2-155}$$

$$f_{wr}(i)=\sum_{j=NL+2}^{N}[q_{mw}(j)-q_z(j)-q_y(j)]a_w(i,j)-F_{WR}a_{Sw}(i)-\theta_w x(i),\quad NL+2\leqslant i\leqslant N \tag{2-156}$$

式中 F_{WL}, F_{WR} ——工作辊左右两侧的弯辊力，kN；

$q_{mw}(j)$ ——第 j 点处工作辊与中间辊的辊间压力，kN；

$q_z(j)$ ——第 j 点处轧制压力，kN；

$q_y(j)$ ——第 j 点处工作辊与工作辊间的压靠力，kN；

θ_w ——工作辊相对支撑辊的刚性转角，rad；

NL——支撑辊中心线左侧对应于工作辊上的段数；

$a_w(i,j)$ ——第 j 段载荷对 i 段工作辊挠度的影响函数，它是 $x=(i-NL-1)\Delta x$ 和 $x'=(j-NL-1)\Delta x$ 的函数；

$a_{Sw}(i)$ ——弯辊力 F_w 对 i 段工作辊挠度的影响函数。

$a_w(i,j)$ 的表达式为：

$$a_w(i,j)=\begin{cases}k_1\left[\left(\frac{2x}{L_W}\right)^2\left(3\left(\frac{2x'}{L_W}\right)-\frac{2x}{L_W}\right)+(1+\nu)\frac{3k}{4}\left(\frac{2x}{L_W}\right)\left(\frac{2D_w}{L_W}\right)^2\right], \\ 0\leqslant x<x' \\ k_1\left[\left(\frac{2x'}{L_W}\right)^2\left(3\left(\frac{2x}{L_W}\right)-\frac{2x'}{L_W}\right)+(1+\nu)\frac{3k}{4}\left(\frac{2x}{L_W}\right)\left(\frac{2D_w}{L_W}\right)^2\right], \\ x'\leqslant x\leqslant\frac{L_W}{2}\end{cases} \tag{2-157}$$

$$k_1 = \frac{L_W^3}{48EI_w},\quad I_W = \frac{\pi D_w^4}{64},\quad k = 1.11$$

式中　L_W——工作辊的辊身长度，mm。

$a_{Sw}(i)$ 的表达式为：

$$a_{Sw}(i) = k_1\left[\left(\frac{2x}{L_W}\right)^2\left(3\left(\frac{l_x}{L_W}\right)-\frac{2x}{L_W}\right)+(1+\nu)\frac{3k}{4}\left(\frac{2x}{L_W}\right)\left(\frac{2D_w}{L_W}\right)^2\right],$$

$$0 \leqslant x < \frac{L_W}{2} \tag{2-158}$$

式中　l_x——工作辊一端至中心线处的距离（力臂长度），对于 S_{WL}，$l_x = L_{WL}$；对于 S_{WR}，$l_x = L_{WR}$。

另外，中间辊垂直方向的弯曲挠度方程为：

左侧

$$f_{ml}(i) = \sum_{j=1}^{NL}[q_{mb}(j) - q_{mw}(j)]a_m(i,j) - S_{ML}a_{Sm}(i) - \theta_m x(i),$$

$$1 \leqslant i \leqslant NL \tag{2-159}$$

右侧

$$f_{mr}(i) = \sum_{j=NL+2}^{N}[q_{mb}(j) - q_{mw}(j)]a_m(i,j) - S_{MR}a_{Sm}(i) - \theta_m x(i),$$

$$NL + 2 \leqslant i \leqslant N \tag{2-160}$$

式中　S_{ML}，S_{MR}——中间辊左右两侧的弯辊力，kN；

$q_{mb}(j)$——支撑辊与中间辊之间压力，kN；

θ_m——中间辊的刚性转角，rad；

$a_m(i,j)$——第 j 段载荷对 i 段中间辊挠度的影响函数；

$a_{Sm}(i)$——中间辊弯辊力对第 i 段中间辊挠度的影响函数。

这里，$a_m(i,j)$、$a_{Sm}(i)$ 的表达式类似于 $a_w(i,j)$、$a_{Sw}(i)$，只需用中间辊的辊型参数取代工作辊的辊型参数即可。

支撑辊挠度方程为：

左侧

$$f_{\mathrm{bl}}(i) = -\sum_{j=1}^{NL} q_{\mathrm{mb}}(j)a_{\mathrm{b}}(i,j) + P_{\mathrm{L}}a_{\mathrm{P}}(i), \quad 1 \leqslant i \leqslant NL \tag{2-161}$$

右侧

$$f_{\mathrm{br}}(i) = -\sum_{j=NL+2}^{N} q_{\mathrm{mb}}(j)a_{\mathrm{b}}(i,j) + P_{\mathrm{R}}a_{\mathrm{P}}(i), \quad NL+2 \leqslant i \leqslant N \tag{2-162}$$

式中 P_{L}, P_{R}——支撑辊左右两侧的支撑力，MPa；

$a_{\mathrm{b}}(i,j)$——第 j 段载荷对 i 段支撑辊挠度的影响函数；

$a_{\mathrm{P}}(i)$——支撑力对第 i 段支撑辊挠度的影响函数。

这里 $a_{\mathrm{b}}(i,j)$、$a_{\mathrm{P}}(i)$ 的表达式通过 $a_{\mathrm{w}}(i,j)$、$a_{\mathrm{Sw}}(i)$ 可以得到，只需用支撑辊的辊型参数代替工作辊的参数即可。

工作辊与中间辊的变形协调方程为：

$$f_{\mathrm{w}i} = f_{\mathrm{m}i} + K_{\mathrm{mw}}[q_{\mathrm{mw}}(NL+1) - q_{\mathrm{mw}}(i)] - \frac{\Delta D_{\mathrm{w}i} + \Delta D_{\mathrm{m}i}}{2} \tag{2-163}$$

$$\Delta D_{\mathrm{w}i} = D_{\mathrm{w}1} - D_{\mathrm{w}i}, \quad \Delta D_{\mathrm{m}i} = D_{\mathrm{m}1} - D_{\mathrm{m}i}$$

式中 K_{mw}——工作辊与中间辊的辊间压扁系数。

K_{mw} 的表达式为：

$$K_{\mathrm{mw}} = 2\left[\frac{1-\nu^2}{\pi E}\left(\ln\frac{2R_{\mathrm{w}}}{b_{\mathrm{mw}}} + 0.407\right) + \frac{1-\nu^2}{\pi E}\left(\ln\frac{2R_{\mathrm{m}}}{b_{\mathrm{mw}}} + 0.036\right)\right] \tag{2-164}$$

式中 b_{mw}——中间辊与工作辊接触宽度的一半。

b_{mw} 的表达式由赫兹公式得到：

$$b_{\mathrm{mw}} = \sqrt{\frac{4}{\pi}q_{\mathrm{mw}}^{*}\left(\frac{1-\nu_1^2}{E_1} + \frac{1-\nu_2^2}{E_2}\right)\frac{R_{\mathrm{w}}R_{\mathrm{m}}}{R_{\mathrm{w}}+R_{\mathrm{m}}}} \tag{2-165}$$

式中 q_{mw}^{*}——中间辊与工作辊单位辊身长度上的接触压力，MPa；

ν_1——工作辊的泊松比；

ν_2——中间辊的泊松比；

E_1——工作辊的杨氏模量，MPa；

E_2——中间辊的杨氏模量，MPa；

R_w，R_m——两个轧辊的半径，mm。

考虑到两辊的材质相同，式2-165可以简化为：

$$b_{mw} = \sqrt{\frac{4(1-\nu^2)}{\pi} \cdot \frac{q_{mw}^{*}}{E} \cdot \frac{D_w D_m}{D_w + D_m}} \tag{2-166}$$

中间辊与支撑辊变形协调方程为：

$$f_{mi} = f_{bi} + K_{mb}[q_{mb}(NL+1) - q_{mb}(i)] - \frac{\Delta D_{bi} + \Delta D_{mi}}{2} \tag{2-167}$$

式中 K_{mb}——中间辊与支撑辊的辊间压扁系数，其表达式类似于 K_{mw}，只需将 R_w 换为 R_m，R_m 换为 R_b 即可。

将各个挠度辊间压扁系数代入变形协调方程式2-163和式2-167，中间辊与工作辊的协调方程有：

左侧

$$\sum_{j=1}^{NL} q_{mw}(j)[a_w(i,j)+a_m(i,j)]+K_{mw}q_{mw}(i)-K_{mw}q_{mw}(NL+1)-$$

$$\sum_{j=1}^{NL} q_{mb}(j)a_m(i,j) - (\theta_w - \theta_m)x(i) = C_i$$

$$C_i = \sum_{j=1}^{nz} a_w(i,j)q_z(j) + S_{WL}a_{Sw}(i) - S_{ML}a_{Sm}(i) - \frac{\Delta D_{wi} + \Delta D_{mi}}{2},$$

$$1 \leqslant i \leqslant NL \tag{2-168}$$

右侧

$$\sum_{j=NL+2}^{N} q_{mw}(j)[a_w(i,j) + a_m(i,j)] + K_{mw}q_{mw}(i) -$$

$$K_{mw}q_{mw}(NL+1)-\sum_{j=NL+2}^{N}q_{mb}(j)a_{m}(i,j)-(\theta_{w}-\theta_{m})x(i)=C_{i}$$

$$C_{i}=\sum_{j=NL+2}^{N}a_{w}(i,j)q_{z}(j)+S_{WR}a_{Sw}(i)-S_{MR}a_{Sm}(i)-\frac{\Delta D_{wi}+\Delta D_{mi}}{2},$$

$$NL+2\leqslant i\leqslant N \tag{2-169}$$

中间辊与支撑辊的协调方程有：

左侧

$$\sum_{j=1}^{NL}q_{mb}(j)[a_{m}(i,j)+a_{b}(i,j)]+K_{mb}q_{mb}(i)-$$

$$K_{mb}q_{mb}(NL+1)-\sum_{j=1}^{NL}q_{mw}(j)a_{m}(i,j)-\theta_{m}x(i)=D_{i}$$

$$D_{i}=S_{ML}a_{Sm}(i)+P_{L}a_{Sb}(i)-\frac{\Delta D_{mi}+\Delta D_{bi}}{2},\quad 1\leqslant i\leqslant NL \tag{2-170}$$

右侧

$$\sum_{j=NL+2}^{N}q_{mb}(j)[a_{m}(i,j)+a_{b}(i,j)]+K_{mb}q_{mb}(i)-$$

$$K_{mb}q_{mb}(NL+1)-\sum_{j=NL+2}^{N}q_{mw}(j)a_{m}(i,j)-\theta_{m}x(i)=D_{i}$$

$$D_{i}=S_{MR}a_{Sm}(i)+P_{R}a_{Sb}(i)-\frac{\Delta D_{mi}+\Delta D_{bi}}{2},\quad NL+2\leqslant i\leqslant N \tag{2-171}$$

上述方程组有 $q_{mw}(1)$、$q_{mw}(2)$、…、$q_{mw}(N)$、$q_{mb}(1)$、$q_{mb}(2)$、…、$q_{mb}(N)$、θ_w、θ_m 共 $2N+2$ 个未知数，而方程组中方程的个数为 $2N-2$，还缺少两个力的平衡方程式以及两个力矩平衡方程式。力的平衡方程为：

$$\sum_{j=1}^{N}q_{z}(j)+S_{WL}+S_{WR}=\sum_{j=1}^{N}q_{mw}(j) \tag{2-172}$$

$$\sum_{j=1}^{N} q_{\mathrm{mw}}(j) + S_{\mathrm{ML}} + S_{\mathrm{MR}} = \sum_{j=1}^{N} q_{\mathrm{mb}}(j) = P_{\mathrm{L}} + P_{\mathrm{R}} \tag{2-173}$$

工作辊力矩平衡有：

$$\sum_{i=1}^{N} q_{\mathrm{mw}}(i)x(i) = \sum_{i=1}^{N} q_{\mathrm{z}}(i)x(i) + S_{\mathrm{WR}}L_{\mathrm{WR}} - S_{\mathrm{WL}}L_{\mathrm{WL}} \tag{2-174}$$

支撑辊力矩平衡有：

$$\sum_{i=1}^{N} q_{\mathrm{mb}}(i)x(i) = P_{\mathrm{R}}L_{\mathrm{PR}} - P_{\mathrm{L}}L_{\mathrm{PL}} \tag{2-175}$$

这样，共有 $2N+2$ 个未知数，$2N+2$ 个方程，可以求解。

求出 $\overrightarrow{Q}$ 以后就可以计算出工作辊的挠度 $f_{\mathrm{w}i}$，然后按式 2-176 计算出 h_i：

$$h_i = \begin{cases} h_1 - f_{\mathrm{w}i}^{上} - f_{\mathrm{w}i}^{下} - 2K'[q_{\mathrm{z}}(NL+1) - q_{\mathrm{z}}(i)] + \dfrac{\Delta D_{\mathrm{w}i}}{2}, \\ \text{无压靠时} \\ h_1 - f_{\mathrm{w}i}^{上} - f_{\mathrm{w}i}^{下} - 2K'q_{\mathrm{z}}(NL+1) + 2K_{\mathrm{ww}}q_{\mathrm{y}}(i) + \dfrac{\Delta D_{\mathrm{w}i}}{2}, \\ \text{压靠时} \end{cases} \tag{2-176}$$

式中　K' ——工作辊与轧件间的压扁系数；

K_{ww} ——工作辊与工作辊的压扁系数，表达式与 K' 相似。

K' 的表达式为：

$$K' = \theta\left[\ln\frac{4R_{\mathrm{w}}}{\Delta h + 16\theta q'} + \frac{32\theta q'}{\Delta h + 16\theta q'}\right] \tag{2-177}$$

$$\theta = \frac{1-\nu^2}{\pi E}$$

式中　Δh ——绝对压下量；

q' ——工作辊单位辊身长度所受的力。

应该注意的是，此时 h_i 表示的是一个广义的辊缝的概念。在带宽以内，h_i 表示带材的出口厚度分布情况；在压靠部分，h_i 是一个负值，其绝对值表示压靠量的大小；在带宽以外的非压靠部分，h_i 表示视在的工作辊辊缝。

根据以上分析，存在如下关系：

$$q_y(i) = \begin{cases} 0, & h_i > 0 \\ h_i/(2K_{ww}), & h_i \leqslant 0 \end{cases} \quad (1 \leqslant i < N) \tag{2-178}$$

显然，如果从第 k 点开始存在 $h_i < 0$，那么就意味着从第 k 点开始出现辊间压靠，设左侧共有 k_1 点 $h_i < 0$，右侧共有 k_2 点 $h_i < 0$，压靠宽度 B_y，则 B_y 满足

$$B_y = (k_1 + k_2)\Delta x \tag{2-179}$$

而辊端压靠量 δ_i 可以表示为：

$$\delta_i = \frac{|h_i|}{2}, \quad 1 \leqslant i \leqslant k_1 \quad 或 \quad N - k_2 \leqslant i \leqslant N \tag{2-180}$$

此时，实际轧制压力 P'_Z 为：

$$P'_Z = P_Z + \sum_{i=1}^{N} q_y(i) \tag{2-181}$$

2.4 平整轧制时带钢表面粗糙度模型及横折印控制技术

表面粗糙度作为平整成品带钢的重要特性之一，它不仅影响带钢冲压时的变形行为和涂镀后的外观面貌，而且可以改变材料的耐蚀性。从目前的质量发展趋势来看，带钢表面的粗糙度控制已经成为重要的质量指标，尤其对汽车板至关重要。如何建立平整机板面粗糙度预报模型，对要生产的带钢表面粗糙度值进行预报，最终达到事先调整，避免粗糙度超差，已经成为现场技术攻关的重点与难点。

横折印缺陷作为国内外钢厂的常规缺陷，在热轧和平整过程中均可能出现。带钢表面一旦出现横折印，不但其表面

质量变差，而且内在质量也会受到影响，带钢在冲压时易发生破裂，其力学性能变差，这在很大程度上影响了带钢的产品质量和使用性能。对平整过程中横折印缺陷的产生机理进行分析，并以此为依据，合理制定平整轧制工艺参数具有重要意义。

2.4.1　影响平整成品带钢表面粗糙度形成的主要因素

根据现场调研结果，决定平整成品带钢表面粗糙度的有以下几个因素：

(1) 轧辊因素[48~50]，包括轧辊换辊后的原始粗糙度、轧制公里数、辊面属性与加工方法。一般说来，毛面辊的粗糙度由喷砂强化使用的砂粒粒度分布、喷砂条件等决定；而光辊表面粗糙度则是由砂轮的粒度决定的。毛面辊在使用时会发生磨损，磨损程度随轧辊表面硬度、原始粗糙度、轧制条件、轧制公里数等不同而变化。随着轧制公里数的增加，辊面粗糙度减小，带钢表面粗糙度也随之下降。

(2) 带钢因素，包括带钢厚度以及材料特性。其中带钢宽度对粗糙度形成的影响相对于厚度而言可以忽略，而材质较硬的带钢形成表面粗糙度要困难一些。

(3) 轧制条件，包括轧制压力、压下量以及润滑条件等。一般来说，要把轧辊表面特征压印到带钢表面，压下率最低要保持在0.6%~0.8%范围内；同样的带材，在相同压下率的前提下，如果润滑条件不同，轧制压力会发生相应的波动，随着轧制压力的增大，压应效果增强。

(4) 遗传因素，主要是指平整前来料的板面粗糙度。也就是说，平整前带材的表面粗糙度与平整过程中所附加的粗糙度相加才构成成品表面粗糙度。

2.4.2　压印率与遗传率概念的引入

由于平整成品带钢表面粗糙度是由平整前来料带钢表面的遗

传粗糙度与平整轧制时的附加粗糙度相加而构成的，因此，成品带钢表面粗糙度可以用式 2-182 来表示[51,52]：

$$R_{a,strip} = K_{ss}R_{a,ge} + R_{a,ad} \tag{2-182}$$

式中 $R_{a,strip}$ ——成品带钢表面粗糙度，μm；

$R_{a,ge}$ ——平整前带材表面粗糙度，μm；

K_{ss} ——平整前带钢表面粗糙度的遗传率；

$R_{a,ad}$ ——平整中附加粗糙度，μm。

显然，平整中附加粗糙度 $R_{a,ad}$ 主要取决于平整过程中工作辊表面的粗糙度 $R_{a,r}$，为了定量分析轧辊粗糙度传递到带钢上的能力，特引入压印率 K_{rs} 这一概念，用式 2-183 来表示：

$$K_{rs} = \frac{R_{a,ad}}{R_{a,r}} \tag{2-183}$$

式中 $R_{a,r}$ ——平整机工作辊的辊面粗糙度，μm。

显然，根据分析可知，在辊面属性确定的情况下，压印率 K_{rs} 的大小主要取决于轧制过程中的压下率，而其他因素如带材的厚度、材质、平均轧制压力等参数对压印率的影响都必须在保持一定的压下率的前提下才能实现，因此可以把压印率用式 2-184的函数来表示：

$$K_{rs} = \eta_{rsr}\eta_{rsh}\eta_{rsk}\eta_{rsp}f(\varepsilon) \tag{2-184}$$

式中 η_{rsr} ——辊面属性对压印率影响系数，取决于轧辊的材质、表面硬度等；

η_{rsh} ——带材的入口厚度对压印率的影响系数；

η_{rsk} ——带材的强度对压印率的影响系数；

η_{rsp} ——由于润滑条件的波动而引起的平均轧制压力的变化对压印率的影响系数；

ε ——压下率，%

显然，压印率越大，成品带钢中附加粗糙度的成分越大，而平整前带钢表面粗糙度的遗传因素所占的份额就越小。也就是说，平整前带钢表面粗糙度的遗传率与压印率密切相关，压印率越大，遗传率就越小。采用类似的机理，可以将遗传率用式2-185的函数来表示：

$$K_{ss} = \eta_{ssr}\eta_{ssh}\eta_{ssk}\eta_{ssp}g(\varepsilon) \tag{2-185}$$

式中 η_{ssr} ——辊面属性对遗传率的影响系数；

η_{ssh} ——带材的入口厚度对遗传率的影响系数；

η_{ssk} ——带材的强度对遗传率的影响系数；

η_{ssp} ——由于润滑条件的波动而引起的平均轧制压力的变化对遗传率的影响系数。

2.4.3 平整过程中工作辊表面粗糙度模型的建立

为了建立平整过程带钢表面粗糙度模型，首先必须建立相应的轧辊表面粗糙度衰减模型。根据研究可以知道，建立平整机组轧辊表面粗糙度衰减模型的实质就是回归出带钢表面粗糙度与轧辊原始粗糙度及轧辊轧制公里数之间的定量关系。现场为了建立轧辊表面粗糙度衰减模型，以前往往选择某一轧辊周期内 n 个轧制公里数 L_i，测量出相应的轧辊表面粗糙度 $R_{a,ri}$，然后以 L_i 为横坐标，对应的 $R_{a,ri}$ 为纵坐标，作出相应的坐标图，并进行多项式拟合，最终得出轧辊表面粗糙度衰减模型[53,54]：

$$R_{a,ri} = f(L_i) = \sum_{i=0}^{m} a_i (L_i)^i \tag{2-186}$$

式中 m ——多项式拟合次数；

a_i ——拟合系数。

需要说明的是，尽管上述方法建模比较简单，但是存在以下两个主要缺点：（1）模型的通用性不强，该模型仅能表示某一特定轧辊原始表面粗糙度下轧辊表面粗糙度衰减情况，不能进一步推广；（2）采用多项式的形式不能直观地表示出轧辊表面粗糙度随轧制公里数的变化规律，使用不方便。因此在实际生产中并不采用式2-186所述的轧辊表面粗糙度衰减模型，而仅将此模型曲线作为参考曲线，然后采用指数模型来近似表达轧辊表面粗糙度与轧辊原始粗糙度、轧制公里数之间的定量关系，在建模过程中尽量选取多组不同轧辊原始表面粗糙度下轧辊表面粗糙度随轧制公里数而变化的数据。相关具体建模过程如下。

首先，根据多项式法得到的相关曲线构造出轧辊表面粗糙度与轧制公里数、轧辊原始表面粗糙度之间的基本函数关系如下：

$$R_{a,r} = R_{a,r0}e^{B_L L} \tag{2-187}$$

式中 $R_{a,r0}$——轧辊原始表面粗糙度，μm；

L——轧辊轧制公里数，km；

B_L——轧辊粗糙度衰减系数。

根据式 2-187 可以知道，只要求出 B_L 就可以得到相应的轧辊表面粗糙度模型。显然，从理论上来说，只要给出一组轧辊原始表面粗糙度 $R_{a,r0}$ 以及轧制公里数为 L 时轧辊表面粗糙度 $R_{a,r}$ 的值，列出一组方程就可以求出未知数 B_L 的值。但是，如果该组数据随机选取的话，其代表性并不一定很强，所得出的计算结果误差可能会非常大，所建立的模型并不能反映轧辊表面粗糙度的整体衰减情况。比较科学的方法是选择 $m \times n$ 个样本 $R_{a,r0i}$、$R_{a,rij}$、$L_{ij}(i = 1, 2, \cdots, m; j = 1, 2, \cdots, n)$，$m$ 与 n 都足够大，然后将这些样本数据都利用上，让式 2-187 最大限度地满足这些样本数据。基本算法如下：

首先，构造出相应的控制函数式：

$$F_{ij}(B_L) = |R_{a,rij} - R_{a,r0i}e^{B_L L_{ij}}| \tag{2-188}$$

然后，构造相应的目标函数式：

$$G(B_L) = \sum_{i=1}^{m} \sqrt{\sum_{j=1}^{n} F_{ij}(B_L)^2} \tag{2-189}$$

显然，根据相关数学知识可以知道，目标函数 $G(B_L)$ 越小，表明式 2-189 越能够满足所有 $m \times n$ 个样本。于是，相关问题最终简化为：寻找一个合适的 B_L，使得目标函数 $G(B_L)$ 最小。这个问题采用一维搜索方法将很快得出相应的计算结果。

最后，以某 1220 机组的平整机组实际测量数据，现场回归出一套平整轧制过程中工作辊表面粗糙度与轧制公里数之间的衰减模型如下：

$$R_{a,r} = R_{a,r0}e^{-B_L L} = R_{a,r0}e^{-0.002L} \tag{2-190}$$

以原始表面粗糙度为 0.9μm 为例，如图 2-19 所示，给出相应的实际测量粗糙度与拟合曲线。

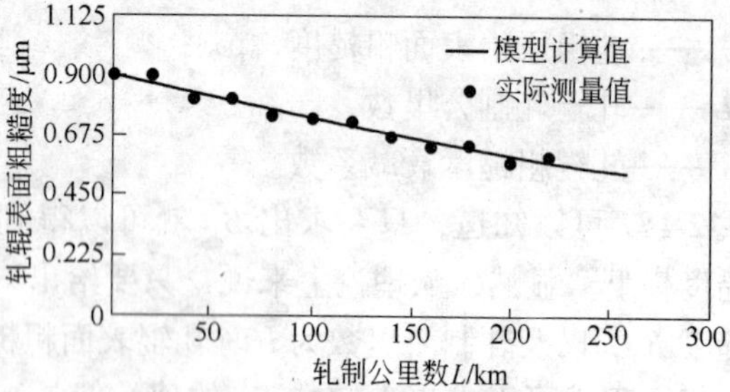

图 2-19　轧辊表面粗糙度衰减曲线

2.4.4　特定平整机组成品板面粗糙度模型的建立

根据现场经验可以知道，对任意一特定的平整机而言，在一段时间内平整机所采用工作辊的材质、表面硬度等参数不会发生很大波动。因此，在实际的建模过程中，可以认为辊面属性对压印率与遗传率的影响系数都近似等于 1，即：

$$\begin{cases} \eta_{ssr} \approx 1.0 \\ \eta_{rsr} \approx 1.0 \end{cases} \tag{2-191}$$

同时，在式 2-184 和式 2-185 中，η_{rsp}、η_{ssp} 所要表达的物理意义是相同材质、相同规格的带材在压下率一样的前提下，由于摩擦条件改变而引起的平均轧制压力的相应波动对压印率及遗传率的影响。实际上，根据生产实践可以知道，对特定的平整机组而言，为了保证成品质量的稳定，受工艺技术规程的限制，正常情况下同样材质、同样规格的带材在生产过程中，其摩擦条件波动也不会太大，这就是说，可以忽略掉因摩擦条件改变而引起的平均轧制压力波动对压印率及遗传率的影响，即令：

$$\begin{cases}\eta_{\mathrm{rsp}} \approx 1.0 \\ \eta_{\mathrm{ssp}} \approx 1.0\end{cases} \tag{2-192}$$

根据现场调研统计结果，带材的厚度、材质等参数对压印率的交叉影响很小，可以近似认为是彼此互相独立的。η_{ssh}、η_{ssk}、η_{rsh}、η_{rsk} 等影响系数可以写成以下函数形式：

$$\begin{cases}\eta_{\mathrm{ssh}} = g_1(h) \\ \eta_{\mathrm{ssk}} = g_2(k) \\ \eta_{\mathrm{rsh}} = f_1(h) \\ \eta_{\mathrm{rsk}} = f_2(k)\end{cases} \tag{2-193}$$

将式 2-191 和式 2-192 分别代入式 2-184 和式 2-185，就得到特定的平整机组的压印率与遗传率的函数式：

$$\begin{cases}K_{\mathrm{rs}} = f_1(h)f_2(k)f(\varepsilon) \\ K_{\mathrm{ss}} = g_1(h)g_2(k)g(\varepsilon)\end{cases} \tag{2-194}$$

将式 2-183、式 2-187 以及式 2-194 代入式 2-182，就得到特定的平整机组成品板面粗糙度模型：

$$R_{\mathrm{a,strip}} = g_1(h)g_2(k)g(\varepsilon)R_{\mathrm{a,ge}} + f_1(h)f_2(k)f(\varepsilon)R_{\mathrm{a,r0}}\mathrm{e}^{-B_L L} \tag{2-195}$$

应该说明的是，尽管对任何特定平整机组而言，其成品板面粗糙度模型在形式上都可以写成式 2-195 所示的函数结构，但是不同的平整机组其函数内容是不一样的。为了得到特定的平整机成品板面粗糙度模型，就必须求出 $g_1(h)$、$f_1(h)$、$g_2(k)$、$f_2(k)$ 以及 $g(\varepsilon)$、$f(\varepsilon)$ 等函数的具体表达式，可以采用现场实验回归的方法来求解，具体数据回归处理过程如下[55,56]。

首先，现场采集一组试验数据，满足以下要求：带材的来料厚度都为 h_ε，材料强度都为 k_ε，而压下率有 ε_1，ε_2，…，ε_i，…，

ε_n，共 n 个，每个压下率 ε_i 对应两个不同的入口带材表面粗糙度与轧辊粗糙度的值（关于这点，可以通过选择不同的工作辊轧制公里数来实现），设其为 $R_{a,ge1i}$、$R_{a,ge2i}$、$R_{a,r1i}$、$R_{a,r2i}$。与之对应，通过现场实际测量就可以得出 $R_{a,strip11}$、$R_{a,strip21}$、$R_{a,strip12}$、$R_{a,strip22}$、…、$R_{a,strip1i}$、$R_{a,strip2i}$、…、$R_{a,strip1n}$、$R_{a,strip2n}$ 共计 $2n$ 个带钢表面粗糙度的值。以压下率为 ε_i 为例，将相关实验数据代入式 2-194，得到方程组 2-195：

$$\begin{cases} R_{a,strip1i} = g_1(h_\varepsilon)g_2(k_\varepsilon)g(\varepsilon_i)R_{a,ge1i} + f_1(h_\varepsilon)f_2(k_\varepsilon)f(\varepsilon_i)R_{a,1i} \\ R_{a,strip2i} = g_1(h_\varepsilon)g_2(k_\varepsilon)g(\varepsilon_i)R_{a,ge2i} + f_1(h_\varepsilon)f_2(k_\varepsilon)f(\varepsilon_i)R_{a,r2i} \end{cases} \tag{2-196}$$

显然，在方程组 2-196 中，由于带材的来料厚度与材料强度不变，因此 $g_1(h_\varepsilon)$、$g_2(k_\varepsilon)$、$f_1(h_\varepsilon)$、$f_2(k_\varepsilon)$ 等函数实际上是常数，相应的 $g_1(h_\varepsilon)g_2(k_\varepsilon)$、$f_1(h_\varepsilon)f_2(k_\varepsilon)$ 也就是常数，如果令：

$$\begin{cases} C_1 = g_1(h_\varepsilon)g_2(k_\varepsilon) \\ C_2 = f_1(h_\varepsilon)f_2(k_\varepsilon) \end{cases} \tag{2-197}$$

则将式 2-197 代入式 2-196 并整理得：

$$\begin{cases} R_{a,strip1i} = R_{a,ge1i}[C_1 g(\varepsilon_i)] + R_{a,r1i}[C_2 f(\varepsilon_i)] \\ R_{a,strip2i} = R_{a,ge2i}[C_1 g(\varepsilon_i)] + R_{a,r2i}[C_2 f(\varepsilon_i)] \end{cases} \tag{2-198}$$

由于在实验数据采集过程中，不同组实验数据在轧制时工作辊的原始粗糙度以及换辊后的轧制公里数是已知的，因此，相应的入口带材表面粗糙度与轧辊粗糙度 $R_{a,ge1i}$、$R_{a,ge2i}$、$R_{a,r1i}$、$R_{a,r2i}$ 的值是已知的，而带钢表面粗糙度 $R_{a,strip1i}$、$R_{a,strip2i}$ 通过实测得来，也是已知的。如果以 $C_1 g(\varepsilon_i)$、$C_2 f(\varepsilon_i)$ 为未知数，求解方程式 2-198，得：

$$\begin{cases} C_1 g(\varepsilon_i) = \dfrac{R_{a,r2i}R_{a,strip1i} - R_{a,r1i}R_{a,strip2i}}{R_{a,r2i}R_{a,ge1i} - R_{a,r1i}R_{a,ge2i}} \\[2ex] C_2 f(\varepsilon_i) = \dfrac{R_{a,ge2i}R_{a,strip1i} - R_{a,ge1i}R_{a,strip2i}}{R_{a,ge2i}R_{a,r1i} - R_{a,ge1i}R_{a,r2i}} \end{cases} \tag{2-199}$$

如果令 $G(\varepsilon_i) = C_1 g(\varepsilon_i)$、$F(\varepsilon_i) = C_2 f(\varepsilon_i)$，将其代入式2-199，得：

$$\begin{cases} G(\varepsilon_i) = \dfrac{R_{a,r2i}R_{a,strip1i} - R_{a,r1i}R_{a,strip2i}}{R_{a,r2i}R_{a,ge1i} - R_{a,r1i}R_{a,ge2i}} \\ F(\varepsilon_i) = \dfrac{R_{a,ge2i}R_{a,strip1i} - R_{a,ge1i}R_{a,strip2i}}{R_{a,ge2i}R_{a,r1i} - R_{a,ge1i}R_{a,r2i}} \end{cases} \tag{2-200}$$

对于式2-200，只要样本数 n 取得足够多，以 ε_i 为横坐标，对应的 $G(\varepsilon_i)$、$F(\varepsilon_i)$ 为纵坐标，作出相应的坐标图，然后进行曲线拟合，就可以求出函数 $G(\varepsilon)$、$F(\varepsilon)$ 的表达式了。

同样，如果分别选择材料强度都为 k_h、压下率都为 ε_h，而带材来料厚度分别为 h_1、h_2、…、h_i、…、h_n 的一组实验数据，与带材来料厚度都为 h_k、压下率都为 ε_k，而材料强度分别为 k_1、k_2、…、k_i、…、k_n 的另外一组实验数据，并且令：

$$\begin{cases} D_1 = g_2(k_h)g(\varepsilon_h) \\ D_2 = f_2(k_h)f(\varepsilon_h) \\ G_1(h_i) = D_1 g_1(h_i) \\ F_1(h_i) = D_2 f_1(h_i) \end{cases} \tag{2-201}$$

$$\begin{cases} E_1 = g_1(h_k)g(\varepsilon_k) \\ E_2 = f_1(h_k)f(\varepsilon_k) \\ G_2(k_i) = E_1 g_2(k_i) \\ F_2(k_i) = E_2 f_2(k_i) \end{cases} \tag{2-202}$$

显然，采用与前面求 $G(\varepsilon)$、$F(\varepsilon)$ 表达式相类似的方法分别进行曲线拟合，可以求出函数 $G_1(h)$、$F_1(h)$、$G_2(k)$、$F_2(k)$ 的表达式。同时，根据前面相关函数的定义有：

$$G(\varepsilon) = g_1(h_\varepsilon)g_2(k_\varepsilon)g(\varepsilon) \tag{2-203}$$

$$G_1(h) = g_2(k_h)g(\varepsilon_h)g_1(h) \tag{2-204}$$

$$G_2(k) = g_1(h_k)g(\varepsilon_k)g_2(k) \tag{2-205}$$

如果将式 2-203 ~ 式 2-205 左右两边相乘，得：

$$G(\varepsilon)G_1(h)G_2(k) = g_1(h_\varepsilon)g_2(k_\varepsilon)g(\varepsilon)g_2(k_h)g(\varepsilon_h) g_1(h)g_1(h_k)g(\varepsilon_k)g_2(k) \tag{2-206}$$

整理式 2-206，得：

$$G(\varepsilon)G_1(h)G_2(k) = [g_1(h_\varepsilon)g_2(k_\varepsilon)g(\varepsilon_h)]\cdot [g_1(h_k)g(\varepsilon_k)g_2(k_h)]g_1(h)g_2(k)g(\varepsilon) \tag{2-207}$$

由式 2-203、式 2-205 得：

$$g_1(h_\varepsilon)g_2(k_\varepsilon)g(\varepsilon_h) = G(\varepsilon_h) \tag{2-208}$$

$$g_1(h_k)g(\varepsilon_k)g_2(k_h) = G_2(k_h) \tag{2-209}$$

将式 2-208、式 2-209 代入式 2-207，并整理得到遗传率 K_{ss} 的表达式为：

$$K_{ss} = g_1(h)g_2(k)g(\varepsilon) = \frac{G(\varepsilon)G_1(h)G_2(k)}{G(\varepsilon_h)G_2(k_h)} \tag{2-210}$$

采用类似的方法可以得到压印率 K_{rs} 的表达式为：

$$K_{rs} = f_1(h)f_2(k)f(\varepsilon) = \frac{F(\varepsilon)F_1(h)F_2(k)}{F(\varepsilon_h)F_2(k_h)} \tag{2-211}$$

由于 $G(\varepsilon)$、$F(\varepsilon)$、$G_1(h)$、$F_1(h)$、$G_2(h)$、$F_2(h)$ 等函数表达式已经求解出，属于已知函数式，所以 $G(\varepsilon)G_1(h)G_2(k)$、$F(\varepsilon)F_1(h)F_2(k)$ 的表达式也是已知，而相应的 $G(\varepsilon_h)G_2(k_h)$、$F(\varepsilon_h)F_2(k_h)$ 的值也是已知的。将式 2-210、式 2-211 代入式 2-195，就可以得到相应的实用特定的平整机组成品板面粗糙度模型：

$$R_{a,strip} = \frac{G(\varepsilon)G_1(h)G_2(k)}{G(\varepsilon_h)G_2(k_h)}R_{a,ge} + \frac{F(\varepsilon)F_1(h)F_2(k)}{F(\varepsilon_h)F_2(k_h)}R_{a,r0}e^{-B_1L} \tag{2-212}$$

通过模型式 2-212 可以看出，平整过程中延伸率 ε 以及带材

厚度 h、材料强度 k、工作辊原始粗糙度 $R_{a,r0}$、工作辊换辊后轧制公里数 L 等 5 个因素决定成品带钢的板面粗糙度，而且这些因素与带钢粗糙度都是一一对应的关系，可以互相反求。但是在实际生产中，带材的厚度及材质不会因为需要控制成品板面粗糙度而改变，因此真正可以控制平整过程中成品板面粗糙度的就只有延伸率 ε 、工作辊原始粗糙度 $R_{a,r0}$、工作辊换辊后轧制公里数 L 等 3 个因素，通过方程式 2-212 来进行控制。

2.4.5 冷轧带钢平整横折印控制技术

冷轧退火带钢在平整过程中,其表面横折印的纹理方向基本上与带钢运行方向成 90°,出现的宽度范围大小不一,有时横折印贯穿整个板宽,有时出现在一定范围内,如图 2-20 所示。平整时带钢横折印不但肉眼可见,甚至用手触摸都可以感觉到这种带钢缺陷。

图 2-20 横折印的表现形式

2.4.5.1 横折印产生机理

针对带钢在通过张力辊后出现横折印的情况，对带钢通过张力辊的过程进行受力分析。带钢在通过张力辊的过程中受到拉伸和弯曲两种变形的综合作用，其中拉伸是带钢受沿轧制方向的张力作用产生的变形，弯曲是带钢通过张力辊过程中由直变弯的变形，如图 2-21 所示，T_R、T_C 分别为张力辊入口和出口处张力。带钢通过张力辊时因缠绕在张力辊上而产生弯曲变形，弯曲时带钢外表面产生拉应力，内表面产生压应力，在带钢内外表面处应力达到最大，如图 2-22 所示。

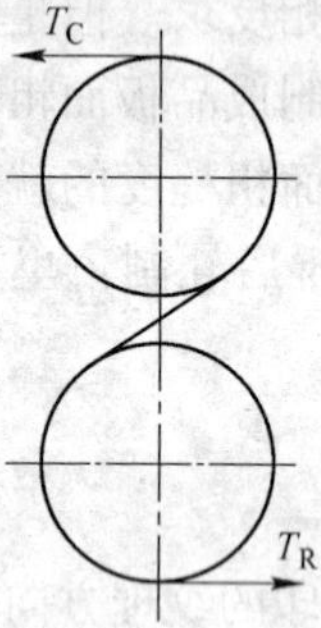

图 2-21　带钢经过张力辊时受力示意图

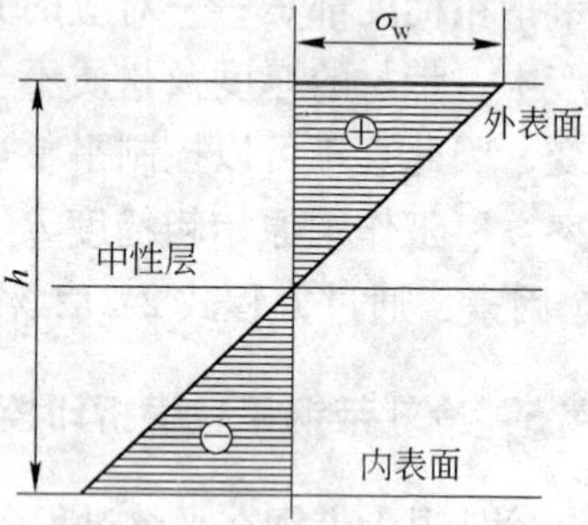

图 2-22　带钢弯曲应力分布

在纯弯曲情况下，中性层处于带钢厚度的中心。带钢经过张力辊时，认为仅发生了弹性变形，因此带钢表面产生的弯曲应力 σ_w 为：

$$\sigma_w = \frac{Eh}{2R} \tag{2-213}$$

式中　E——带钢弹性模量，MPa；

h——带钢厚度，mm；

R——张力辊半径，mm。

带钢经过张力辊时，除了产生弯曲变形外，还会因为张力作用而产生拉伸变形。拉伸应力或张应力 σ_T 可表示为：

$$\sigma_T = \frac{T}{Bh} \tag{2-214}$$

式中　T——带钢张力，kN；

B——板宽，mm。

假设带钢与张力辊辊面连续接触，在包绕入口张力辊的带钢上任意取一包角为 $d\theta$ 的微段进行分析，如图 2-23 所示。这一微段

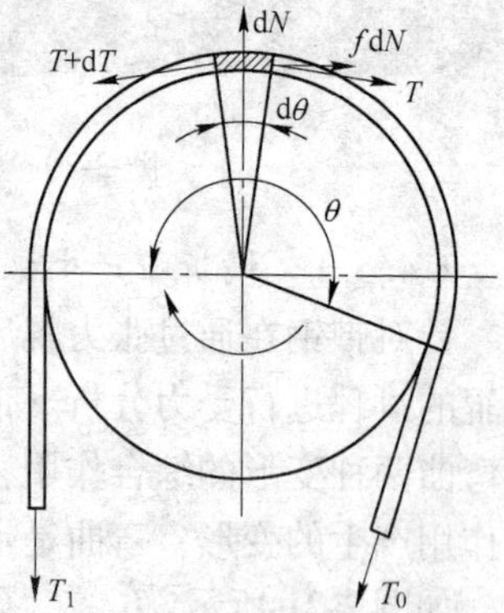

图 2-23　微段带钢的受力分析

带钢对张力辊辊面的正压力为 dN，则摩擦力为 fdN，其中 f 为张力辊辊面与带钢之间的静摩擦系数。忽略带钢运行时所受的离心力，可得这一微段带钢的力平衡方程：

$$f\mathrm{d}N + T\cos\left(\frac{\mathrm{d}\theta}{2}\right) - (T + \mathrm{d}T)\cos\left(\frac{\mathrm{d}\theta}{2}\right) = 0$$

$$\mathrm{d}N - T\sin\left(\frac{\mathrm{d}\theta}{2}\right) - (T + \mathrm{d}T)\sin\left(\frac{\mathrm{d}\theta}{2}\right) = 0 \qquad (2\text{-}215)$$

由以上方程可得：

$$\frac{\mathrm{d}T}{f} = T\mathrm{d}\theta \qquad (2\text{-}216)$$

将式 2-216 对整个包绕弧段积分后可得：

$$\frac{T_1}{T_0} = \mathrm{e}^{f\theta} \qquad (2\text{-}217)$$

式中 T_0——带钢进入张力辊时的张力，kN；

T_1——带钢离开张力辊后的张力，kN；

θ——带钢在张力辊辊面上的实际包角，rad。

这里定义带钢离开张力辊后的张力与带钢进入张力辊时的张力的比值，即 T_1/T_0 为张力放大系数。由式 2-217 可知，在摩擦系数一定的情况下，张力放大系数是随着带钢在张力辊辊面上包角的变化而变化的，图 2-24 给出了在不同摩擦系数的情况下张

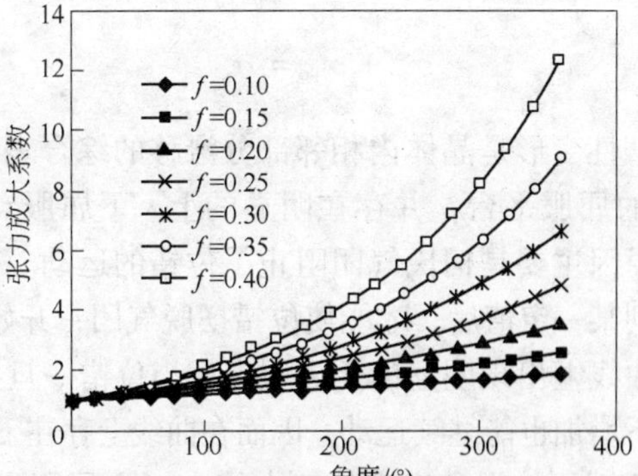

图 2-24 张力放大系数随包角的变化

力放大系数随包角的变化。由图可知，带钢在通过入口张力辊的过程中，张力是随着包角的增大而增加的，张力在张力辊出口处达到最大，同时带钢在此处产生弯曲变形，带钢在拉伸和弯曲的共同作用下产生变形，此处为带钢的危险截面。

带钢在张力辊出口处的应力状态如图 2-25 所示。弯曲应力和张应力叠加，将会致使中性层下移，带钢上表面拉应力 σ 达到最大，此时 $\sigma = \sigma_w + \sigma_T$。

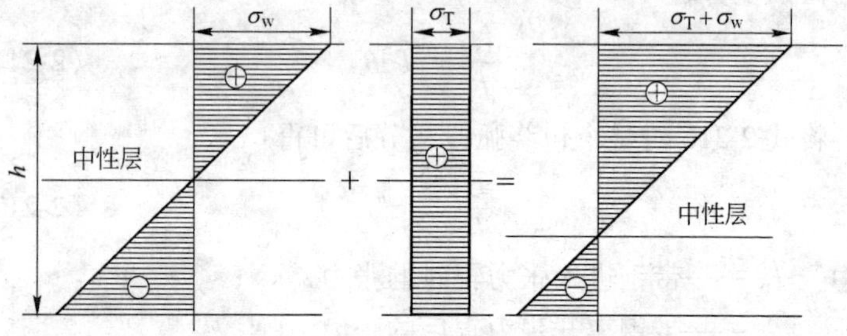

图 2-25　弯曲应力与张应力叠加原理

根据式 2-217 和图 2-25 可知，在入口张力辊出口处，带钢表面拉应力达到最大。当平整机入口前张力过大时，带钢表面应力 σ 达到材料的屈服极限 σ_s，即有式 2-218 成立时，带钢表面屈服，发生塑性变形。

$$\sigma_w + \sigma_T = \sigma_s \tag{2-218}$$

晶体的塑性变形是晶体内相邻部分滑移的综合表现。退火带钢存在明显的屈服平台，并存在明显的上、下屈服点。出现上、下屈服点的原因主要是柯氏气团阻止了位错的运动。变形时必须将应力增大到某一定值后，才能使位错摆脱气团，开始滑移运动，此时在拉伸曲线上出现明显的上屈服点。当位错一旦摆脱气团的束缚，应力不增加也能继续运动，因而在曲线上存在下屈服点。

在这种情况下，滑移启动的抗力较大（上屈服点），而滑移进行的抗力则较小（下屈服点）。因此，一旦滑移开动起来，它就可以在较低应力下进行。这时，变形一旦在某一局部区域开始发生，这里就表现出软化的效果来，变形就在这里集中并可以进行到一定程度。也就是说，由于屈服平台的存在，带钢的塑性变形会集中在某一区域进行，从而形成条带状的形变区，这就是横折印的产生机理。

退火后带钢存在屈服平台，在入口张力辊上若外表面拉应力超过屈服极限，则会产生横折印。若平整时的延伸率较小，不能完全消除屈服平台，则平整后的带钢在出口张力辊上也可能再产生横折印。平整时的延伸率较小，对消除入口前形成的横折印也是不利的，可使横折印在一定程度上保留下来。

2.4.5.2 横折印缺陷解决措施

A 调整张力

在不影响板形和延伸率的前提下，适当减小平整机入口处张力值，减小带钢表面的拉应力，可以避免或减轻横折印缺陷。因宽度对横折印缺陷的影响不明显，可以忽略，因此仅考虑厚度的影响。根据式 2-218 可得出带钢产生横折印时的极限张应力与厚度的对应关系，如图 2-26 所示。

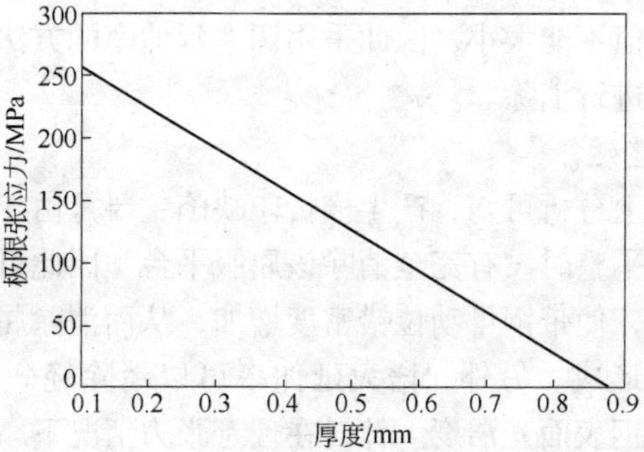

图 2-26 极限张应力与厚度的对应关系

由图 2-26 可见，当带钢厚度为 0.8mm 左右时，极限张应力约为 30MPa。当带钢厚度小于 0.7mm 时，极限张应力在 60MPa

以上。当带钢厚度达到0.88mm时，带钢在张应力为零的情况下即出现横折印缺陷，但实际情况并非如此，因为在零张力的情况下，带钢不会在张力辊上弯曲，也就形不成横折印缺陷。以上计算为平整机入口侧的张力设定提供了参考，以此为基础，并考虑轧制过程的稳定性和保证正常生产，制定平整张应力设定值见表2-7。

表 2-7 平整张应力设定值

厚度/mm	开卷张应力/MPa	入口张应力/MPa	出口张应力/MPa	卷取张应力/MPa
1.0~1.2	20	28	40	30
0.8~1.0	22	30	42	32
0.6~0.8	25	32	44	35
0.4~0.6	27	36	48	37
0.2~0.4	30	40	50	40

实际生产表明，采用上述张力制度进行轧制，可在一定程度上消除横折印缺陷，但当来料规格较厚时，仍有轻微横折印缺陷产生。由于平整过程中的张力设定还要考虑轧制过程的稳定性，张力的设定值不能太小，因此采用调整延伸率的方法对已产生的横折印缺陷进行消除。

B 调整延伸率

根据以上分析可知，产生横折印缺陷主要是由于退火料存在屈服平台和平整时没有完全消除该屈服平台。因此可以通过适当增大延伸率，使带钢可动位错密度增加，从而消除屈服平台，抑制滑移线的形成。另外，增大延伸率可以消除轻微的横折印缺陷，改善带钢表面光洁度。针对在现有张力情况下厚带仍然产生横折印的情况，对不同延伸率对带钢表面产生横折印的消除效果在凌钢900mm平整机上进行了工业试验。轧制速度为100m/min，干平整。观察厚度分别为0.8mm、0.9mm、1.0mm、1.1mm和1.2mm 5种规格的带钢各50卷，来料温度控制在45℃以下，保证板形良好，无黏结。通过改变轧制压力来调整延伸率，观察横折印缺陷的消除情况，为了更加形象地描述横折印缺陷的严重程度，定义横折印缺陷级别见表2-8，试验结果见表2-9。

表 2-8 横折印缺陷严重情况定义

级 别	描 述	级 别	描 述
0	肉眼不可见，无手感	2	肉眼可见，有手感
1	肉眼可见，无手感		

表 2-9 不同延伸率对横折印缺陷改善情况的试验结果

级别 / 厚度/mm	延 伸 率							
	0.4%	0.5%	0.6%	0.7%	0.8%	0.9%	1.0%	1.1%
0.8	1	0	0	0	0	0	0	0
0.9	1	1	1	0	0	0	0	0
1.0	1	1	1	1	1	0	0	0
1.1	1	1	1	1	1	1	0	0
1.2	2	1	1	1	1	1	1	0

由表2-9可知，当延伸率达到1.0%左右时可基本消除带钢表面产生的横折印缺陷。以保证冷轧带钢平整轧制后不产生横折印缺陷为前提，结合生产实际制定延伸率参考值见表2-10。

表 2-10 平整延伸率参数

厚度/mm	0.2	0.3	0.4	0.5	0.6	0.7	0.8	0.9	1.0	1.1	1.2
延伸率/%	0.5	0.5	0.5	0.6	0.7	0.75	0.8	0.9	1.0	1.05	1.1

2.5 平整轧制时带钢延伸率的设定与力学性能、板形、板面粗糙度的关系

平整就是指对经过再结晶退火后的带钢以较小的变形量

0.5% ~3% 进行轧制，其目的是消除屈服平台和轻微的波浪，同时保证带钢具有一定的表面粗糙度。在平整生产中，延伸率是最重要的工艺参数之一。延伸率的大小与平整后带钢的力学性能、板形、板面粗糙度等密切相关。为此，本节主要从消除来料板形缺陷、保证产品力学性能与成品表面粗糙度等 3 个角度讨论平整轧制时的延伸率设定问题，首次给出了平整轧制最小延伸率的计算模型。

2.5.1　延伸率的基本定义

由于平整压下率较小，很难准确计量，常用延伸率来度量。如果在同一时间周期内把 l_0 定义为入口带钢长度，l_1 定义为出口带钢长度，则平整延伸率可以定义为：

$$\lambda = \frac{l_1 - l_0}{l_0} \times 100\% \tag{2-219}$$

由于延伸率是平整生产中控制带钢力学性能的唯一变形指标，因此延伸率调节是工艺质量控制的重要内容。不同用途、不同厚度的带钢要使用不同的平整延伸率。例如，深冲用带钢延伸率一般采用 0.6% ~1.4%；极薄的镀锡板，延伸率应控制在 1% 以上；包装用带钢一般延伸率为 1% 以上，目的是不仅减少滑移线倾向，提高抗拉强度，而且还要达到一定硬度。

2.5.2　冷轧带钢平整力学性能预报模型

改善带钢的力学性能是平整的主要目的之一。退火后的带钢存在明显的屈服平台，严重影响带钢的使用性能。经平整后可消除屈服平台，改善带钢的力学性能。平整延伸率的大小对平整后带钢的力学性能起决定性的作用，在来料情况一定的情况下，平整后带钢的力学性能主要受平整延伸率的影响。通过大量拉伸试验对冷轧带钢平整前后力学性能进行了测量[57]，并对计算结果进行回归分析，得到了带材各种力学性能与平整延伸率之间的关系式，它具有很好的通用性。

2.5.2.1 拉伸试验方法

试验对带钢的屈服强度、抗拉强度和断裂伸长率三项力学性能指标进行测定，观察试样在不同的平整延伸率时拉伸特性的变化。为了便于比较，试样剪切方向分为沿轧制方向（纵向）和垂直于轧制方向（横向），观察带材纵向和横向拉伸特性的差别。试样平整延伸率为0～3%，标距为50mm。拉伸前和拉伸后的试样如图2-27所示。试验加载速度为1mm/min，试验温度为15℃。

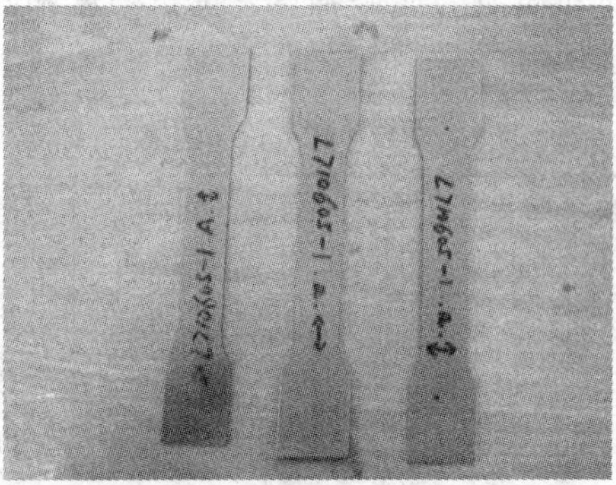

(a)

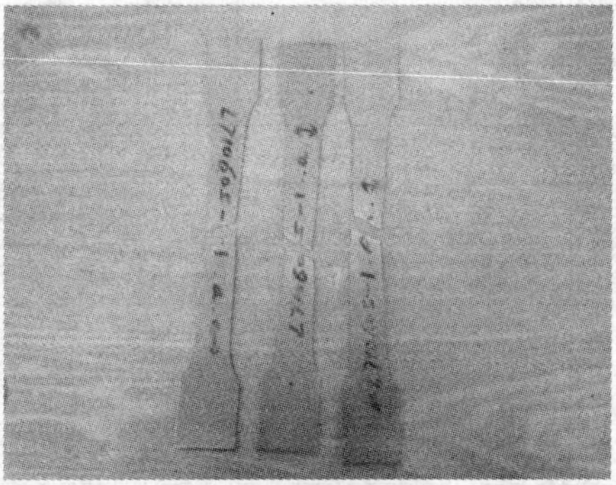

(b)

图2-27 拉伸前后试样对比

（a）拉伸前；（b）拉伸后

2.5.2.2　试验结果分析

以低硅铝镇静钢195LD为例，说明试验结果的分析过程，带材厚度为1mm。试样化学成分见表2-11。

表2-11　带钢的化学成分　(%)

元　素	C	Mn	Si	S	P
质量分数	≤0.08	≤0.45	≤0.07	≤0.03	≤0.025

表2-12列出了试验中所得部分结果，包括带材在不同延伸率情况下纵向和横向的屈服强度、抗拉强度和断裂伸长率等指标。

表2-12　部分试验结果

延伸率/%	纵向屈服强度/MPa	横向屈服强度/MPa	纵向抗拉强度/MPa	横向抗拉强度/MPa	纵向断裂伸长率/%	横向断裂伸长率/%
0	258	279	332	337	36.5	36
0	248	273	335	339	35.4	35.2
0	264	288	329	335	35.8	35.8
0.25	256	274	336	338	35.8	35.6
0.20	246	280	333	340	36	36.2
0.40	235	258	338	343	34.6	35.6
0.50	238	265	341	340	35.2	35.2
0.70	231	268	343	345	35.6	34.8
0.75	240	258	340	348	34.4	35
0.90	231	253	340	345	34	34.2
1.00	235	265	341	346	34.6	34.6
1.25	245	267	343	348	34	33.5
1.20	234	258	346	351	34	34.2
1.50	238	273	347	352	34.6	33.6
1.50	247	269	345	350	35	34
1.70	245	273	347	354	34.2	33.6

续表 2-12

延伸率/%	纵向屈服强度/MPa	横向屈服强度/MPa	纵向抗拉强度/MPa	横向抗拉强度/MPa	纵向断裂伸长率/%	横向断裂伸长率/%
1.75	253	266	348	353	34.4	33.8
2.00	256	275	350	353	34	33
2.00	260	279	350	358	34.2	33
2.25	265	287	348	354	33.2	33.2
2.20	259	284	352	357	33.5	32.8
2.40	260	287	354	359	33.8	32.8
2.50	269	288	354	362	34	32.5
2.65	265	290	353	360	33.4	32.6
2.75	278	302	356	360	33	33
3.00	293	310	356	361	33	32.2
3.00	286	304	358	364	32.5	31.8

带钢沿纵向和横向的屈服强度随平整延伸率的变化如图 2-28 所示。在平整延伸率较小时，带钢纵向屈服强度随着延伸率的增大而降低，当延伸率在 1.0% 左右时屈服强度下降约 12MPa，此时屈服强度达到最低。这是由于位错从它周围的碳、氮原子气团中挣脱出来，摆脱柯氏气团所致。之后随着延伸率的增加，带钢的屈服强度又出现增大的趋势，这是由于随着延伸率的增大，位错钉扎逐渐增加，出现加工硬化。带钢横向屈服强度随延伸率的变化具有同样趋势。实验结果同时表明，在相同的条件下，带钢横向的屈服强度要大于纵向屈服强度，其值高出 25MPa 左右。

通过回归分析，带钢纵向和横向的屈服强度和延伸率的关系可以用式 2-220 和式 2-221 表示：

$$\sigma_s^x = 252.96 - 27.48\varepsilon + 13.36\varepsilon^2 \qquad (2\text{-}220)$$

$$\sigma_s^y = 277.57 - 25.99\varepsilon + 12.35\varepsilon^2 \qquad (2\text{-}221)$$

式中 σ_s^x——纵向屈服强度，MPa；

σ_s^{γ} ——横向屈服强度，MPa；

ε ——平整延伸率，MPa。

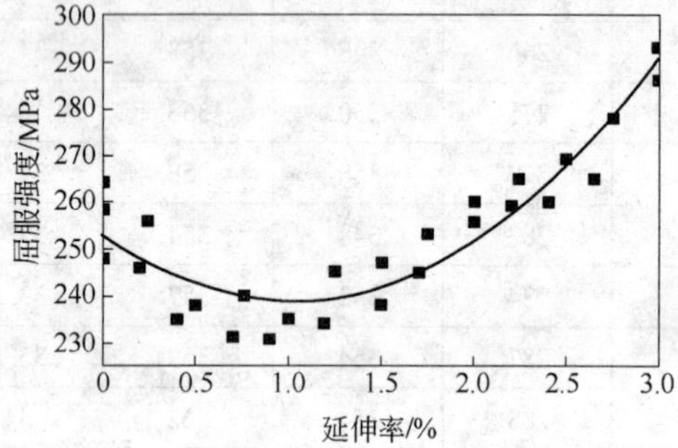

(a)

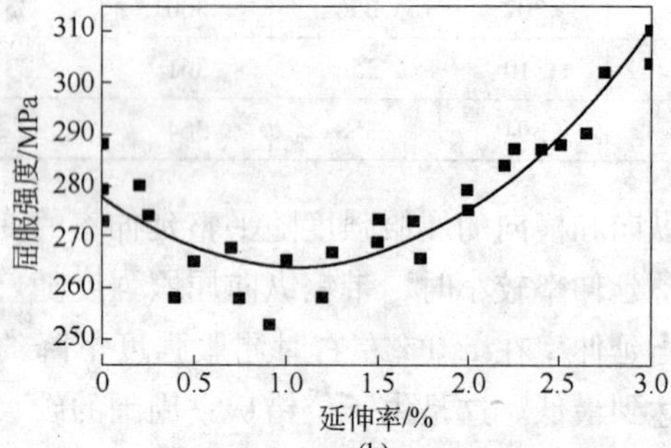

(b)

图 2-28　平整延伸率和屈服强度的关系

（a）纵向；（b）横向

式 2-220 右端的第一项为 252.96，这与平整前带钢纵向屈服强度的平均值 258.62MPa 非常接近。同样，式 2-221 右端的第一项为 277.57，这与带钢平整前横向屈服强度的平均值 279.32MPa 也非常接近。因此，195LD 的屈服强度与平整延伸率的关系可以用式 2-222 的形式表达：

$$\sigma_s = \sigma_s^0 + K_1\varepsilon + K_2\varepsilon^2 \tag{2-222}$$

式中　σ_s ——平整后带钢的屈服强度，MPa；

σ_s^0 ——未平整时带钢的屈服强度，MPa；

K_1，K_2 ——常数。

采用适宜的延伸率可使屈服极限达到最小值，这个延伸率与钢的化学成分、冶炼方法、热轧条件和冷轧变形量有关。在本例中，当延伸率 $\varepsilon = \frac{K_1}{2K_2}$ 时，带钢的屈服强度达到最小。

在不同平整延伸率下的带钢纵向和横向的抗拉强度如图 2-29 所示。带钢的抗拉强度总是随着平整延伸率的增大而提高，当延伸率为 3% 时，抗拉强度增大 25MPa 左右。在相同条件下，带钢横向抗拉强度要大于纵向抗拉强度，其值高出约 4MPa。带钢纵向和横向抗拉强度与延伸率的关系可以用式 2-223 和式 2-224 表示：

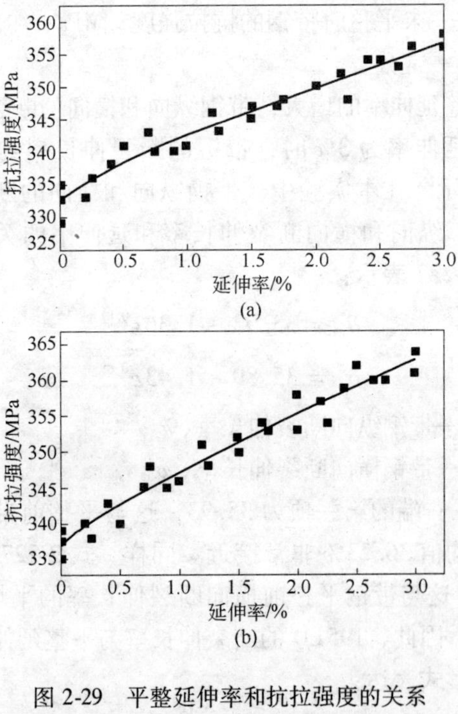

图 2-29 平整延伸率和抗拉强度的关系

（a）纵向；（b）横向

$$\sigma_{b}^{x} = 332.08 + 10.43\varepsilon^{0.77} \tag{2-223}$$

$$\sigma_{b}^{y} = 336.95 + 10.15\varepsilon^{0.84} \tag{2-224}$$

式中　σ_{b}^{x}——带钢纵向抗拉强度，MPa；

σ_{b}^{y}——带钢横向抗拉强度，MPa。

式 2-223 右端的第一项为 332.08，这与平整前带钢纵向抗拉强度的平均值 332.74MPa 非常接近。同样，式 2-224 右端的第一项为 336.95，与带钢平整前横向抗拉强度的平均值 337.68MPa 也非常接近。因此，195LD 的抗拉强度与平整延伸率的关系可以用下面的形式表达：

$$\sigma_{b} = \sigma_{b}^{0} + K_{3}\varepsilon^{K_{4}} \tag{2-225}$$

式中　σ_{b}——平整后带钢的抗拉强度，MPa；

σ_{b}^{0}——未平整时带钢的抗拉强度，MPa；

K_3，K_4——常数。

随着平整延伸率的增大，带钢纵向和横向的断裂伸长率均单调减小，当延伸率为 3% 时，带钢的断裂伸长率约减小 3.5%，如图 2-30 所示。在本实验中，带钢纵向和横向的断裂伸长率未见明显差别。纵向和横向断裂伸长率和延伸率的关系可以用式 2-226 和式 2-227 表示：

$$\delta_{x} = 35.93 - 1.36\varepsilon^{0.81} \tag{2-226}$$

$$\delta_{y} = 35.89 - 1.43\varepsilon^{0.88} \tag{2-227}$$

式中　δ_x——带钢纵向断裂伸长率，%；

δ_y——带钢横向断裂伸长率，%。

式 2-226 右端的第一项为 35.93，这与平整前带钢纵向断裂伸长率的平均值 36.23% 非常接近。同样，式 2-227 右端的第一项为 35.89，这与带钢平整前横向断裂伸长率的平均值 35.14% 也非常接近。因此，195LD 的断裂伸长率与平整延伸率的关系可以用下面的形式表达：

$$\delta = \delta_{0} + K_{5}\varepsilon^{K_{6}} \tag{2-228}$$

式中 δ——平整后带钢的断裂伸长率，%；

δ_0——未平整时带钢的断裂伸长率，%；

K_5，K_6——常数。

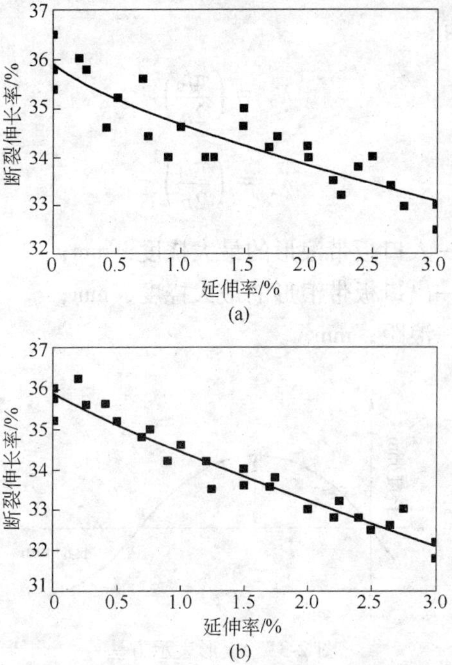

图 2-30 平整延伸率和断裂伸长率的关系

(a) 纵向；(b) 横向

2.5.3 消除来料板形缺陷的最小延伸率研究

在平整轧制过程中，当来料有较明显的浪形缺陷时，必须设定一个合理延伸率，使板带材有适当的变形，才能得到较好出口板形。如果延伸率太小，则不足以消除浪形；若延伸率过大，则会增大压下量，使平整轧制力迅速增加，同时还会降低轧件的结构性能。

根据大量的现场试验和理论研究可以知道[58]，要消除板形缺陷，平整时带材的延伸率必须大于来料板形波浪的相对长度差。否则，板带材的浪形不可能得到彻底的消除。

如图 2-31 所示，如果以 λ_0 表示来料板形，λ_1 表示平整后的板形，显然有：

$$\lambda_0 = \left(\frac{\pi f_0}{2n}\right)^2 \tag{2-229}$$

$$\lambda_1 = \left(\frac{\pi f_1}{2n}\right)^2 \tag{2-230}$$

式中 f_0——入口板带浪形的最大挠度，mm；

f_1——出口板带浪形的最大挠度，mm；

n——浪距，mm。

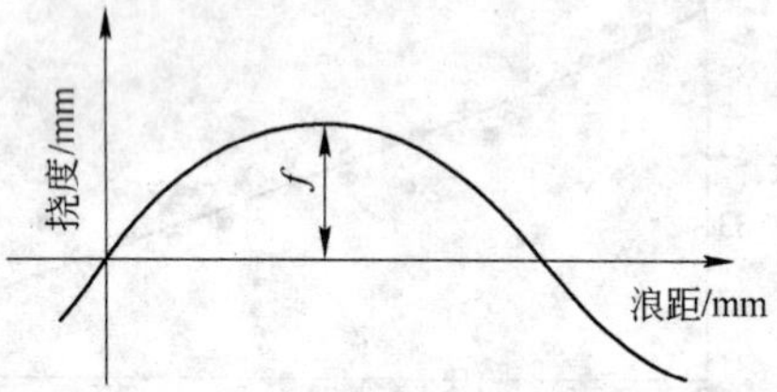

图 2-31 板形表示方法

由于延伸率也是由长度的相对变化来表示的，所以板带材纵向相对长度差的变化也反映了延伸率的大小。以 λ 表示平整前后带材相对长度差的变化量，则得：

$$\lambda = \lambda_0 - \lambda_1 \tag{2-231}$$

将 λ_0、λ_1 的表达式代入式 2-231，可得：

$$\lambda = \left(\frac{\pi}{2n}\right)^2 (f_0^2 - f_1^2) \tag{2-232}$$

显然，式 2-232 就是消除来料板形缺陷所需要的最小延伸率。也就是说，如果对一个平整轧制过程而言，要消除来料的板形缺陷，使带材的出口板形达到规定值（即 λ_1），其延伸率的设定值 λ^* 必须满足不等式 2-233，即：

$$\lambda^* \geqslant \left(\frac{\pi}{2n}\right)^2 (f_0^2 - f_1^2) \tag{2-233}$$

以某 1220 平整机组为例，当来料浪形高度为 8mm（浪距为 100mm）时，如果要求平整后浪形高度≤1mm，则平整过程中延伸率的设定值 λ^* 必须满足：

$$\begin{aligned}\lambda^* &\geqslant \left(\frac{\pi}{2n}\right)^2 (f_0^2 - f_1^2) \\ &= \left(\frac{\pi}{2 \times 100}\right)^2 (8^2 - 1^2) \\ &= 1.55\%\end{aligned} \tag{2-234}$$

同样，如果来料浪形高度为 3mm、浪距为 100mm 时，根据计算，延伸率的设定值 λ^* 只要大于 0.20%，平整后带材的浪形高度就可以达到 1mm 以下。

最后，根据式 2-233 可以知道，如果已经知道延伸率的设定值为 λ，要保证出口板形良好，则来料浪形高度必须满足以下要求：

$$f_0^* \leqslant \frac{2n}{\pi}\sqrt{\lambda} \tag{2-235}$$

根据式 2-233 和式 2-235，可以算出纠正不同来料板形下所需要的最小延伸率以及不同延伸率下平整机所能纠正的最大来料板形，见表 2-13 和表 2-14。

表 2-13 纠正不同来料板形下所需要的最小延伸率

允许延伸率/% \ 最大浪高/mm	最大浪距				
	1000mm	500mm	250mm	125mm	60mm
10	0.025	0.099	0.394	1.578	6.847
8	0.016	0.063	0.252	1.010	4.382

续表 2-13

允许延伸率/% 最大浪高/mm	最大浪距				
	1000mm	500mm	250mm	125mm	60mm
6	0.009	0.035	0.142	0.568	2.465
5	0.006	0.025	0.099	0.394	1.712
4	0.004	0.016	0.063	0.252	1.096
3	0.002	0.009	0.035	0.142	0.616
2	0.001	0.004	0.016	0.063	0.274
1	0.000	0.001	0.004	0.016	0.068

表 2-14 不同延伸率下平整机所能纠正的最大来料板形

延伸率/%	允许最大来料浪形(浪距1000mm)/mm	允许最大来料浪形(浪距500mm)/mm	允许最大来料浪形(浪距250mm)/mm	允许最大来料浪形(浪距125mm)/mm	允许最大来料浪形(浪距60mm)/mm
0.5	45.0	22.5	11.3	5.6	2.7
0.6	49.3	24.7	12.4	6.2	3.0
0.7	53.2	26.6	13.3	6.7	3.2
0.8	56.9	28.5	14.3	7.1	3.4
0.9	60.3	30.2	15.1	7.6	3.6
1.0	63.6	31.8	15.9	8.0	3.8
1.1	66.8	33.4	16.7	8.4	4.0
1.2	69.8	34.9	17.4	8.7	4.2
1.3	72.6	36.3	18.2	9.1	4.4
1.4	75.4	37.7	18.8	9.4	4.5
1.5	78.0	39.0	19.5	9.8	4.7

通过表 2-13 和表 2-14 可以看出：对来料浪距较大的浪形而言，在平整过程中需要消除所需要的延伸率要求不是很高；但是对于小浪距的浪形，则对延伸率要求较高。

表 2-15 用急峻度的概念来列出算出的纠正不同来料板形下所需要的最小延伸率。

表 2-15 纠正不同来料板形下所需要的最小延伸率（急峻度）

急峻度/%	0.5	1	1.5	2.0	2.5	3.0	3.5	4.0	4.5	5
最小延伸率/%	0.006	0.025	0.055	0.099	0.154	0.222	0.499	0.887	1.387	1.997

2.5.4 保证成品板面质量所需要的最小延伸率

根据2.4节的相关研究成果可以知道，平整机组成品板面粗糙度预报模型为：

$$R_{a,s} = f(h, k, R_{a,s0}, \varepsilon, L) \tag{2-236}$$

式中 $R_{a,s}$ ——平整机组成品板面粗糙度，μm；

$R_{a,s0}$ ——来料板面粗糙度，μm。

显然，根据式2-236可以知道，对特定厚度、特定强度的带材而言，在工作辊原始表面粗糙度、工作辊轧制公里数等确定的前提下，其成品板面粗糙度主要取决于来料板面粗糙度与延伸率，可以用式2-237来表示：

$$R_{a,s} = f_1(R_{a,s0}, \varepsilon) \tag{2-237}$$

在式2-237中，随着来料板面粗糙度的增加，成品板面粗糙度随之增加；随着延伸率的增加，成品板面粗糙度也随之增加。

根据上面的研究可以知道，保证成品板面质量所需要的最小延伸率可以用式2-238来表示：

$$\varepsilon_{min} = f_1^{-1}(R_{a,s0min}, R_{a,smin}) \tag{2-238}$$

式中 $R_{a,smin}$ ——平整成品板面粗糙度所允许的最小值，μm；

$R_{a,s0min}$ ——来料板面粗糙度的最小值，μm。

2.6 平整机延伸率和板形综合控制模型

一般而言，大部分平整机都有延伸率和轧制压力两个闭环控制系统。但在生产实践中却发现，当采用延伸率闭环控制时，轧制力往往波动较大，影响板形质量；而采用轧制力闭环时，虽然有利于板形控制，但又不能保证延伸率的控制精度，影响产品的力学性能。因此，如何实现既能保证平整带材的板形质量，又满足其力学性能要求，就成为现场亟待解决的一道难题。为此，本节通过大量的现场试验和理论研究，在综合了恒延伸率控制方式和恒轧制力控制方式各自优点的基础上，提出了一套新的延伸率和板形在线综合控制方案[59]，使得平整机既能保证延伸率精度，又可以满足板形的要求。将其应用于某热镀锌平整机的生产实践，取得了良好的应用效果，为厂方创造了较大的经济效益。

2.6.1　平整机延伸率和板形控制技术研究现状及存在问题

目前平整机为了控制延伸率，往往通过检测出口速度 v_1 和入口速度 v_0 的比值 v_1/v_0 来检测延伸率 ε，从而实现延伸率的闭环控制。但延伸率闭环只能保证延伸率 ε 不变，而此时如果来料厚度 H 和出口厚度 h 同时发生变化，即从 H 改变为 H'，从 h 改变为 h'，但仍保持延伸率恒定，$\varepsilon = \dfrac{H}{h} = \dfrac{H'}{h'}$，如图 2-32 所示，轧制力将会发生变化，即从 P 改变为 P'，并且 $P > P'$，而弯辊又没有及时跟随调节，因此相应的会造成板形的变化。实际上，即使 H、h 都不变，由于摩擦系数 μ、变形抗力 σ_s、后张力 T_0、前张力 T_1 等参数发生变化，也会使轧制力 P 发生变化，对板形也会产生影响。同理，如果只采用定轧制力控制，即恒压控制，延伸率也要产生波动，不可能恒定。这就是目前平整机控制技术存在的关键技术问题。

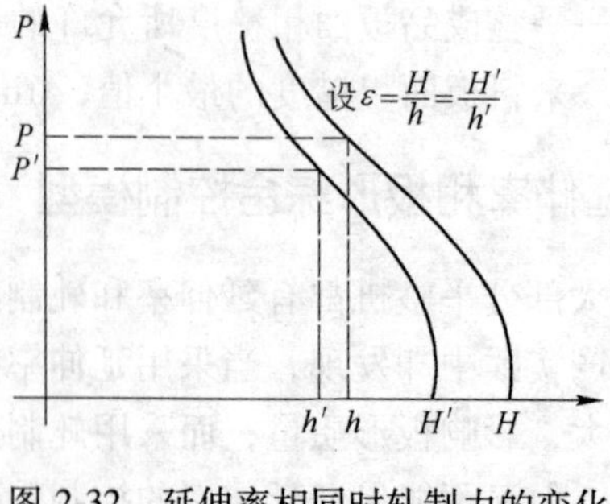

图 2-32　延伸率相同时轧制力的变化

2.6.2　平整机延伸率和板形综合控制模型

如果延伸率和轧制力两个闭环都采用，轧制力作为内环，延伸率作为外环，在延伸率设定值与测量值偏差通道中设置死区，只对超过规定偏差的信号才进行补偿，即修改轧制力的设定值，轧制力改变后仍进行恒压轧制，而弯辊力也相应地通过计算机在线控制系统进行跟随调节（如图 2-33 所示）。这就是延伸率和板形综合控制的技术方案，也可以称为“延伸率、轧制力、弯辊力的综合优化”，在平整机控制思想上是一大创新。实际上，延伸率并没有必要一定要达到很高的精度，它主要是为了消除屈服平台和进一步改善板形，因此它有一定的精度即可。因此，当延伸率变化到超出精度范围时，再改变轧制力进行调节，以使延伸率回到要求的控制精度范围内。此时，轧制力给定值改变了，相应地通过软件在线调节弯辊力，可以保证板形合乎技术指标的要求。此外，张力也影响轧制力，当轧制力或弯辊力达到较大设定值时，还可以通过调节张力来调节延伸率，这主要是在轧制较薄带钢时采用，所以可进一步称为“延伸率、轧制力、张力、弯辊力在线综合优化的控制技术”。

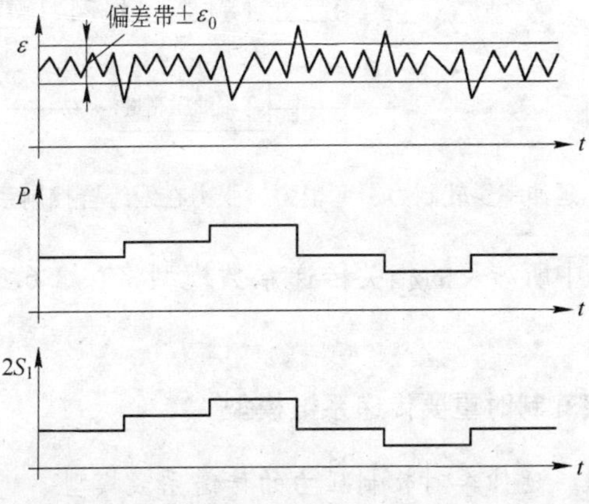

图 2-33　延伸率、轧制力、弯辊力综合控制示意图

图 2-34 所示为平整机延伸率、轧制力、弯辊力和张力在线综合控制系统框图。延伸率控制系统的内环是轧制压力闭环，当延伸率的偏差 $|\Delta\varepsilon| < \varepsilon_0$ 时（式中，ε_0 为规定的延伸率控制精度，保持恒压力控制），延伸率外环不投入工作，只有 $|\Delta\varepsilon| \geqslant \varepsilon_0$ 时，延伸率闭环才投入工作，一直到 $|\Delta\varepsilon| < \varepsilon_0$ 为止。当 $|\Delta\varepsilon| \geqslant \varepsilon_0$ 时，轧制压力内环的给定端增加了补偿量 ΔP 的给定信号，同时此信号经弯辊力对轧制力的传递系数 k_{SP} 也给弯辊力闭环一个补偿量，使弯辊力跟随轧制力变化自动调节。当轧制力、弯辊力较大时，可以断开压力闭环的补偿，转为控制前张力和后张力，即从图中 1 的位置转到 2 的位置，这就是“延伸率、轧制力、弯辊力、张力综合优化”的控制思想和基本原理。

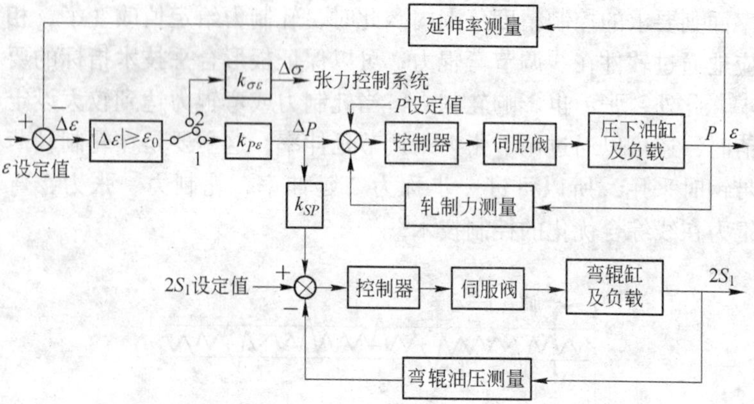

图 2-34　延伸率、轧制力、弯辊力、张力在线综合控制系统框图

图 2-34 中所涉及的相关传递系数模型将在 2.6.3 节中详细介绍。

2.6.3　平整轧制时重要传递系数模型

2.6.3.1　延伸率对轧制压力的传递系数模型

延伸率对轧制压力的传递系数可以简单地表示为[60]：

$$k_{P_\varepsilon} = \frac{\mathrm{d}P}{\mathrm{d}\varepsilon} \tag{2-239}$$

式中 k_{P_ε}——延伸率对轧制压力的传递系数。

根据2.2节可以知道，轧制压力与延伸率之间存在如下关系：

$$P = f_1(\varepsilon, B, h, T_1, T_0, \mu, \sigma_s, D_w) \tag{2-240}$$

式中 ε——延伸率,%；
B——带材宽度，mm；
h——带材厚度，mm；
T_1——平均前张力，kN；
T_0——平均后张力，kN；
μ——摩擦系数；
σ_s——变形抗力，MPa；
D_w——工作辊直径，mm。

显然，根据式2-240可以知道，在带材规格、前后张力、钢种、轧辊直径等相关参数不变的前提下，轧制压力与延伸率之间是一一对应的关系，可以表示为：

$$P = P(\varepsilon) \tag{2-241}$$

由于轧制压力与延伸率之间不是线性的，所以传递系数实际上就是将延伸率与轧制压力进行线性化处理，认为在某一区间内轧制压力与延伸率之间的关系是线性的，而传递系数就是一个斜率的概念。对平整轧制而言，延伸率对轧制压力的传递系数实际上是一组数，或者说是一个数组，而不是一个数，可以用以下模型来表示：

$$k_{P_{\varepsilon_i}} = \frac{P\left(\varepsilon_i + \dfrac{\Delta\varepsilon}{2}\right) - P\left(\varepsilon_i - \dfrac{\Delta\varepsilon}{2}\right)}{\Delta\varepsilon} \tag{2-242}$$

$$\Delta\varepsilon = \frac{\varepsilon_{\max} - \varepsilon_{\min}}{n}$$

式中　$\Delta\varepsilon$——步长；

ε_{min}——用户允许最小延伸率,%；

ε_{max}——用户允许最大延伸率,%；

n——区间数；

ε_i——传递系数所对应的延伸率,%，$\varepsilon_i = \varepsilon_{min} + i\Delta\varepsilon$。

2.6.3.2　张力对轧制压力的传递系数模型

张力对轧制压力的传递系数可以分成前张力对轧制压力的传递系数与后张力对轧制压力的传递系数，可以简单表示为：

$$k_{PT_1} = \frac{dP}{dT_1} \tag{2-243}$$

$$k_{PT_0} = \frac{dP}{dT_0} \tag{2-244}$$

同样，根据2.2节的相关模型可以知道，轧制压力与张力之间存在如下关系：

$$P = f_1(\varepsilon, B, h, T_1, T_0, \mu, \sigma_s, D_w) \tag{2-245}$$

式中　ε——延伸率,%；

B——带材宽度，mm；

h——带材厚度，mm；

T_1——平均前张力，kN；

T_0——平均后张力，kN；

μ——摩擦系数；

σ_s——变形抗力，MPa；

D_w——工作辊直径，mm。

显然，根据式2-245可以知道，在带材规格、延伸率、钢种、轧辊直径等相关参数不变的前提下，轧制压力与张力之间是一一对应的关系，可以表示为：

$$P = P(T_1, T_2) \tag{2-246}$$

由于轧制压力与张力之间不是线性的，所以传递系数实际上就是将张力与轧制压力进行线性化处理，认为在某一区间内轧制压力与张力之间的关系是线性的，而传递系数就是一个斜率的概念。对平整轧制而言，张力对轧制压力的传递系数实际上是一组数，或者说是一个数组，而不是一个数，可以用以下模型来表示：

$$k_{PT_{1i}} = \frac{P\left(T_{1i} + \frac{\Delta T_1}{2}, T_0\right) - P\left(T_{1i} - \frac{\Delta T_1}{2}, T_0\right)}{\Delta T_1} \tag{2-247}$$

$$k_{PT_{0i}} = \frac{P\left(T_1, T_{0i} + \frac{\Delta T_0}{2}\right) - P\left(T_1, T_{0i} - \frac{\Delta T_0}{2}\right)}{\Delta T_0} \tag{2-248}$$

$$\Delta T_1 = \frac{T_{1\max} - T_{1\min}}{n}$$

$$\Delta T_0 = \frac{T_{0\max} - T_{0\min}}{n}$$

式中 ΔT_1——前张力步长；

$T_{1\min}$——设备与工艺所允许最小前张力，kN；

$T_{1\max}$——设备与工艺所允许最大前张力，kN；

ΔT_0——后张力步长；

$T_{0\min}$——设备与工艺所允许最小后张力，kN；

$T_{0\max}$——设备与工艺所允许最大后张力，kN；

n——区间数；

T_{1i}——传递系数所对应的前张力，kN，$T_{1i} = T_{1\min} + i\Delta T_1$；

T_{0i}——传递系数所对应的后张力，kN，$T_{0i} = T_{0\min} + i\Delta T_0$。

2.6.3.3 弯辊力对轧制压力的传递系数模型

弯辊力对轧制压力的传递系数可以分成工作辊弯辊力对轧制压力的传递系数与中间辊弯辊力对轧制压力的传递系数，可以简单表示为：

$$k_{PS_w} = \frac{dP}{dS_w} \tag{2-249}$$

$$k_{PS_m} = \frac{dP}{dS_m} \tag{2-250}$$

式中　k_{PS_w}——工作辊弯辊力对轧制压力的传递系数；

k_{PS_m}——中间辊弯辊力对轧制压力的传递系数。

根据“板形机理模型”[6]可以知道，表征板形的带材前张力横向分布值与轧制压力及弯辊力之间存在如下关系：

$$\sigma_{1j} = f_2(P, S_w, S_m, B, h, T_1, T_0, \Delta D_{wj}, \Delta D_{mj}, \Delta D_{bj}, \delta) \tag{2-251}$$

式中　S_w——工作辊弯辊力，kN；

S_m——中间辊弯辊力，kN；

B——带材宽度，mm；

h——带材厚度，mm；

T_1——平均前张力，kN；

T_0——平均后张力，kN；

ΔD_{wj}——工作辊辊型分布值；

ΔD_{mj}——中间辊辊型分布值；

ΔD_{bj}——支撑辊辊型分布值；

δ——中间辊窜动量，mm。

显然，根据式2-251可以知道，在带材规格、前后张力、钢种、轧辊辊型、中间辊窜动量等相关参数不变的前提下，板形与轧制压力及弯辊力之间是一一对应的关系，可以表示为：

$$\sigma_{1j} = f_3(P, S_w, S_m) \tag{2-252}$$

根据相关文献可以知道，从板形控制的角度来讲，可以将轧制压力、弯辊力与板形之间的关系形象地描述为：减小轧制压力设定值，相当于增加一个正弯辊力，板形有从边浪向中浪过渡的趋势，过渡的程度取决于轧制压力设定值减小的幅度；反之，增大轧制压力，板形有从中浪向边浪过渡的趋势。换言之，即可以通过增大轧制压力设定值来治理中浪，而通过减小轧制压力设定值来治理边浪。因此，要求出弯辊力对轧制压力的传递系数，就必须从等效板形入手，具体方法如图 2-35 所示。

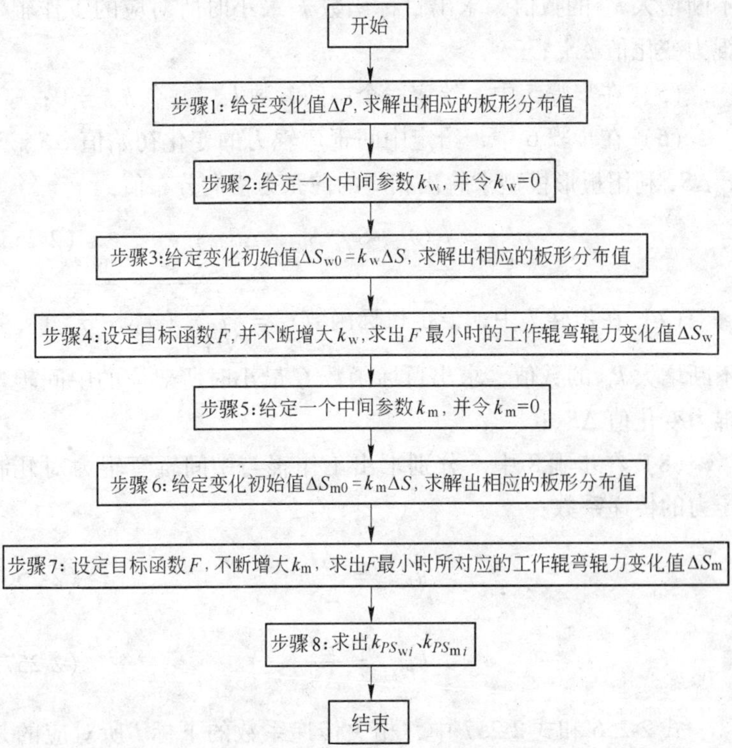

图 2-35 弯辊力对轧制压力的传递系数计算框图

（1）在步骤 1 中，给定轧制压力的变化值 ΔP，利用板形模型求解出相应的前张力横向分布值：

$$\sigma'_{1j} = f_3(P_i + \Delta P,\ S_w,\ S_m) \tag{2-253}$$

（2）在步骤 2 中，给定一个中间参数 k_w，并令 $k_w = 0$；

（3）在步骤 3 中，给定工作辊弯辊力的变化初始值 $\Delta S_{w0} = k_w \Delta S$，利用板形模型求解出相应的前张力横向分布值：

$$\sigma''_{1j} = f_3(P_i, S_w - \Delta S_{w0}, S_m) \tag{2-254}$$

（4）在步骤4中，设定目标函数 $F = \sqrt{\sum_{j=1}^{N}(\sigma'_{1j} - \sigma''_{1j})^2}$，并不断增大 k_w 的数值，求出目标函数 F 最小时所对应的工作辊弯辊力变化值 ΔS_w；

（5）在步骤5中，给定一个中间参数 k_m，并令 $k_m = 0$；

（6）在步骤6中，给定中间辊弯辊力的变化初始值 $\Delta S_{m0} = k_m \Delta S$，利用板形模型求解出相应的前张力横向分布值：

$$\sigma'''_{1j} = f_3(P_i, S_w, S_m - \Delta S_{m0}) \tag{2-255}$$

（7）在步骤7中，设定目标函数 $G = \sqrt{\sum_{j=1}^{N}(\sigma'_{1j} - \sigma'''_{1j})^2}$，并不断增大 k_m 的数值，求出目标函数 G 最小时所对应的中间辊弯辊力变化值 ΔS_m；

（8）在步骤8中，分别求出工作辊与中间辊弯辊力对轧制压力的传递系数：

$$k_{PS_{wi}} = \frac{\Delta P}{\Delta S_w} \tag{2-256}$$

$$k_{PS_{mi}} = \frac{\Delta P}{\Delta S_m} \tag{2-257}$$

式2-256和式2-257中，相关传递系数的下标 i 所对应的是 P_i。

2.6.3.4 弯辊力对张力的传递系数模型

弯辊力对张力的传递系数模型可以分成工作辊弯辊力对前张力的传递系数模型、工作辊弯辊力对后张力的传递系数模型、中间辊弯辊力对前张力的传递系数模型、中间辊弯辊力对后张力的传递系数模型，分别可以表示为：

$$k_{T_1S_w} = \frac{dT_1}{dS_w} \tag{2-258}$$

$$k_{T_0S_w} = \frac{dT_0}{dS_w} \tag{2-259}$$

$$k_{T_1S_m} = \frac{dT_1}{dS_m} \tag{2-260}$$

$$k_{T_0S_m} = \frac{dT_0}{dS_m} \tag{2-261}$$

式中 $k_{T_1S_w}$ ——工作辊弯辊力对前张力的传递系数；
$k_{T_0S_w}$ ——工作辊弯辊力对后张力的传递系数；
$k_{T_1S_m}$ ——中间辊弯辊力对前张力的传递系数；
$k_{T_0S_m}$ ——中间辊弯辊力对后张力的传递系数。

根据板形模型[6~22]可以知道，表征板形的带材前张力横向分布值与张力及弯辊力之间存在如下关系：

$$\sigma_{1j} = f_2(P, S_w, S_m, B, h, T_1, T_0, \Delta D_{wj}, \Delta D_{mj}, \Delta D_{bj}, \delta) \tag{2-262}$$

式中 S_w ——工作辊弯辊力，kN；
S_m ——中间辊弯辊力，kN；
B ——带材宽度，mm；
h ——带材厚度，mm；
T_1 ——平均前张力，kN；
T_0 ——平均后张力，kN；
ΔD_{wj} ——工作辊辊型分布值；
ΔD_{mj} ——中间辊辊型分布值；
ΔD_{bj} ——支撑辊辊型分布值；
δ ——中间辊窜动量，mm。

显然，根据式2-262可以知道，在带材规格、轧制压力、钢种、轧辊辊型、中间辊窜动量等相关参数不变的前提下，板形与张力及弯辊力之间是一一对应的关系，可以表示为：

$$\sigma_{1j} = f_4(T_1, T_0, S_w, S_m) \tag{2-263}$$

同样的，要求解弯辊力对张力的传递系数，也必须从等效板形入手，具体方法如图 2-36 所示。

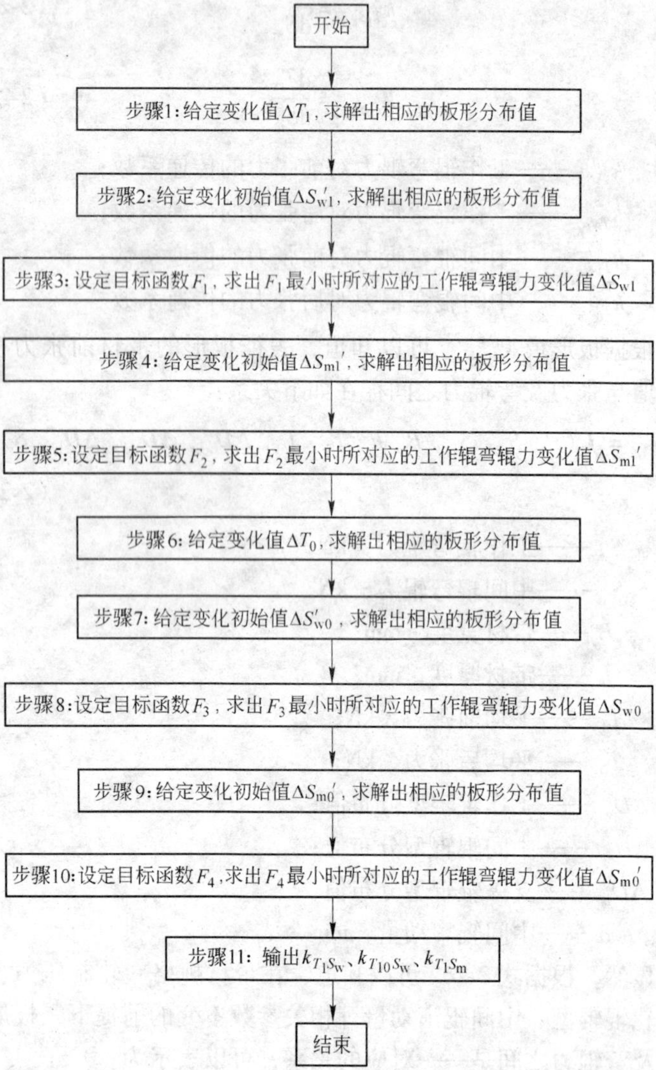

图 2-36　弯辊力对张力的传递系数计算框图

（1）在步骤1中，给定前张力的变化值 ΔT_1，利用板形模型求解出相应的前张力横向分布值：

$$\sigma_{1j1} = f_4(T_{1i} + \Delta T_1, T_2, S_w, S_m) \tag{2-264}$$

（2）在步骤2中，给定工作辊弯辊力的变化初始值 $\Delta S'_{w1}$，利用板形模型求解出相应的前张力横向分布值：

$$\sigma_{1j2} = f_4(T_{1i}, T_2, S_w + \Delta S'_{w1}, S_m) \tag{2-265}$$

（3）在步骤3中，设定目标函数 $F_1 = \sqrt{\sum_{j=1}^{N}(\sigma_{1j1} - \sigma_{1j2})^2}$，并不断搜索工作辊弯辊力的变化值，求出目标函数 F_1 最小时所对应的工作辊弯辊力变化值 ΔS_{w1}；

（4）在步骤4中，给定中间辊弯辊力的变化初始值 $\Delta S'_{m1}$，利用板形模型求解出相应的前张力横向分布值：

$$\sigma_{1j3} = f_4(T_{1i}, T_2, S_w, S_m + \Delta S'_{m1}) \tag{2-266}$$

（5）在步骤5中，设定目标函数 $F_2 = \sqrt{\sum_{j=1}^{N}(\sigma_{1j1} - \sigma_{1j3})^2}$，并不断搜索中间辊弯辊力的变化值，求出目标函数 F_2 最小时所对应的工作辊弯辊力变化值 ΔS_{m1}；

（6）在步骤6中，给定后张力的变化值 ΔT_0，利用板形模型求解出相应的前张力横向分布值：

$$\sigma_{1j4} = f_4(T_1, T_{0i} + \Delta T_0, S_w, S_m) \tag{2-267}$$

（7）在步骤7中，给定工作辊弯辊力的变化初始值 $\Delta S'_{w0}$，利用板形模型求解出相应的前张力横向分布值：

$$\sigma_{1j5} = f_4(T_1, T_2, S_w + \Delta S'_{w0}, S_m) \tag{2-268}$$

（8）在步骤8中，设定目标函数 $F_3 = \sqrt{\sum_{j=1}^{N}(\sigma_{1j4} - \sigma_{1j5})^2}$，并不断搜索工作辊弯辊力的变化值，求出目标函数 F_3 最小时所对应的工作辊弯辊力变化值 ΔS_{w0}；

（9）在步骤9中，给定中间辊弯辊力的变化初始值 $\Delta S'_{m0}$，利用板形模型求解出相应的前张力横向分布值：

$$\sigma_{1j6} = f_4(T_1, T_2, S_w, S_m + \Delta S'_{m0}) \tag{2-269}$$

(10) 在步骤 10 中，设定目标函数 $F_4 = \sqrt{\sum_{j=1}^{N}(\sigma_{1j4} - \sigma_{1j6})^2}$，并不断搜索中间辊弯辊力的变化值，求出目标函数 F_4 最小时所对应的工作辊弯辊力变化值 ΔS_{m0}；

(11) 在步骤 11 中，分别求出工作辊与中间辊弯辊力对前后张力的传递系数：

$$k_{T_1S_w} = \frac{\Delta T_1}{\Delta S_{w1}} \tag{2-270}$$

$$k_{T_0S_w} = \frac{\Delta T_0}{\Delta S_{w0}} \tag{2-271}$$

$$k_{T_1S_m} = \frac{\Delta T_1}{\Delta S_{m1}} \tag{2-272}$$

$$k_{T_0S_m} = \frac{\Delta T_0}{\Delta S_{m0}} \tag{2-273}$$

式 2-271 ~ 式 2-273 中，相关传递系数的下标 i 所对应的是 T_{1i}，T_{0i}。

2.6.4　模型在现场的应用

上述相关模型已经被应用于某 1800 热镀锌平整机以及凌钢 900 冷轧平整机，取得了良好的使用效果。其中，1800 热镀锌平整机延伸率的控制精度平均值达到 6% 的较高水平，大大超过了普通平整机 10% 的指标，控制精度的分布如图 2-37 所示。凌钢 900 平整机延伸率绝对波动偏差均控制在 ±0.1% 以内，满足了现场需求，典型产品延伸率控制情况见表 2-16。

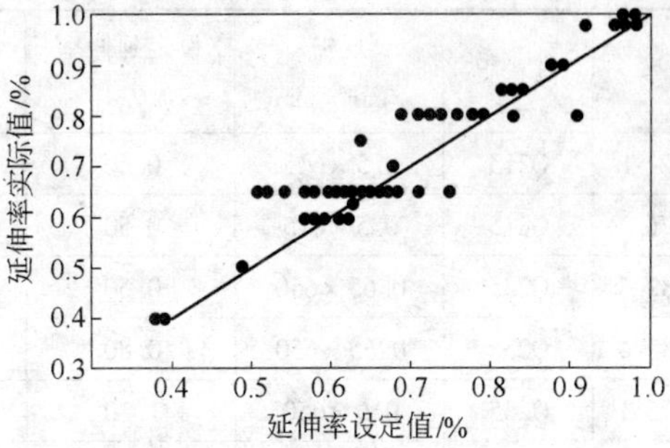

图 2-37　延伸率控制精度分布

表 2-16　延伸率偏差实际值

序号	钢卷号	材　质	规格 /mm × mm	设定延伸率 /%	延伸率最大偏差/%
1	L724124-3	195LD	1.18 × 660	1.60	±0.04
2	L661519-4	195LD	1.0 × 680	2.00	±0.05
3	L717937-5	195LD	1.0 × 645	1.50	±0.04
4	L644311-5	195LD	0.6 × 700	1.20	±0.08
5	L644383-3	195LD	0.6 × 700	0.80	±0.07
6	L644397-5	195LD	0.8 × 700	1.50	±0.06
7	L731736-4	195LD	0.6 × 660	0.80	±0.08
8	L644417-5	195LD	0.6 × 700	1.20	±0.08
9	L666862-5	195LD	0.7 × 710	1.60	±0.07
10	L644385-6	195LD	0.81 × 700	1.50	±0.06
11	L644419-1	195LD	0.5 × 700	1.00	±0.08
12	L666861-2	195LD	0.9 × 700	1.20	±0.06
13	L665373-4	195LD	0.9 × 745	1.20	±0.06
14	L640390-4	195LD	0.4 × 680	1.20	±0.08
15	L650655-6	195LD	0.4 × 515	1.20	±0.10
16	L661290-5	195LD	0.5 × 515	1.20	±0.07

续表 2-16

序号	钢卷号	材　质	规格 /mm × mm	设定延伸率 /%	延伸率最大偏差/%
17	L619721-1	Q215	0.5 × 615	0.60	±0.07
18	L660776-2	Q215	0.5 × 615	0.50	±0.08
19	L629282-6	Q235	0.65 × 650	0.50	±0.06
20	L629282-4	Q235	0.65 × 650	0.80	±0.07
21	L629275-3	Q235	0.6 × 650	1.20	±0.07
22	L629268-3	Q235	0.62 × 650	0.65	±0.08
23	L642130-5	Q235	1.8 × 610	2.50	±0.04
24	L656489-4	Q235BZ	1.95 × 680	2.50	±0.03
25	L656489-3	Q235BZ	1.95 × 680	2.50	±0.04

3 特定平整机组工艺数学模型

近年来，随着平整工艺的发展，平整机组的机型与布置形式也发生了很大的变化。就机型而言，有普通四辊机型、VC 机型、UCM 机型等。而从机架的布置形式来说，有双机架平整机，也有单机架平整机。对不同机型、不同布置形式的平整机组而言，除了第 2 章所介绍的基本平整工艺模型之外，还有一些与其机型及布置形式密切相关的特定工艺模型需要研究。实际上，即使同样机型的平整机组，所对应的产品大纲不一样，其采用的工艺数学模型也有其特殊的一面。因此，本章将结合生产实际，以普通四辊平整机、VC 机型平整机、UCM 机型平整机为重点，介绍不同机型、不同布置形式下相关平整机组的特定平整工艺数学模型。

3.1 四辊高强钢平整机辊径参数设计模型

传统技术一般采用经验类比原理对平整机辊径参数进行设计[61]，也就是根据数理统计方法对已经存在的平整机辊径参数进行统计分析，得出回归公式，然后以此公式为依据确定所需设计的平整机辊径参数。由于高强钢属于近年新开发的钢种，在此之前专业生产高强钢的平整机组几乎没有，因此采用传统的经验类比法来设计高强钢平整机的辊径参数根本行不通。因此，本节在充分考虑高强钢平整机生产工艺特点的基础上，以带材的出口前张力与辊间压力横向分布都均匀为目标函数，并把保证被平整的高强钢产品的力学性能（延伸率）作为约束函数，同时兼顾到板形与辊耗问题，提出了一套针对高强钢平整机的工作辊与支撑辊辊径参数设计模型[62,63]，并将其应用到某公司三热轧 1880 高强钢平整机的辊径设计，取得了良好的效果。

3.1.1　基本原理分析

根据简单的分析可以知道，由于被平整带材是在变形了的弹性体——轧辊的作用下生产出来的，轧辊的变形大小直接影响到最终产品的板形情况。虽然轧辊的变形包括弹性压扁和弹性弯曲两部分，但不管是弹性压扁还是弹性弯曲，其变形量与轧辊直径的大小密切相关，这就是说，平整机原始轧辊直径大小的选择影响平整过程中带材板形的分布。而且这种影响是固有的，生产过程中的一些板形控制手段，如液压弯辊、辊型优化设计等措施，仅仅是在此基础上对板形的改善。

同时，由于高强钢平整机的轧制压力相对较大，所以工作辊与支撑辊之间的接触应力也远大于普通平整机。如果平整过程中辊间接触应力分布出现较大的不均匀现象，工作辊辊耗将非常大，同时支撑辊也有可能出现啃肩、掉肉现象，将严重影响正常生产。而辊间接触应力的分布与原始轧辊直径的选择也是密切相关的。所以，高强钢平整机的辊径设计必须同时兼顾板形精度与辊耗两方面的因素。

最后，需要说明的是，在高强钢平整机的辊径设计过程中也需要考虑到最小可轧厚度的约束问题。但应该注意到，利用传统的最小可轧厚度公式[1,24]反推出来的辊径约束条件对高强钢平整机辊径参数的设计是没有意义的。其原因归纳起来有三点：(1) 几乎所有的最小可轧厚度公式都是针对轧机而言的，而高强钢平整机与普通冷轧机相比，延伸率非常小，其所平整的带材的强度又远远高于普通碳钢，在轧辊与带材的每一交界面的接触弧更具有平面性质，而非圆柱表面性质。同时，平整轧制时辊缝中的有效摩擦系数比通常的冷轧约要大 1 个数量级，因此需要一个迥然不同的轧制压力模型去描述高强钢的平整轧制过程，与此相对应的就是在普通冷轧轧制压力模型基础上推导出来的最小可轧厚度公式自然就不适用于高强钢平整机的辊径参数设计。(2) 传统的最小可轧厚度公式没有考虑到按最小厚度轧制时轧制压力的约束问题。因为实际生产中，任何一台轧机的最大许用轧制压力是有限的，而在极限可轧状态下轧制其轧制压力是非常大的。(3) 传统的最小可轧厚度公式没有考虑到生产效率问题。真正实用的最小可轧厚度应该是在保证一定轧制压下量前提下的最小可轧厚度。与此相对应，高强钢平整机在辊径设计过程中，必须以保证平整轧制压力在不超过轧机极限轧制压力前提下，所有规格产品的延伸率都能满足产品大纲要求为约束条件。

3.1.2 高强钢平整机辊径设计模型简介

首先假设被设计的高强钢平整机的生产大纲为：厚度范围为 $H_{\min}-H_{\max}$ (mm)，宽度范围为 $B_{\min}-B_{\max}$ (mm)，延伸率范围为 $\varepsilon_{\min}-\varepsilon_{\max}$ (%)，高强度钢的强度为 σ_{s0}，并且已知轧辊的辊身长为 L，平整机的设定最大轧制压力为 $P_{\max}$。

根据轧制理论可以知道，高强钢平整机的总轧制压力可以用式 3-1 所示的函数来表示：

$$P = f(D_w, B, H, \varepsilon, \sigma_s, T_1, T_0, \mu) \tag{3-1}$$

式中 P——总轧制压力，kN；

D_w——工作辊直径，mm；

B——带材宽度，mm；

H——带材的来料厚度，mm；

ε——平整延伸率，%；

σ_s——材料强度，MPa；

T_1——前张力，kN；

T_0——后张力，kN；

μ——摩擦系数。

在辊径设计过程中，可以令张力 $T_1 = T_2 = 0.2\sigma_{s0}$。同时根据平整机的特点，摩擦系数取 $\mu = 0.2$。最后根据生产大纲，并考虑到材料性能的波动，取材料强度 $\sigma_s = 1.1\sigma_{s0}$。式 3-1 就可以表示为：

$$P = f(D_w, B, H, \varepsilon) \tag{3-2}$$

根据相关文献[6~22]可以知道，在轧制过程中带材的前张力σ_{1i}、辊间压力q_i可以分别用式3-3和式3-4的函数表示：

$$\sigma_{1i} = f_1(H, \Delta H_i, P, L_i, B, T_0, T_1, S, D_w, \Delta D_{wi}, D_b, \Delta D_{bi}) \tag{3-3}$$

$$q_i = f_2(H, \Delta H_i, P, L_i, B, T_0, T_1, S, D_w, \Delta D_{wi}, D_b, \Delta D_{bi}) \tag{3-4}$$

式中 ΔH_i——带材来料的凸度横向分布值，mm；

L_i——来料板形的长度横向分布值，mm；

D_b——支撑辊直径，mm；

S——弯辊力，kN；

ΔD_{wi}——工作辊辊型分布；

ΔD_{bi}——支撑辊辊型分布。

在辊径设计过程中，带材来料的凸度ΔH_i的分布可以近似按二次曲线处理，比例凸度的大小根据经验可以取0.01；来料的板形认为是良好的，即取$L_i = 0$；同时，工作辊与支撑辊按平辊处理，即取$\Delta D_{wi} = 0$、$\Delta D_{bi} = 0$；弯辊力则取基态弯辊力，即令$S = 0$。式3-3和式3-4就可以表示为：

$$\sigma_{1i} = f_1(H, P, B, D_w, D_b) \tag{3-5}$$

$$q_i = f_2(H, P, B, D_w, D_b) \tag{3-6}$$

将式3-2代入式3-5和式3-6中，得：

$$\sigma_{1i} = f_3(H, \varepsilon, B, D_w, D_b) \tag{3-7}$$

$$q_i = f_4(H, \varepsilon, B, D_w, D_b) \tag{3-8}$$

为了方便辊径设计，根据产品大纲，可以将厚度按一定的规则分成m_1个代表值H_1、H_2、…、H_{m_1}，宽度按一定的规则分成m_2个代表值B_1、B_2、…、B_{m_2}，延伸率按一定的规则分成m_3个代表值ε_1、ε_2、…、ε_{m_3}。这实际上就将设计中的高强钢平整机所有规格产品在不同延伸率下的生产情况都涵盖在内了，一共是 $m_1m_2m_3$ 种情况，可以简单地用式 3-9 来表示：

$$C_n = \{H_i, B_j, \varepsilon_k\} \quad i = 1,2,\cdots,m_1;\ j = 1,2,\cdots,m_2;\ k = 1,2,\cdots,m_3$$

$$n = 1,2,\cdots,m_1m_2m_3 \tag{3-9}$$

式中 n——生产情况的总类数。

显然，对于任何一个特定的平整轧制情况 C_n，经过简单分析可以知道，在其他参数按上面介绍的规则设定时，其前张力 σ_{1i}、辊间压力 q_i 就决定于工作辊的直径 D_w 与支撑辊的直径 D_b，并可以进一步表示为：

$$\sigma_{1in} = f_3(D_w, D_b, C_n) \tag{3-10}$$

$$q_{in} = f_4(D_w, D_b, C_n) \tag{3-11}$$

对单一规格而言，为了使平整过程顺利进行，在产品满足力学性能约束的前提下要兼顾板形与辊耗问题，可以将辊径设计的目标函数简单定义为：

$$\begin{cases} F(X) = \alpha g_1(X, C_n) + (1-\alpha) g_2(X, C_n) \\ P_n(\varepsilon_{min}, D_w + 5\% D_w) \leqslant P_{max} \end{cases} \tag{3-12}$$

式中 $g_1(X)$——板形指标；

$g_2(X)$——辊间压力的横向分布均匀度指标；

α——加权系数。

$$X = \{D_w, D_b\} \tag{3-13}$$

$$g_1(X, C_n) = [\max(\sigma_{1in}) - \min(\sigma_{1in})]/T_1 \tag{3-14}$$

$$g_2(X, C_n) = [\max(q_{in}) - \min(q_{in})]/\bar{q} \tag{3-15}$$

式中 $\bar{q}$——平均辊间压力，kN。

在约束条件中，之所以取 $D_w = D_w + 5\% D_w$，是考虑到工作辊的重车率。

因此，整个优化过程可以简单的描述为：寻找一个合适 $X = \{D_w, D_b\}$，使得 $F(X)$ 最小。这个问题采用 Powell 法很快就可以得出相应的优化结果。

应该说明的是，单一平整过程 C_n 的优化结果对实际的平整机辊径设计是没有任何指导价值的，因为在实际生产过程中不可能为每一轧制过程都设计一套轧辊。因此，真正有实际意义的辊径优化设计方案，是通过给定一个合适工作辊与支撑辊辊径，使得轧辊在轧制所有规格的产品（在实际生产中，一般选择经常生产的 m 个规格的产品来进行优化，而且应该根据其出现概率进行加权，越是经常生产的产品，加权系数取得越大）时，板形都很好，而且辊间压力都很均匀。此时，设计的目标函数应该用式 3-16 来表示，计算框图如图 3-1 所示。

$$\begin{cases} F(X) = \sum_{n=1}^{m}\sqrt{\left(F_n(X) - \frac{1}{m}\sum_{n=1}^{m}F_n(X)\right)^2} + (1 - A_0) \times \frac{1}{m}\sum_{n=1}^{m}F_n(X) \\ P_n(\varepsilon_{\min}) \leqslant P_{\max},\ n = 1,2,\cdots,m \end{cases} \tag{3-16}$$

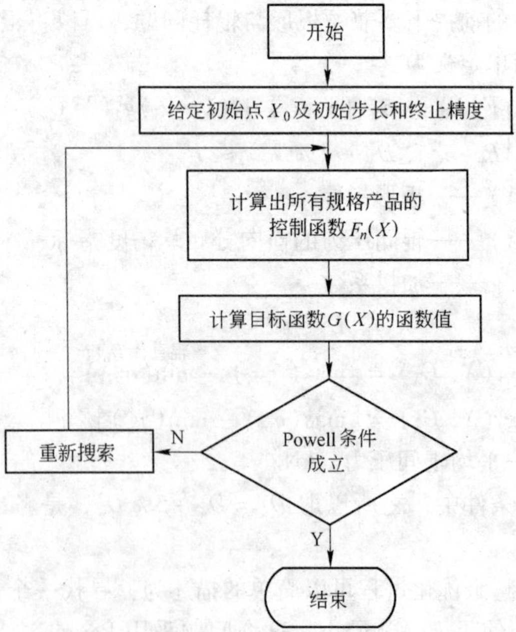

图 3-1　计算框图

式中 A_0——加权系数。

框图中初始点 X_0 的值可以根据文献［43］按以下近似关系来确定：

$$D_{b0} = (0.6 - 0.8)L \tag{3-17}$$

$$D_{w0} = (0.286 - 0.4)D_b \tag{3-18}$$

3.1.3 模型的实际应用

国内某钢铁公司热轧厂为确定某高强钢平整机的主要辊系参数，根据产品大纲（见表3-1）的要求，利用3.1.2节中所介绍的相关数学模型，对该平整机的主要辊径参数进行了推算，并将所得结果（见表3-2）直接应用到高强钢平整机的辊径设计中，取得了良好的效果。

表3-1 某高强钢平整机产品大纲

参数名称	数 值	参数名称	数 值
辊身长 L/mm	1880	延伸率范围 ε/%	0.5～1.5
带材宽度范围 B/mm	800～1730	产品强度 σ_s/MPa	800
带材厚度范围 H/mm	1.2～6.35	轧制速度 v/m·min^{-1}	500～600

表3-2 某高强钢平整机辊径设计结果

参数名称	数 值	参数名称	数 值
工作辊直径 D_w/mm	460～510	支撑辊直径 D_b/mm	1050～1150

3.2 VC辊平整机核心工艺数学模型

在平整轧制过程中，要控制带材的平直度和厚度精度，其关键就在于对轧制时所产生的轧辊挠度给予正确补偿。通常，人们借助于轧辊原始的辊凸度和弯辊系统来补偿轧辊挠度，但是实践证明，这些控制方法的效果往往是有限的。为了进一步提高平整机组对板形的控制能力，国内外涌现出大量的以控制板形质量为目的的新型轧制设备，日本住友金属工业株式会社研制的凸度可变式轧辊系统（variable crown roll system，简称 VC 轧辊）即液压胀形轧辊系统就是其中的一种，并已在日本的和歌山钢厂、鹿岛钢厂以及中国的宝山钢铁集团公司等成功应用于工业生产，在控制带材的板形方面取得了良好的效果。为了给国内 VC 辊的设计和研制提供必要的理论基础和相关资料，本节将对该机型的平整机工艺模型进行详细介绍。

3.2.1　VC 辊在不同油压下的凸度分析

3.2.1.1　引言

近年来，国内外许多学者就可变凸度轧辊（即 VC 辊）在不同油压下的凸度问题进行了许多研究，但尚未发现一个实用的解析方法见诸于文献，几乎所有研究者都是采用有限元法来进行近似求解[64,65]。然而，由于有限元法计算量过大，运算时间比较长，所以只能用于离线分析，不能应用到在线控制。为了解决这个矛盾，实现 VC 辊凸度在线精确控制，经过大量的分析与研究，著者提出了一套简单的解析方法，推导出了一个实用的计算 VC 辊在不同油压下凸度的公式[66]，并将其应用于分析某公司 1550CAL 平整机的 VC 辊，发现所得计算结果与实测数据吻合很好。

3.2.1.2　VC 辊结构简介

VC 辊由芯轴和套筒两部分组成，在芯轴与套筒之间有一个环形的油腔，如图 3-2 所示。套筒两端紧密地热装在芯轴上，以便使其在承受轧制力和力矩的同时能够耐高压密封。液压动力装

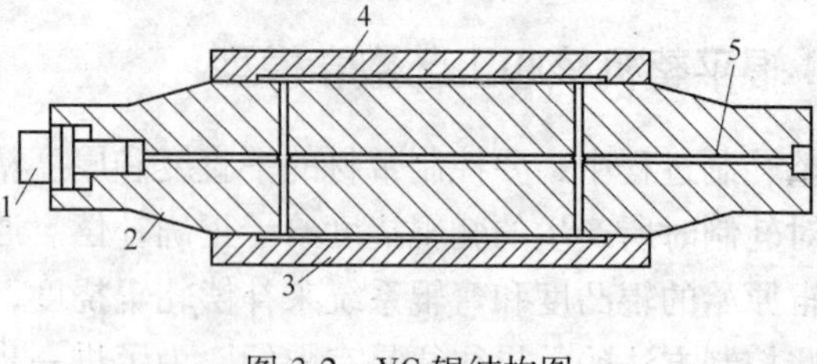

图 3-2　VC 辊结构图

1—旋转接头；2—芯轴；3—套筒；4—油腔；5—孔道

置经旋转接头通过芯轴中心的油孔将高压油注入油腔中，使套筒膨胀。当油压连续变化时，就会在辊面上获得连续的凸度变化。从而，可以根据需要选择不同的油压，获得不同的辊凸度来补偿轧辊的挠度，实现板形控制。

3.2.1.3 有关求解空载下 VC 辊凸度的解析方法

经过简单分析可以知道，VC 辊与弹性力学上理想的两端封闭的厚壁筒的主要区别在于：前者在轴向上是有限长的，因而必须考虑所谓的“筒底效应”；而后者在轴向上是无限长的（或者是足够长的），可以忽略“筒底效应”，即认为其在有限长度内凸度为 0。因此，要准确分析 VC 辊液压涨形后的凸度情况，就必须充分考虑其“筒底效应”（其实，VC 辊正是利用这个“筒底效应”来产生凸度从而进行工作的）。但是如果采用弹性力学的方法来直接分析这个“筒底效应”，那么该问题就成为弹性力学上的一个普通的三维空间力学问题，解析过程极其复杂，而且国内外没有任何这方面的文献资料可供参考，这也是国内外大多数学者采用有限元法分析此问题的主要原因之一。然而，如果换一个角度，将 VC 辊看成是一个由普通的弹性力学意义上的厚壁筒在距其中部 l（l 为 VC 辊油腔的半宽）处沿四周均匀地施加一个特定的力和力矩，使得该厚壁筒在距其中部 l 处筒壁转角为 0、挠度为 f（f 的大小等于厚壁筒外壁的位移）而得到。这样就巧妙地避开了直接求解“筒底效应”，问题就迎刃而解了。

根据上述理论分析，同时考虑到套筒的轴向对称性与周向对称性，不妨沿轴向取一条元并按悬臂梁模式来进行分析，如图 3-3 所示。

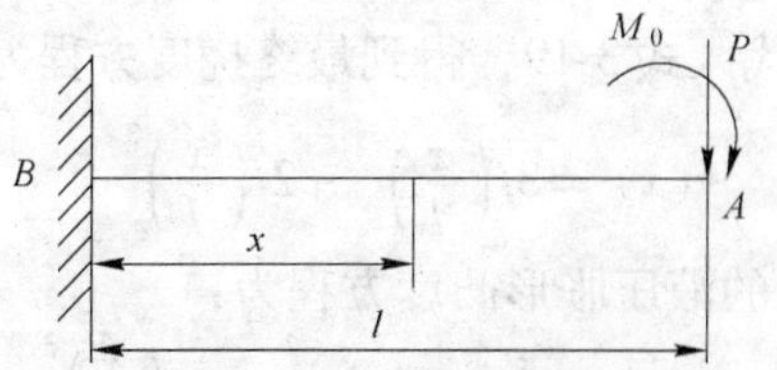

图 3-3 条元简化悬臂梁图

根据材料力学[67]知识可知，悬臂梁挠度（如图 3-3 所示）为：

$$y(x) = \frac{Pl^3}{6EI}\left(\frac{x}{l}\right)^2\left(3 - \frac{x}{l}\right) + \frac{M_0 l^2}{2EI}\left(\frac{x}{l}\right)^2 \tag{3-19}$$

在 A 点，挠度为：

$$y_A = \frac{Pl^3}{3EI} + \frac{M_0 l^2}{2EI} \tag{3-20}$$

转角为：

$$\theta_A = -\frac{Pl^2}{2EI} - \frac{M_0 l}{EI} \tag{3-21}$$

根据边界条件，有：

$$\begin{cases} \theta_A = 0 \\ y_A = f \end{cases} \tag{3-22}$$

将式 3-20 和式 3-21 代入式 3-22，得：

$$\begin{cases} -\dfrac{Pl^2}{2EI} - \dfrac{M_0 l}{EI} = 0 \\ \dfrac{Pl^3}{3EI} + \dfrac{M_0 l^2}{2EI} = f \end{cases} \tag{3-23}$$

解方程式 3-23，得：

$$\begin{cases} P = \dfrac{12EIf}{l^3} \\ M_0 = -\dfrac{6EI}{l^2}f \end{cases} \tag{3-24}$$

将式 3-24 代入式 3-19，得到最终挠度方程为：

$$y(x) = 3f\left(\frac{x}{l}\right)^2 - 2f\left(\frac{x}{l}\right)^3 \tag{3-25}$$

所以 VC 辊的液压胀形凸度方程为：

$$f(x) = f - 3f\left(\frac{x}{l}\right)^2 + 2f\left(\frac{x}{l}\right)^3 \tag{3-26}$$

现在，剩下的问题就是如何来求解中间凸度 f 了。

根据弹性力学[44]有关公式，可知承受均匀内压且两端封闭的厚壁筒，其位移函数为：

$$u = \frac{pr_1^2}{E(r_2^2 - r_1^2)}\left[\frac{(1+\nu)r_2^2}{r} + (1-2\nu)r\right] \tag{3-27}$$

引用式 3-27 的有关结论,得:

$$f = \frac{pr_1^2}{E(r_2^2 - r_1^2)}(2-\nu)r_2 \tag{3-28}$$

式中 p——VC 辊油腔压力，MPa；

r_1——VC 辊套筒内半径，mm；

r_2——VC 辊套筒外半径，mm；

E——VC 辊套筒的弹性模量，对钢材而言，$E = 2.1 \times 10^{11}$ MPa；

ν——VC 辊套筒的泊松比，对钢材而言，$\nu = 0.3$。

将式 3-28 代入式 3-26，得：

$$f(x) = \frac{(2-\nu)r_2 r_1^2 p}{E(r_2^2 - r_1^2)}\left[1 - 3\left(\frac{x}{l}\right)^2 + 2\left(\frac{x}{l}\right)^3\right] \tag{3-29}$$

式 3-29 就是理想状态下 VC 辊在不同压力下的凸度方程。但是，在实际中，由于 VC 辊套筒边部与轧辊芯轴过盈量比较大，这样就有可能在距套筒边部一段距离（设其为 δ）处转角已经为 0。所以就必须根据过盈量的大小对有效壁宽进行一个小小的修正，即以 $l-\delta$ 来代替 l。同时，考虑到 VC 辊套筒与芯轴配合处三维因素的影响，实际的 f 值（即相对位移值）也应该小于理论值，因而在实际计算时应该将 f 值乘上一个修正系数 k_s。最后得出一个工程上实用的 VC 辊凸度方程：

$$f(x) = k_s\frac{(2-\nu)r_2 r_1^2 p}{E(r_2^2 - r_1^2)}\left[1 - 3\left(\frac{x}{l-\delta}\right)^2 + 2\left(\frac{x}{l-\delta}\right)^3\right] \tag{3-30}$$

式中 δ——由过盈量来确定，一般取 80 ~ 100mm；

k_s——与油腔长度及油压有关，但对油压的变化非常不敏感，一般取 0.87～0.9，可由实验获得。

3.2.1.4　模型在实际中的应用

为了考察式 3-30 的准确性，以某公司 1550CAL 平整机为例。有关计算参数为：r_1 = 473mm；r_2 = 700mm；l = 700mm；δ = 90mm；k_s 在油压为 49MPa 时取 0.87，其他情况下都取 0.9。理论计算结果与实测结果如图 3-4 所示。

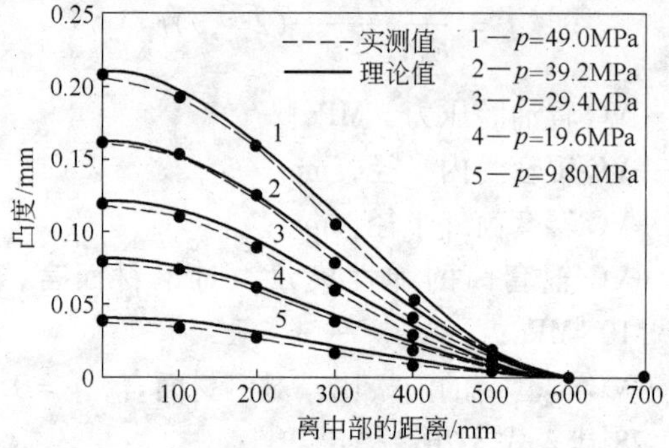

图 3-4　理论计算值与实测值对比图

通过计算结果与现场实测数据对比，发现两者误差小于 3%。因而得出式 3-30 是可信的。同时，仔细分析式 3-30 可以看出，随着套筒的磨损，即 r_2 的减小，在相同油压下，凸度会增大，所以在生产中应该充分考虑这一点。

3.2.2　VC 辊在辊间压力作用下套筒塌陷位移的工程计算方法

3.2.2.1　引言

与普通四辊轧机相比，由于 VC 辊在芯轴与套筒之间存在一空腔，所以在轧制过程中，当受到辊间压力作用时，套筒除了产生一个整体的挠度之外（与普通实心轧辊类似），还将在受力区域产生一个塌陷位移。国内尚无文献涉及塌陷位移的求解方法，而国外一直将其作为一项技术秘密，尚未公开。基于此，本节采用经典弹性力学理论，推导出了一套求解套筒塌陷位移的工程计算方法[4]。

3.2.2.2 有关解析过程

由于在轧制过程中，辊间压力的分布并非常量，而是一个变量。所以在分析时，可以采用分段离散法，将辊间压力 $q(y)$ 分成 n 段，每段 $\Delta y=\frac{b}{n}$，段内压力用集中力 q_j 代替。这样先求出在任一集中力 q_j 作用下套筒的塌陷位移，然后再采用弹性力学中的叠加原理，求出在整个辊间压力 $q(y)$ 作用下套筒的塌陷位移。

为了求解在集中力作用下套筒的塌陷位移，可以将套筒沿中部展开，如图 3-5 所示。图 3-5 中，$a=\frac{\pi(r_1+r_2)}{2}=1.84162$（$r_1$，$r_2$ 分别为套筒的内外半径，对 1550CAL 平整机而言，$r_1=0.473$，$r_2=0.7$），$b=l=1.4$（l 为 VC 辊油腔宽度），$h=0.227$（h 为套筒壁厚）。显然，$\frac{b}{h}=6.62>5$，完全满足薄板条件。因此，问题就转化为求解四边固支的薄板在集中载荷作用下的位移问题。此问题本节拟采用李兹法[44]予以解决。

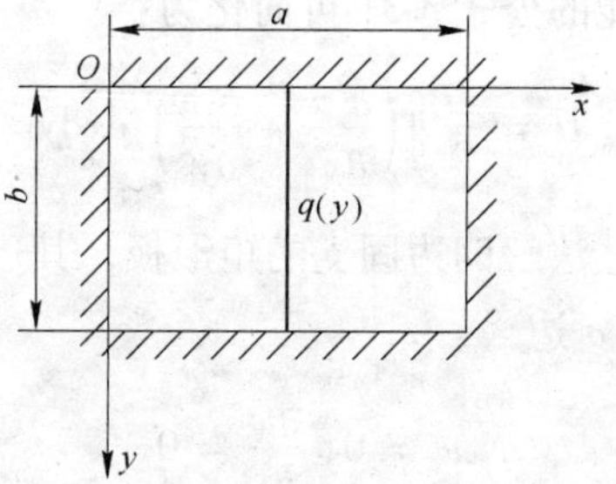

图 3-5 套筒展开图

首先，根据弹性力学的有关知识，给出弹性薄板的弯曲应变能公式：

$$U = \frac{D}{2}\iint\left\{\left(\frac{\partial^2 w}{\partial x^2} + \frac{\partial^2 w}{\partial y^2}\right)^2 - \right.$$

$$\left. 2(1-\mu)\left[\frac{\partial^2 w}{\partial x^2}\cdot\frac{\partial^2 w}{\partial y^2} - \left(\frac{\partial^2 w}{\partial x \partial y}\right)^2\right]\right\}\mathrm{d}x\mathrm{d}y \qquad (3\text{-}31)$$

当周边为固支或简支的矩形板时，式 3-31 可以简化。注意到：

$$\iint \frac{\partial^2 w}{\partial x \partial y}\cdot\frac{\partial^2 w}{\partial x \partial y}\mathrm{d}x\mathrm{d}y = -\int \frac{\partial^2 w}{\partial x \partial y}\cdot\frac{\partial w}{\partial x}\mathrm{d}x - \iint \frac{\partial w}{\partial x}\cdot\frac{\partial^2 w}{\partial x \partial y^2}\mathrm{d}x\mathrm{d}y$$

$$= -\int \frac{\partial^2 w}{\partial x^2}\cdot\frac{\partial w}{\partial x}\mathrm{d}x - \int \frac{\partial w}{\partial x}\cdot\frac{\partial^2 w}{\partial y^2}\mathrm{d}y +$$

$$\iint \frac{\partial^2 w}{\partial x^2}\cdot\frac{\partial^2 w}{\partial y^2}\mathrm{d}x\mathrm{d}y \qquad (3\text{-}32)$$

对于周边固支的矩形板，因为$\frac{\partial w}{\partial n} = \frac{\partial w}{\partial s} = 0$，所以$\frac{\partial w}{\partial x} = \frac{\partial w}{\partial y} = 0$，因此式 3-32 右边的前两项等于零，于是可得：

$$\iint\left[\frac{\partial^2 w}{\partial x^2}\cdot\frac{\partial^2 w}{\partial y^2} - \left(\frac{\partial^2 w}{\partial x \partial y}\right)^2\right]\mathrm{d}x\mathrm{d}y = 0 \qquad (3\text{-}33)$$

板弯曲应变能的公式 3-31 可简化为：

$$U = \frac{D}{2}\iint\left(\frac{\partial^2 w}{\partial x^2} + \frac{\partial^2 w}{\partial y^2}\right)^2\mathrm{d}x\mathrm{d}y \qquad (3\text{-}34)$$

现在采用李兹法解四边固支的矩形板，其边界条件为：

在 $x=0$，$x=a$ 边

$$w = 0,\ \frac{\partial w}{\partial x} = 0 \qquad (3\text{-}35)$$

在 $y = 0, y = b$ 边

$$w = 0,\ \frac{\partial w}{\partial y} = 0 \qquad (3\text{-}36)$$

假设采用下列形式的挠曲面函数：

$$w = \sum_{m=1}^{\infty}\sum_{n=1}^{\infty} A_{mn}\left(1 - \cos\frac{2m\pi x}{a}\right)\left(1 - \cos\frac{2n\pi y}{b}\right) \quad (3\text{-}37)$$

式3-37满足边界条件式3-35和式3-36。现在采用最小势能原理来确定参数A_{mn}。将式3-37代入式3-34，得：

$$U = \frac{D}{2}\int_0^a\int_0^b \left\{ \sum_{m=1}^{\infty}\sum_{n=1}^{\infty} 4\pi^2 A_{mn} \times \left[\frac{m^2}{a^2}\cos\frac{2m\pi x}{a}\left(1 - \cos\frac{2n\pi y}{b}\right) + \frac{n^2}{b^2}\cos\frac{2n\pi y}{b}\left(1 - \cos\frac{2m\pi x}{a}\right)\right]\right\}^2 \mathrm{d}x\mathrm{d}y$$

$$= 2D\pi^4 ab\left\{ \sum_{m=1}^{\infty}\sum_{n=1}^{\infty}\left[3\left(\frac{m^4}{a^4}\right) + 3\left(\frac{n^4}{b^4}\right) + 2\left(\frac{m^2}{a^2}\right)\left(\frac{n^2}{b^2}\right)\right]A_{mn}^2 + \sum_{m=1}^{\infty}\sum_{\substack{r=1\\ r\neq s}}^{\infty}\sum_{\substack{s=1\\ s\neq r}}^{\infty} 2\left(\frac{m^4}{a^4}\right)A_{mr}A_{ms} + \sum_{\substack{r=1\\ r\neq s}}^{\infty}\sum_{\substack{s=1\\ s\neq r}}^{\infty}\sum_{n=1}^{\infty} 2\left(\frac{n^4}{b^4}\right)A_{rn}A_{sn}\right\} \quad (3\text{-}38)$$

当板在（$x = x_1$，$y = y_1$）点处作用集中单位压力（即$P = 1$）时，集中力所做的功为：

$$L = P(w)_{x=x_1, y=y_1}$$

$$= \sum_{m=1}^{\infty}\sum_{n=1}^{\infty} A_{mn}\left(1 - \cos\frac{2m\pi x_1}{a}\right)\left(1 - \cos\frac{2n\pi y_1}{b}\right) \quad (3\text{-}39)$$

势能

$$\Pi = U - L \quad (3\text{-}40)$$

应用最小势能原理的极值条件$\frac{\partial \Pi}{\partial A_{mn}} = 0$，可得：

$$4D\pi^4 ab\left\{\left[3\left(\frac{m^4}{a^4}\right) + 3\left(\frac{n^4}{b^4}\right) + 2\left(\frac{m^2}{a^2}\right)\left(\frac{n^2}{b^2}\right)\right]A_{mn} + \sum_{\substack{r=1\\ (r=n\text{除外})}}^{\infty} 2\left(\frac{m^4}{a^4}\right)A_{mr} + \sum_{\substack{r=1\\ (r=n\text{除外})}}^{\infty} 2\left(\frac{n^4}{b^4}\right)A_{rn}\right\} - \left(1 - \cos\frac{2m\pi x_1}{a}\right)\left(1 - \cos\frac{2n\pi y_1}{b}\right) = 0 \quad (3\text{-}41)$$

式中 D——板的抗弯刚度。

$$D=\frac{Eh^3}{12(1-\nu^2)}$$

显然，对所要研究的特定问题而言：$x_1=\frac{a}{2}$，如果取参数A_{11}、A_{12}、A_{21}、A_{22}、A_{13}、A_{31}、A_{33}，则方程式3-41变为：

$$\left[3+3\left(\frac{a}{b}\right)^4+2\left(\frac{a}{b}\right)^2\right]A_{11}+2A_{12}+2\left(\frac{a}{b}\right)^4A_{21}+2A_{13}+2\left(\frac{a}{b}\right)^4A_{31}$$

$$=\frac{\left(1-\cos\frac{2\pi y_1}{b}\right)a^3}{2\pi^4 Db} \tag{3-42}$$

$$2A_{11}+\left[3+48\left(\frac{a}{b}\right)^4+8\left(\frac{a}{b}\right)^2\right]A_{12}+2A_{13}+32\left(\frac{a}{b}\right)^4A_{22}$$

$$=\frac{\left(1-\cos\frac{4\pi y_1}{b}\right)a^3}{2\pi^4 Db} \tag{3-43}$$

$$2\left(\frac{a}{b}\right)^4A_{11}+\left[48+3\left(\frac{a}{b}\right)^4+8\left(\frac{a}{b}\right)^2\right]A_{21}+2\left(\frac{a}{b}\right)^4A_{31}+32A_{22}=0 \tag{3-44}$$

$$32A_{21}+16\left[3+3\left(\frac{a}{b}\right)^4+2\left(\frac{a}{b}\right)^2\right]A_{22}+32\left(\frac{a}{b}\right)^4A_{12}=0 \tag{3-45}$$

$$2A_{11}+2A_{12}+\left[3+243\left(\frac{a}{b}\right)^4+18\left(\frac{a}{b}\right)^2\right]A_{13}+162\left(\frac{a}{b}\right)^4A_{33}$$

$$=\frac{\left(1-\cos\frac{6\pi y_1}{b}\right)a^3}{2\pi^4 Db} \tag{3-46}$$

$$2\left(\frac{a}{b}\right)^4A_{11}+2\left(\frac{a}{b}\right)^4A_{21}+\left[243+3\left(\frac{a}{b}\right)^4+18\left(\frac{a}{b}\right)^2\right]A_{31}+162A_{33}$$

$$=\frac{\left(1-\cos\frac{2\pi y_1}{b}\right)a^3}{2\pi^4 Db} \tag{3-47}$$

$$162\left(\frac{a}{b}\right)^4 A_{13} + 162A_{31} + 81\left[3 + 3\left(\frac{a}{b}\right)^4 + 2\left(\frac{a}{b}\right)^2\right]A_{33}$$

$$= \frac{\left(1 - \cos\frac{6\pi y_1}{b}\right)a^3}{2\pi^4 Db} \tag{3-48}$$

联立式3-42～式3-48，求解可得A_{11}、A_{12}、A_{21}、A_{22}、A_{13}、A_{31}、A_{33}的值。

最终，在集中力作用下，薄板在$x = \frac{a}{2}$这条线上的位移为：

$$\begin{aligned} w_{x=\frac{a}{2}} &= \sum_{m=1}^{3}\sum_{n=1}^{3} A_{mn}(1 - \cos m\pi)\left(1 - \cos\frac{2n\pi y}{b}\right) \\ &= 2\left(1 - \cos\frac{2\pi y}{b}\right)A_{11} + 2\left(1 - \cos\frac{4\pi y}{b}\right)A_{12} + \\ &\quad 2\left(1 - \cos\frac{6\pi y}{b}\right)A_{13} + 2\left(1 - \cos\frac{2\pi y}{b}\right)A_{31} + \\ &\quad 2\left(1 - \cos\frac{6\pi y}{b}\right)A_{33} \end{aligned} \tag{3-49}$$

简言之，位移w可以表示为：

$$w = w(y_1, y) \tag{3-50}$$

所以，对套筒而言，第i段的塌陷位移可表示为：

$$f_i = \sum_{j=1}^{n} a_{bij} q_j \tag{3-51}$$

式中 a_{bij}——j段载荷引起i段位移的影响函数，它是$y = \left(i - \frac{1}{2}\right)\Delta y$和$y' = \left(j - \frac{1}{2}\right)\Delta y$的函数：

$$s_{ij} = w(y', y) \tag{3-52}$$

3.2.3 VC辊平整机辊系弹性变形模型研究

VC轧机的辊系弹性变形模型与普通四辊轧机相比，既有其共性的一面，更具有其特殊性。只有建立一个精确VC轧机辊系弹性变形模型才能准确地预测带材轧后的断面形状及板形，从而确定出最佳的工艺参数，寻求出改善板形的途径。

3.2.3.1　VC 辊平整机辊系结构简介

典型的 VC 辊平整机辊系结构异于其他普通四辊轧机的地方除了支撑辊采用 VC 辊之外，还在于该轧机的弯辊系统采用工作辊内外弯辊，如图 3-6 所示。

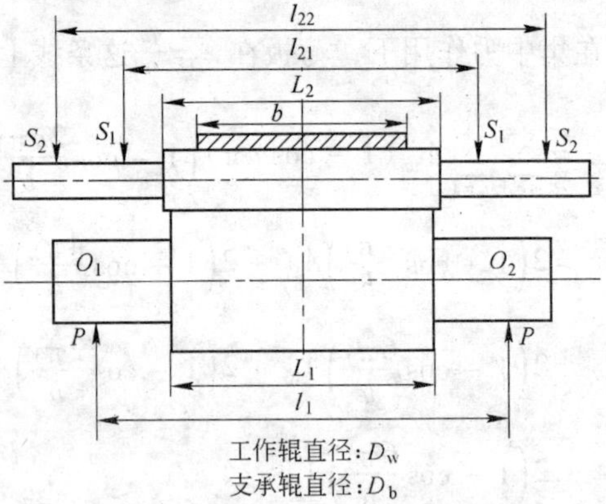

图 3-6　典型 VC 辊平整机辊系结构及受力图

3.2.3.2　支撑辊（VC 辊）的挠度计算

根据 VC 辊结构的特殊性，不妨将其分成两部分进行考虑。

先考虑芯轴，由于套筒与芯轴热装在一起，在端部有一定的过盈量，显然，在轧制过程中，套筒的端部与芯轴不但不分离，而且能够传递一定的扭矩，所以可按图 3-7 来分析芯轴（即将套

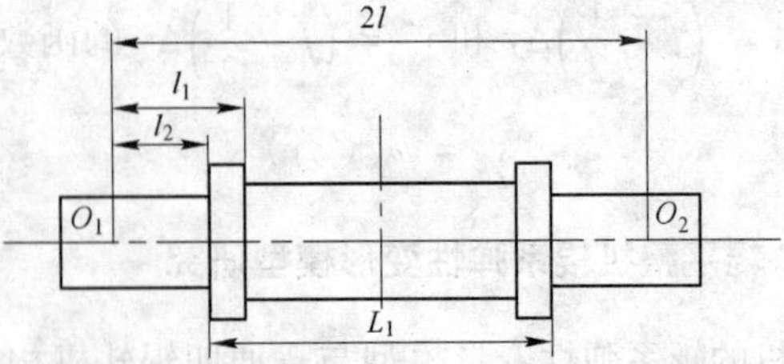

图 3-7　等效芯轴图

筒端部与芯轴看为一体)。

如图 3-8 所示，根据对称性，采用悬臂梁模式，画出其受力分析图。运用材料力学的叠加原理，将图 3-8 总图拆分成图 3-8(a)、图 3-8(b)、图 3-8(c)和图 3-8(d)分别进行求解。

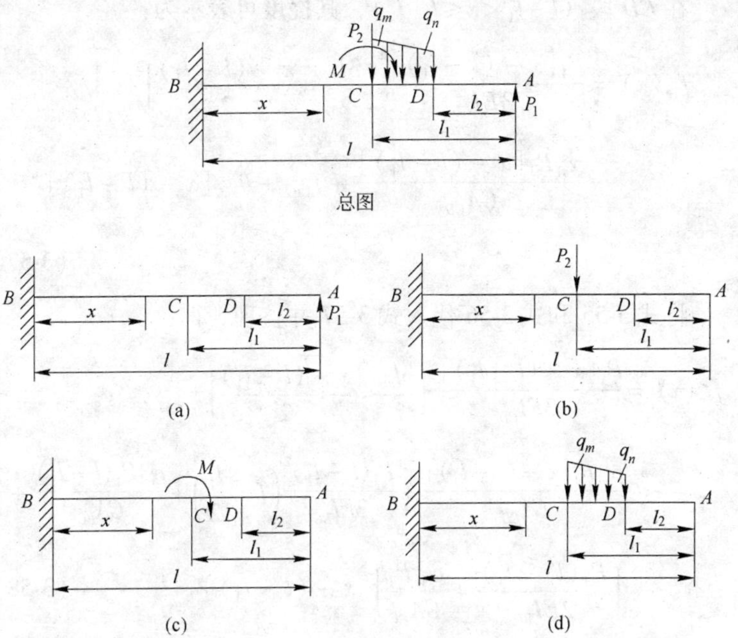

图 3-8　芯轴受力分析图

对于图 3-8(a)，查材料力学手册可知，在 BC 段 ($0 \leqslant x \leqslant l - l_1$)，其挠度和转角可分别表示为：

$$f_{1a}(x) = \frac{P_1 x^2}{3EI_{BC}}\left(\frac{3l}{2} - \frac{x}{2}\right) + \frac{\alpha_{s1} P_1 x}{GA_{BC}} \tag{3-53}$$

$$\theta_{1a}(x) = -\frac{P_1 x^2}{2EI_{BC}} + \frac{P_1 l x}{EI_{BC}} + \frac{\alpha_{s1} P_1}{GA_{BC}} \tag{3-54}$$

C 点的挠度和转角分别为：

$$f_{1aC}=\frac{P_1(l-l_1)^2}{3EI_{BC}}\left(l+\frac{l_1}{2}\right)+\frac{\alpha_{s1}P_1(l-l_1)}{GA_{BC}} \tag{3-55}$$

$$\theta_{1aC}=\frac{P_1(l^2-l_1^2)}{2EI_{BC}}+\frac{\alpha_{s1}P_1}{GA_{BC}} \tag{3-56}$$

在 CD 段（$l-l_1<x\leqslant l-l_2$），其挠度可表示为：

$$f_{1a}(x)=\frac{P_1[x-(l-l_1)]^2}{3EI_{CD}}\left[\frac{3l_1}{2}-\frac{x-(l-l_1)}{2}\right]+\frac{\alpha_{s1}P_1[x-(l-l_1)]}{GA_{CD}}+f_{1aC}+\theta_{1aC}[x-(l-l_1)] \tag{3-57}$$

将式 3-55 和式 3-56 代入式 3-57 并整理，得：

$$f_{1a}(x)=\frac{P_1[x-(l-l_1)]^2}{3EI_{CD}}\left[\frac{3l_1}{2}-\frac{x-(l-l_1)}{2}\right]+\frac{\alpha_{s1}P_1[x-(l-l_1)]}{GA_{CD}}+\frac{P_1(l-l_1)^2}{3EI_{BC}}\left(l+\frac{l_1}{2}\right)+\frac{\alpha_{s1}P_1(l-l_1)}{GA_{BC}}+\left[\frac{P_1(l^2-l_1^2)}{2EI_{BC}}+\frac{\alpha_{s1}P_1}{GA_{BC}}\right][x-(l-l_1)] \tag{3-58}$$

若采用分段离散法，设 a_{1P1i} 为影响函数，则 a_{1P1i} 可表示为：

$$a_{1P1i}=\begin{cases}\dfrac{x^2}{3EI_{BC}}\left(\dfrac{3l}{2}-\dfrac{x}{2}\right)+\dfrac{\alpha_{s1}x}{GA_{BC}}, & 0\leqslant x\leqslant l-l_1\\ \dfrac{[x-(l-l_1)]^2}{3EI_{CD}}\left[\dfrac{3l_1}{2}-\dfrac{x-(l-l_1)}{2}\right]+\dfrac{\alpha_{s1}[x-(l-l_1)]}{GA_{CD}}+\\ \dfrac{(l-l_1)^2}{3EI_{BC}}\left(l+\dfrac{l_1}{2}\right)+\dfrac{\alpha_{s1}(l-l_1)}{GA_{BC}}+\left[\dfrac{(l^2-l_1^2)}{2EI_{BC}}+\dfrac{\alpha_{s1}}{GA_{BC}}\right]\times\\ [x-(l-l_1)], & l-l_1<x\leqslant l-l_2\end{cases} \tag{3-59}$$

于是有

$$f_{1ai} = a_{1P1i} P_1 \tag{3-60}$$

同时令

$$A_{1P1} = \frac{(l - l_1)^2}{3EI_{BC}}\left(l + \frac{l_1}{2}\right) + \frac{\alpha_{s1}(l - l_1)}{GA_{BC}} \tag{3-61}$$

式3-55就变为：

$$f_{1aC} = A_{1P1} P_1 \tag{3-62}$$

同样，对于图3-8(b)，查材料力学手册可知，在 BC 段 $(0 \leqslant x \leqslant l - l_1)$，其挠度和转角可分别表示为：

$$f_{1b}(x) = -\frac{P_2 x^2}{3EI_{BC}}\left[\frac{3(l - l_1)}{2} - \frac{x}{2}\right] - \frac{\alpha_{s1} P_2 x}{GA_{BC}} \tag{3-63}$$

$$\theta_{1b}(x) = \frac{P_2 x^2}{2EI_{BC}} - \frac{P_2(l - l_1)x}{EI_{BC}} - \frac{\alpha_{s1} P_2}{GA_{BC}} \tag{3-64}$$

C 点的挠度和转角分别为：

$$f_{1bC} = -\frac{P_2(l - l_1)^3}{3EI_{BC}} - \frac{\alpha_{s1} P_2(l - l_1)}{GA_{BC}} \tag{3-65}$$

$$\theta_{1bC} = -\frac{P_2(l - l_1)^2}{2EI_{BC}} - \frac{\alpha_{s1} P_2}{GA_{BC}} \tag{3-66}$$

在 CD 段 $(l - l_1 < x \leqslant l - l_2)$，显然有：

$$f_{1b}(x) = f_{1bC} + \theta_{1bC}[x - (l - l_1)] \tag{3-67}$$

将式3-65和式3-66代入式3-67并整理，得：

$$f_{1b}(x) = -\frac{P_2(l - l_1)^3}{3EI_{BC}} - \frac{\alpha_{s1} P_2(l - l_1)}{GA_{BC}} - \left[\frac{P_2(l - l_1)^2}{2EI_{BC}} + \frac{\alpha_{s1} P_2}{GA_{BC}}\right][x - (l - l_1)] \tag{3-68}$$

同样的，若采用分段离散法，设 a_{1P2i} 为影响函数，则 a_{1P2i} 可表示为：

$$a_{1P2i}=\begin{cases}-\dfrac{x^2}{3EI_{BC}}\left[\dfrac{3(l-l_1)}{2}-\dfrac{x}{2}\right]-\dfrac{\alpha_{s1}x}{GA_{BC}},0\leqslant x\leqslant l-l_1\\-\dfrac{(l-l_1)^3}{3EI_{BC}}-\dfrac{\alpha_{s1}(l-l_1)}{GA_{BC}}-\left[\dfrac{(l-l_1)^2}{2EI_{BC}}+\dfrac{\alpha_{s1}}{GA_{BC}}\right][x-(l-l_1)],\\ \qquad l-l_1<x\leqslant l-l_2\end{cases}\tag{3-69}$$

因而有

$$f_{1bi}=a_{1P2i}P_2\tag{3-70}$$

同时令

$$A_{1P2}=-\frac{(l-l_1)^3}{3EI_{BC}}-\frac{\alpha_{s1}(l-l_1)}{GA_{BC}}\tag{3-71}$$

将式 3-71 代入相关方程，得：

$$f_{1bC}=A_{1P2}P_2\tag{3-72}$$

同样，对于图 3-8（c），由材料力学知识可知，在 BC 段（$0\leqslant x\leqslant l-l_1$），其挠度与转角可分别表示为：

$$f_{1c}(x)=-\frac{M}{2EI_{BC}}x^2\tag{3-73}$$

$$\theta_{1c}(x)=\frac{M}{EI_{BC}}x\tag{3-74}$$

C 点的挠度和转角分别为：

$$f_{1cC}=-\frac{M}{2EI_{BC}}(l-l_1)^2\tag{3-75}$$

$$\theta_{1cC}=\frac{M}{EI_{BC}}(l-l_1)\tag{3-76}$$

因而，在 CD 段（$l-l_1<x\leqslant l-l_2$）有：

$$f_{1c}(x)=f_{1cC}+\theta_{1cC}[x-(l-l_1)]\tag{3-77}$$

将式 3-75 和式 3-76 代入式 3-77 并整理，得：

$$f_{1c}(x) = -\frac{M}{2EI_{BC}}(l-l_1)^2 + \frac{M}{EI_{BC}}(l-l_1)[x-(l-l_1)] \tag{3-78}$$

同样，若采用离散法，设 a_{1Mi} 为影响函数，则 a_{1Mi} 可表示为：

$$a_{1Mi} = \begin{cases} -\dfrac{1}{2EI_{BC}}x^2, 0 \leqslant x \leqslant l-l_1 \\ -\dfrac{1}{2EI_{BC}}(l-l_1)^2 + \dfrac{1}{EI_{BC}}(l-l_1)[x-(l-l_1)], \\ \qquad l-l_1 < x \leqslant l-l_2 \end{cases} \tag{3-79}$$

所以

$$f_{1ci} = a_{1Mi}M \tag{3-80}$$

同样的，令

$$A_{1M} = -\frac{1}{2EI_{BC}}(l-l_1)^2 \tag{3-81}$$

将其代入相关方程，得：

$$f_{1cC} = A_{1M}M \tag{3-82}$$

对于图 3-8(d)，先令

$$Q_C = \sum_{j=m}^{n} q_j \tag{3-83}$$

$$M_C = \sum_{j=m}^{n} q_j[x_j-(l-l_1)] \tag{3-84}$$

根据材料力学知识，在 BC 段（$0 \leqslant x \leqslant l-l_1$），其挠度和转角可分别表示为：

$$f_{1d}(x) = -\frac{Q_C x^2}{3EI_{BC}}\left[\frac{3(l-l_1)}{2} - \frac{x}{2}\right] - \frac{\alpha_{s1}Q_C x}{GA_{BC}} - \frac{M_C}{2EI_{BC}}x^2 \tag{3-85}$$

$$\theta_{1d}(x)=\frac{Q_C x^2}{2EI_{BC}}-\frac{Q_C(l-l_1)x}{EI_{BC}}-\frac{\alpha_{s1}Q_C}{GA_{BC}}+\frac{M_C}{EI_{BC}}x \tag{3-86}$$

C 点的挠度和转角可分别表示为：

$$f_{1dC}=-\frac{Q_C(l-l_1)^3}{3EI_{BC}}-\frac{\alpha_{s1}Q_C(l-l_1)}{GA_{BC}}-\frac{M_C}{2EI_{BC}}(l-l_1)^2 \tag{3-87}$$

$$\theta_{1dC}=-\frac{Q_C(l-l_1)^2}{2EI_{BC}}-\frac{\alpha_{s1}Q_C}{GA_{BC}}+\frac{M_C}{EI_{BC}}(l-l_1) \tag{3-88}$$

同样，若采用分段离散法，设 a_{1QCi}、a_{1MCi} 为影响函数，则 a_{1QCi}、a_{1MCi} 可分别表示为：

$$a_{1QCi}=-\frac{x^2}{3EI_{BC}}\left[\frac{3(l-l_1)}{2}-\frac{x}{2}\right]-\frac{\alpha_{s1}x}{GA_{BC}},\quad 0\leqslant x\leqslant l-l_1 \tag{3-89}$$

$$a_{1MCi}=-\frac{1}{2EI_{BC}}x^2,\quad 0\leqslant x\leqslant l-l_1 \tag{3-90}$$

因此，有

$$f_{1di}=a_{1QCi}\sum_{j=m}^{n}q_j+a_{1MCi}\sum_{j=m}^{n}q_j[x_j-(l-l_1)] \tag{3-91}$$

同样令

$$A_{1QC}=-\frac{(l-l_1)^3}{3EI_{BC}}-\frac{\alpha_{s1}(l-l_1)}{GA_{BC}} \tag{3-92}$$

$$A_{1MC}=-\frac{1}{2EI_{BC}}(l-l_1)^2 \tag{3-93}$$

$$B_{1QC}=-\frac{(l-l_1)^2}{2EI_{BC}}-\frac{\alpha_{s1}}{GA_{BC}} \tag{3-94}$$

$$B_{1MC}=\frac{1}{EI_{BC}}(l-l_1) \tag{3-95}$$

将式 3-92 ~ 式 3-95 代入相关方程，得：

$$f_{1dC} = A_{1QC} \sum_{j=m}^{n} q_j + A_{1MC} \sum_{j=m}^{n} q_j [x_j - (l - l_1)] \tag{3-96}$$

$$\theta_{1dC} = B_{1QC} \sum_{j=m}^{n} q_j + B_{1MC} \sum_{j=m}^{n} q_j [x_j - (l - l_1)] \tag{3-97}$$

现在再来考虑 CD 段，依然采用影响函数法。令 a_{cdij} 为 j 段载荷引起 i 段工作辊挠度的影响函数，它是 $x = (i - 0.5)\Delta x$ 和 $x' = (j - 0.5)\Delta x$ 的函数，其表达式为：

$$a_{cdij} = \begin{cases} -\dfrac{(x - l + l_1)^2}{3EI_{CD}}\left[\dfrac{3(x' - l + l_1)}{2} - \dfrac{x - l + l_1}{2}\right] - \\ \dfrac{\alpha_{s1}(x - l + l_1)}{GA_{CD}}, \quad l - l_1 \leqslant x < x' \\ -\dfrac{(x' - l + l_1)^2}{3EI_{CD}}\left[\dfrac{3(x - l + l_1)}{2} - \dfrac{x' - l + l_1}{2}\right] - \\ \dfrac{\alpha_{s1}(x' - l + l_1)}{GA_{CD}}, \quad x' \leqslant x \leqslant l - l_2 \end{cases} \tag{3-98}$$

所以在 CD 段（$l - l_1 < x \leqslant l - l_2$），有：

$$f_{1di} = f_{1dC} + \theta_{1dC}[x_i - (l - l_1)] + \sum_{j=m}^{n} a_{cdij} q_j \tag{3-99}$$

将式 3-96 和式 3-97 代入式 3-99 并整理，得：

$$f_{1di} = A_{1QC} \sum_{j=m}^{n} q_j + A_{1MC} \sum_{j=m}^{n} q_j [x_j - (l - l_1)] + \left\{ B_{1QC} \sum_{j=m}^{n} q_j + B_{1MC} \sum_{j=m}^{n} q_j [x_j - (l - l_1)] \right\} [x_i - (l - l_1)] + \sum_{j=m}^{n} a_{cdij} q_j \tag{3-100}$$

综合图 3-8(a) ~ 图 3-8(d)，得出 C 点的总挠度为：

$$f_{1C} = f_{1aC} + f_{1bC} + f_{1cC} + f_{1dC} \tag{3-101}$$

将式 3-60、式 3-72、式 3-82、式 3-96 代入式 3-101，得：

$$f_{1C} = A_{1P1}P_1 + A_{1P2}P_2 + A_{1M}M + A_{1QC}\sum_{j=m}^{n} q_j + A_{1MC}\sum_{j=m}^{n} q_j[x_j - (l - l_1)] \tag{3-102}$$

所以，芯轴在第 i 段的挠度 f_{1i} 可以表示为：

$$f_{1i} = \begin{cases} a_{1P1i}P_1 + a_{1P2i}P_2 + a_{1Mi}M + a_{1QCi}\sum_{j=m}^{n} q_j + \\ \quad a_{1MCi}\sum_{j=m}^{n} q_j[x_j - (l - l_1)], \quad i = 1,2,\cdots,m-1 \\ a_{1P1i}P_1 + a_{1P2i}P_2 + a_{1Mi}M + A_{1QC}\sum_{j=m}^{n} q_j + A_{1MC}\sum_{j=m}^{n} q_j[x_j - (l - l_1)] + \\ \quad \left\{B_{1QC}\sum_{j=m}^{n} q_j + B_{1MC}\sum_{j=m}^{n} q_j[x_j - (l - l_1)]\right\}\cdot \\ \quad [x_i - (l - l_1)] + \sum_{j=m}^{n} a_{\mathrm{cd}ij}q_j, \quad i = m,m+1,\cdots,n \end{cases} \tag{3-103}$$

在以上推导过程中：

$$I_{BC} = \frac{\pi r_x^4}{4},\ A_{BC} = \pi r_x^2,\ I_{CD} = \frac{\pi r_2^4}{4},\ A_{CD} = \pi r_2^2,\ \alpha_{\mathrm{s}1} = \frac{10}{9}$$

式中　r_x——芯轴半径，mm；

　　　r_2——套筒外径，mm。

现在再来考虑套筒，此时所研究的套筒应该是去头的，如图 3-9 中虚线部分所示。

根据对称性，采用悬臂梁模式，先画出套筒受力图，如图 3-10 所示。

首先仍然采用材料力学的有关叠加原理，将图 3-10 总图拆分为图 3-10(a)、图 3-10(b)和图 3-10(c)，分别进行求解。

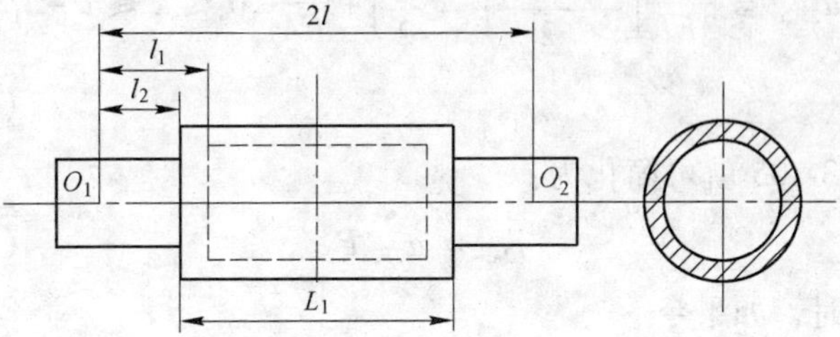

图 3-9 等效套筒图

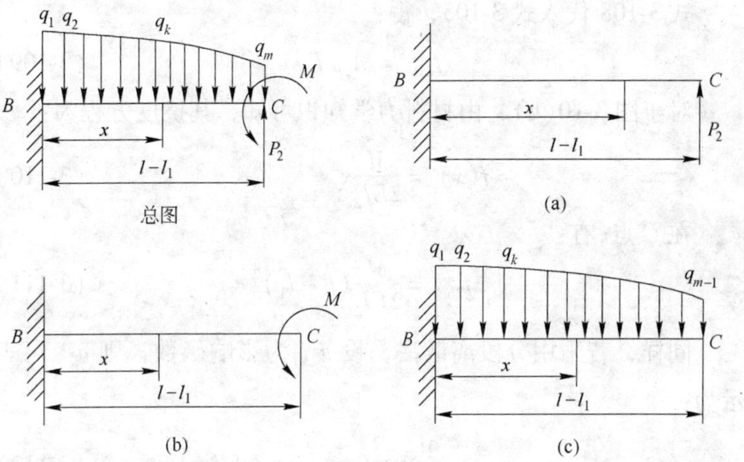

图 3-10 套筒受力分析图

对于图 3-10(a)，由材料力学知识可知其挠度方程为：

$$f_{2a}(x) = \frac{P_2x^2}{3EI_2}\left[\frac{3(l-l_1)}{2} - \frac{x}{2}\right] + \frac{\alpha_{s2}P_2x}{GA_2} \tag{3-104}$$

在 C 点，有：

$$f_{2aC} = \frac{P_2(l-l_1)^3}{3EI_2} + \frac{\alpha_{s2}P_2(l-l_1)}{GA_2} \tag{3-105}$$

如果采用分段离散法，设 a_{2P2i} 为影响函数，则 a_{2P2i} 可表示为：

$$a_{2P2i} = \frac{x^2}{3EI_2}\left[\frac{3(l-l_1)}{2} - \frac{x}{2}\right] + \frac{\alpha_{s2}x}{GA_2}, 0 \leqslant x \leqslant l - l_1 \tag{3-106}$$

式 3-105 就可简化为：

$$f_{2ai} = a_{2P2i}P_2 \tag{3-107}$$

同时，如果令

$$A_{2P2} = \frac{(l-l_1)^3}{3EI_2} + \frac{\alpha_{s2}(l-l_1)}{GA_2} \tag{3-108}$$

式 3-108 代入式 3-105，得：

$$f_{2aC} = A_{2P2}P_2 \tag{3-109}$$

对于图 3-10(b)，由材料力学知识可知，其挠度方程为：

$$f(x) = \frac{M}{2EI_2}x^2 \tag{3-110}$$

在 C 点,有：

$$f_{2bC} = \frac{M}{2EI_2}(l-l_1)^2 \tag{3-111}$$

同样，若采用分段离散法，设 a_{2Mi} 为影响函数，则 a_{2Mi} 可表示为：

$$a_{2Mi} = \frac{1}{2EI_2}x^2, 0 \leqslant x \leqslant l - l_1 \tag{3-112}$$

式 3-112 代入式 3-110，得：

$$f_{2bi} = a_{2Mi}M \tag{3-113}$$

同样的,令

$$A_{2M} = \frac{1}{2EI_2}(l-l_1)^2 \tag{3-114}$$

则式 3-111 变为：

$$f_{2bC} = A_{2M}M \tag{3-115}$$

对于图 3-10(c)，可以采用影响函数法。设 a_{bcij} 为 j 段载荷引起 i 段套筒挠度的影响函数，它是 $x = (i-0.5)\Delta x$ 和 $x' = (j-$

0.5) Δx 的函数：

$$a_{bcij} = \begin{cases} -\dfrac{x^2}{3EI_2}\left(\dfrac{3x'}{2} - \dfrac{x}{2}\right) - \dfrac{\alpha_{s2}x}{GA_2}, & 0 \leqslant x < x' \\ -\dfrac{x'^2}{3EI_2}\left(\dfrac{3x}{2} - \dfrac{x'}{2}\right) - \dfrac{\alpha_{s2}x'}{GA_2}, & x' \leqslant x \leqslant l - l_1 \end{cases} \tag{3-116}$$

第 i 段套筒的挠度可表示为：

$$f_{2ci} = \sum_{j=1}^{m-1} a_{bcij} q_j \tag{3-117}$$

C 点的挠度可表示为：

$$f_{2cC} = \sum_{j=1}^{m-1} a_{m-1} q_j \tag{3-118}$$

综合图 3-10(a) ~ 图 3-10(c)，得：

$$f_{2C} = f_{2aC} + f_{2bC} + f_{2cC} \tag{3-119}$$

将式 3-109、式 3-115 和式 3-118 代入式 3-119，得：

$$f_{2C} = A_{2P2}P_2 + A_{2M}M + \sum_{j=1}^{m-1} a_{m-1} q_j \tag{3-120}$$

从而，第 i 段套筒总的挠度可表示为：

$$f_{2i} = a_{2P2i}P_2 + a_{2Mi}M + \sum_{j=1}^{m-1} a_{bcij} q_j \tag{3-121}$$

在以上推导过程中：

$$I_2 = \frac{\pi(r_2^4 - r_1^4)}{4}, \quad A_2 = \pi r_2^2 - \pi r_1^2, \quad \alpha_{s2} = 2.0$$

式中 r_1——套筒内径，mm。

最后，根据套筒与芯轴间的变形协调方程，有：

$$f_{1C} = f_{2C} \tag{3-122}$$

将相关方程式代入式 3-122，得：

$$(A_{1P2} - A_{2P2})P_2 + (A_{1M} - A_{2M})M + A_{1QC}\sum_{j=m}^{n} q_j +$$

$$A_{1MC}\sum_{j=m}^{n} q_j[x_j - (l - l_1)] - \sum_{j=1}^{m-1} a_{m-1j}q_j = -A_{1P1}P_1 \quad (3\text{-}123)$$

根据套筒受力的对称性，显然有：

$$P_2 = \sum_{j=1}^{m-1} q_j \quad (3\text{-}124)$$

式 3-124 代入式 3-123，得：

$$M = \frac{1}{A_{1M} - A_{2M}}\{-A_{1P1}P_1 - A_{1QC}\sum_{j=m}^{n} q_j - A_{1MC}\sum_{j=m}^{n} q_j[x_j - (l - l_1)] +$$

$$\sum_{j=1}^{m-1} a_{m-1j}q_j - (A_{1P2} - A_{2P2})\sum_{j=1}^{m-1} q_j\} \quad (3\text{-}125)$$

所以，最终第 i 段 VC 辊的挠度可表达为：

$$f_{zi} = \begin{cases} a_{2P2i}\sum_{j=1}^{m-1} q_j + a_{2Mi}M + \sum_{j=1}^{m-1} a_{bcij}q_j, i = 1,2,\cdots,m-1 \\ a_{1P1i}P_1 + a_{1P2i}\sum_{j=1}^{m-1} q_j + a_{1Mi}M + A_{1QC}\sum_{j=m}^{n} q_j + \\ A_{1MC}\sum_{j=m}^{n} q_j[x_j - (l - l_1)] + \{B_{1QC}\sum_{j=m}^{n} q_j + \\ B_{1MC}\sum_{j=m}^{n} q_j[x_j - (l - l_1)]\}[x_i - (l - l_1)] + \\ \sum_{j=m}^{n} a_{cdij}q_j, \quad i = m,m+1,\cdots,n \end{cases} \quad (3\text{-}126)$$

$$P_1 = \frac{P}{2} + S_1 + S_2$$

式中　P——总轧制压力，kN；

S_1——工作辊内弯辊力，kN；

S_2——工作辊外弯辊力，kN。

3.2.3.3 工作辊的挠度计算

在计算工作辊挠度时，依然采用分段离散法[6,7]，如图 3-11 所示，把 $q'(x)$ 分为 k 段，$q(x)$ 分为 n 段，每段 $\Delta x = \frac{L_B}{2n} = \frac{b}{2k}$，段内压力分别用集中力 q'_j 和 q_j 代替，所以工作辊 i 段的挠度可表示为：

$$f_{wi} = \sum_{j=1}^{n} a_{wij}(q_j - q'_j) - a_{S1i}S_1 - a_{S2i}S_2 \tag{3-127}$$

$$a_{wij} = \begin{cases} k_1\left[\left(\frac{2x}{L_B}\right)^2\left(3\times\frac{2x'}{L_B} - \frac{2x}{L_B}\right) + (1+\nu)\frac{3k}{4}\cdot\frac{2x}{L_B}\cdot\left(\frac{2D_w}{L_B}\right)^2\right], \\ \quad 0 \leqslant x < x', \\ k_1\left[\left(\frac{2x'}{L_B}\right)^2\left(3\times\frac{2x}{L_B} - \frac{2x'}{L_B}\right) + (1+\nu)\frac{3k}{4}\cdot\frac{2x'}{L_B}\cdot\left(\frac{2D_w}{L_B}\right)^2\right], \\ \quad x' \leqslant x < \frac{L_B}{2} \end{cases} \tag{3-128}$$

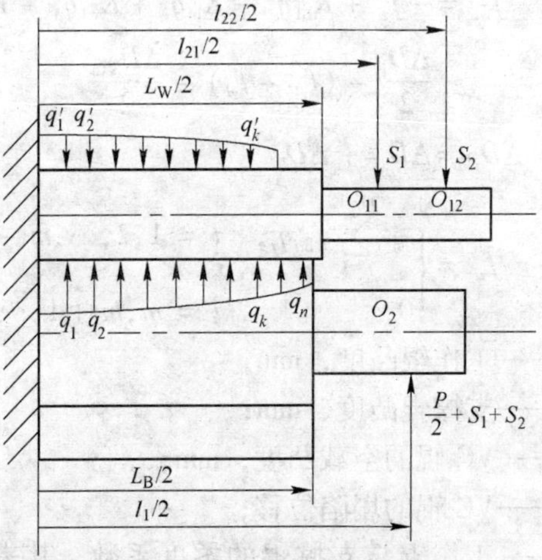

图 3-11 辊系分段计算图

$$k_1 = \frac{L_B^3}{48EI_w},\quad I_w = \frac{\pi D_w^4}{64},\quad k = \frac{10}{9}$$

$$a_{S1i} = k_1\left[\left(\frac{2x}{L_B}\right)^2\left(3 \times \frac{l_{21}}{L_B} - \frac{2x}{L_B}\right) + (1+\nu)\frac{3k}{4}\cdot\frac{2x}{L_B}\cdot\left(\frac{2D_w}{L_B}\right)^2\right],$$

$$0 \leqslant x < \frac{L_B}{2} \tag{3-129}$$

$$a_{S2i} = k_1\left[\left(\frac{2x}{L_B}\right)^2\left(3 \times \frac{l_{22}}{L_B} - \frac{2x}{L_B}\right) + (1+\nu)\frac{3k}{4}\cdot\frac{2x}{L_B}\cdot\left(\frac{2D_w}{L_B}\right)^2\right],$$

$$0 \leqslant x < \frac{L_B}{2} \tag{3-130}$$

式中　a_{wij}——j 段载荷引起 i 段工作辊挠度的影响函数，它是$x = \left(i - \frac{1}{2}\right)\Delta x$ 和 $x' = \left(j - \frac{1}{2}\right)\Delta x$ 的函数；

a_{S1i}——弯辊力 S_1 对 j 段挠度的影响函数；

a_{S2i}——弯辊力 S_2 对 j 段挠度的影响函数。

3.2.3.4　有关解析求解

首先，列出工作辊与支撑辊之间的变形协调方程：

$$f_{wi} = -f_{zi} + K_{b1}q_1 - K_{bi}q_i + K_{w1}q_1' - K_{wi}q_i' - \frac{\Delta D_i}{2} - (f_{z1} - f_{zi}) - \frac{\Delta D_{VCi}}{2} \tag{3-131}$$

$$\Delta D_i = \Delta D_{1i} + \Delta D_{2i}$$

$$f_{zi} = \begin{cases} -\sum\limits_{j=1}^{m-1} a_{bij}q_j, & i = 1,2,\cdots,m-1 \\ 0, & i = m,m+1,\cdots,n \end{cases} \tag{3-132}$$

式中　ΔD_{1i}——工作辊凸度，mm；

ΔD_{2i}——支撑辊凸度，mm；

ΔD_{VCi}——VC 辊的空载凸度，mm；

f_{zi}——VC 辊的塌陷位移；

K_{wi}，K_{bi}——工作辊与支撑辊的柔度系数，其表达式推导见 3.2.3.5 节。

将挠度公式 3-126 和式 3-127 代入变形协调方程式 3-132，得：

$$\sum_{j=1}^{n} a_{wij}q_j + a_{2P2i}\sum_{j=1}^{m-1} q_j + \sum_{j=1}^{m-1} a_{bcij}q_j + a_{2Mi}M - K_{b1}q_1 + K_{bi}q_i - \sum_{j=1}^{m-1} a_{b1j}q_j + \sum_{j=1}^{m-1} a_{bij}q_j = C_i,\quad i = 1,2,\cdots,m-1 \tag{3-133}$$

$$\sum_{j=1}^{n} a_{wij}q_j + a_{1P2i}\sum_{j=1}^{m-1} q_j + \{A_{1QC} + [x_i - (l - l_1)]B_{1QC}\}\sum_{j=m}^{n} q_j + \{A_{1MC} + [x_i - (l - l_1)]B_{1MC}\}\sum_{j=m}^{n} q_j[x_j - (l - l_1)] + \sum_{j=m}^{n} a_{cdij}q_j - K_{b1}q_1 + K_{bi}q_i + a_{1Mi}M = C_i,\quad i = m,m+1,\cdots,n \tag{3-134}$$

整理式 3-133 和式 3-134 分别得：

$$\sum_{j=1}^{m-1}(a_{wij} + a_{2P2i} + a_{bcij} + a_{bij} - a_{b1j})q_j + a_{2Mi}M - K_{b1}q_1 + K_{bi}q_i + \sum_{j=m}^{n} a_{wij}q_j = C_i,\quad i = 1,2,\cdots,m-1 \tag{3-135}$$

$$\sum_{j=1}^{m-1}(a_{wij} + a_{1P1i})q_j + \sum_{j=m}^{n}\langle a_{wij} + \{A_{1QC} + [x_i - (l - l_1)]B_{1QC}\} + \{A_{1MC} + [x_i - (l - l_1)]B_{1MC}\}[x_j - (l - l_1)] + a_{cdij}\rangle q_j - K_{b1}q_1 + K_{bi}q_i + a_{1Mi}M = C_i,\quad i = m,m+1,\cdots,n \tag{3-136}$$

式 3-135 中

$$C_i = \sum_{j=1}^{k} a_{wij}q'_j + a_{S1i}S_1 + a_{S2i}S_2 - \frac{\Delta D_i}{2} - \frac{\Delta D_{VCi}}{2} + K_{w1}q'_1 - K_{wi}q'_i,\quad i = 2,3,\cdots,m-1 \tag{3-137}$$

式 3-136 中

$$C_i = \sum_{j=1}^{k} a_{wij}q'_j + a_{S1i}S_1 + a_{S2i}S_2 - a_{1P1i}\left(\frac{P}{2} + S_1 + S_2\right) - \frac{\Delta D_i}{2} + K_{w1}q'_1 - K_{wi}q'_i,\quad i = m,m+1,\cdots,n \tag{3-138}$$

为表达方便，不妨令

$$A_{ij} = a_{wij} + a_{2P2i} + a_{bcij} + a_{bij} - a_{b1j} \tag{3-139}$$

$$B_{ij} = a_{wij} + \{A_{1QC} + [x_i - (l - l_1)]B_{1QC}\} + \{A_{1MC} + [x_i - (l - l_1)]B_{1MC}\}[x_j - (l - l_1)] + a_{cdij} \tag{3-140}$$

式 3-135 和式 3-136 就分别变为：

$$\sum_{j=1}^{m-1} A_{ij}q_j + a_{2Mi}M - K_{b1}q_1 + K_{bi}q_i + \sum_{j=m}^{n} a_{wij}q_j = C_i \tag{3-141}$$

$$\sum_{j=1}^{m-1}(a_{wij} + a_{1P1i})q_j + \sum_{j=m}^{n} B_{ij}q_j - K_{b1}q_1 + K_{bi}q_i + a_{1Mi}M = C_i \tag{3-142}$$

整理式 3-125，得：

$$\sum_{j=1}^{m-1}(A_{1P2} - A_{2P2} - a_{bcm-1j})q_j + \sum_{j=m}^{n}\{A_{1QC} + A_{1MC}[x_j - (l - l_1)]\}q_j + (A_{1M} - A_{2M})M = -A_{1P1}\left(\frac{P}{2} + S_1 + S_2\right) \tag{3-143}$$

同样，如果令

$$D_j = A_{1P2} - A_{2P2} - a_{bcm-1j} \tag{3-144}$$

$$F_j = A_{1QC} + A_{1MC}(x_j - l_1) \tag{3-145}$$

将式 3-144 和式 3-145 代入式 3-143，得：

$$\sum_{j=1}^{m-1} D_j q_j + \sum_{j=m}^{n} F_j q_j + (A_{1M} - A_{2M})M = -A_{1P1}\left(\frac{P}{2} + S_1 + S_2\right) \tag{3-146}$$

由于式 3-135 对 $i=1$ 恒能满足，所以与式 3-146 联立共有 n 个方程式，因此还需要有一个力的平衡方程式，即

$$\sum_{j=1}^{n} q_j = \sum_{j=1}^{k} q'_j + S_1 + S_2 \tag{3-147}$$

所以，共有 $n+1$ 个方程式，可求得 $n+1$ 个的未知数 q_1、

q_2、…、q_n、M，即

$$q_1 + q_2 + \cdots + q_n = \sum_{j=1}^{k} q'_j + S_1 + S_2 = C_1$$

$$(A_{21} - K_{b1})q_1 + (A_{22} + K_{b2})q_2 + A_{23}q_3 + \cdots + A_{2m-1}q_{m-1} + a_{w2m}q_m + a_{w2m+1}q_{m+1} + \cdots + a_{w2n}q_n - a_{2M2}M = C_2$$

$$(A_{31} - K_{b1})q_1 + A_{32}q_2 + (A_{33} + K_{b3})q_3 + \cdots + A_{3m-1}q_{m-1} + a_{w3m}q_m + a_{w3m+1}q_{m+1} + \cdots + a_{w3n}q_n - a_{2M3}M = C_3$$

$$(A_{m-11} - K_{b1})q_1 + A_{m-12}q_2 + A_{m-13}q_3 + \cdots + (A_{m-1m-1} + K_{bm-1})q_{m-1} + a_{wm-1m}q_m + a_{wm-1m+1}q_{m+1} + \cdots + a_{wm-1n}q_n - a_{2Mm-1}M = C_{m-1}$$

$$(a_{wm1} - a_{1P1m} - K_{b1})q_1 + (a_{wm2} - a_{1P1m})q_2 + \cdots + (a_{wmm-1} - a_{1P1m})q_{m-1} + (B_{mm} + K_{bm})q_m + B_{mm+1}q_{m+1} + \cdots + B_{mn}q_n - a_{1Mm}M = C_m$$

$$(a_{wm+11} - a_{1P1m+1} - K_{b1})q_1 + (a_{wm+12} - a_{1P1m+1})q_2 + \cdots + (a_{wm+1m-1} - a_{1P1m+1})q_{m-1} + B_{m+1m}q_m + \cdots + (B_{m+1m+1} + K_{bm+1})q_{m+1} + \cdots + B_{m+1n}q_n - a_{1Mm+1}M = C_{m+1}$$

$$(a_{wn1} - a_{1P1n} - K_{b1})q_1 + (a_{wn2} - a_{1P1n})q_2 + \cdots + (a_{wnm-1} - a_{1P1n})q_{m-1} + B_{nm}q_m + B_{nm+1}q_{m+1} + \cdots + (B_{nn} + K_{bn})q_n - a_{1Mn}M = C_n$$

$$D_1q_1 + D_2q_2 + \cdots + D_{m-1}q_{m-1} + F_mq_m + F_{m+1}q_{m+1} + \cdots + F_nq_n + (A_{1M} - A_{2M})M = -A_{1P1}\left(\frac{P}{2} + S_1 + S_2\right) = C_{n+1}$$

写成矩阵形式，则为

$$\boldsymbol{G}\boldsymbol{Q} = \boldsymbol{C}$$

所以

$$\boldsymbol{Q} = \boldsymbol{G}^{-1}\boldsymbol{C} \qquad (3\text{-}148)$$

式中

$$G = \begin{pmatrix} 1 & 1 & \cdots 1 & \cdots 1 & 0 \\ A_{21} - K_{b1} & A_{22} + K_{b2} & \cdots a_{w2m} & \cdots a_{w2n} & -a_{2M2} \\ A_{31} - K_{b1} & A_{32} & \cdots a_{w3m} & \cdots a_{w3n} & -a_{2M3} \\ \vdots & \vdots & \vdots & \vdots & \vdots \\ A_{m-11} - K_{b1} & A_{m-12} & \cdots a_{wm-1m} & \cdots a_{wm-1n} & -a_{2Mm-1} \\ a_{wm1} - a_{1P1m} - K_{b1} & a_{wm2} - a_{1P1m} & \cdots B_{mm} + K_{bn} & \cdots B_{mn} & -a_{1Mm} \\ a_{wm+11} - a_{1P1m+1} - K_{b1} & a_{wm+12} - a_{1P1m+1} & \cdots B_{m+1m} & \cdots B_{m+1n} & -a_{1Mm+1} \\ \vdots & \vdots & \vdots & \vdots & \vdots \\ a_{wn1} - a_{1P1n} - K_{b1} & a_{wn2} - a_{1P1n} & \cdots B_{nm} & \cdots B_{nn} + K_{bn} & -a_{1Mn} \\ D_1 & D_2 & \cdots F_m & \cdots F_n & A_{1M} - A_{2M} \end{pmatrix}$$

$$C = \begin{pmatrix} -A_{1P1}\left(\dfrac{P}{2} + S_1 + S_2\right) \\ \sum\limits_{j=1}^{k} a_{w2j} q'_j + a_{S12} S_1 + a_{S22} S_2 - \dfrac{\Delta D_2}{2} - \dfrac{\Delta D_{VC2}}{2} + K_{w1} q'_1 - K_{w2} q'_2 \\ \sum\limits_{j=1}^{k} a_{w3j} q'_j + a_{S13} S_1 + a_{S23} S_2 - \dfrac{\Delta D_3}{2} - \dfrac{\Delta D_{VC3}}{2} + K_{w1} q'_1 - K_{w3} q'_3 \\ \vdots \\ \sum\limits_{j=1}^{k} a_{wkj} q'_j + a_{S1k} S_1 + a_{S2k} S_2 - \dfrac{\Delta D_k}{2} - \dfrac{\Delta D_{VCk}}{2} + K_{w1} q'_1 - K_{wk} q'_k \\ \vdots \\ \sum\limits_{j=1}^{k} a_{wm-1j} q'_j + a_{S1m-1} S_1 + a_{S2m-1} S_2 - \dfrac{\Delta D_{m-1}}{2} - \dfrac{\Delta D_{VCm}}{2} + K_{w1} q'_1 \\ \sum\limits_{j=1}^{k} a_{wmj} q'_j + a_{S1m} S_1 + a_{S2m} S_2 - a_{1P1m}\left(\dfrac{P}{2} + S_1 + S_2\right) - \dfrac{\Delta D_m}{2} + K_{w1} q'_1 \\ \sum\limits_{j=1}^{k} a_{wm+1j} q'_j + a_{S1m+1} S_1 + a_{S2m+1} S_2 - a_{1P1m+1}\left(\dfrac{P}{2} + S_1 + S_2\right) - \dfrac{\Delta D_{m+1}}{2} + K_{w1} q'_1 \\ \vdots \\ \sum\limits_{j=1}^{k} a_{wnj} q'_j + a_{S1n} S_1 + a_{S2mn} S_2 - a_{1P1mn}\left(\dfrac{P}{2} + S_1 + S_2\right) - \dfrac{\Delta D_n}{2} + K_{w1} q'_1 \\ -A_{1P1}\left(\dfrac{P}{2} + S_1 + S_2\right) \end{pmatrix}$$

求出 $\boldsymbol{Q}$ 以后就可以计算出 f_w，然后按式 3-149 计算出 h_i，即：

$$h_i = h_1 - f_{wi}^{上} - f_{wi}^{下} + \frac{\Delta D_{wi}}{2} - 2K_1'q'_1 + 2K_i'q'_i \quad (3\text{-}149)$$

$$h_1 = S_0 + \frac{P}{M_P} + \frac{2S_1}{M_{S1}} + \frac{2S_2}{M_{S2}}$$

式中 K_i'——金属压扁系数。

综合以上辊系弹性变形模型与平整过程中的金属变形模型，配合一定的算法（计算框图见图 3-12），即可求得相对应的前后张力横向分布[68~71]、轧制压力与辊间压力横向分布值。

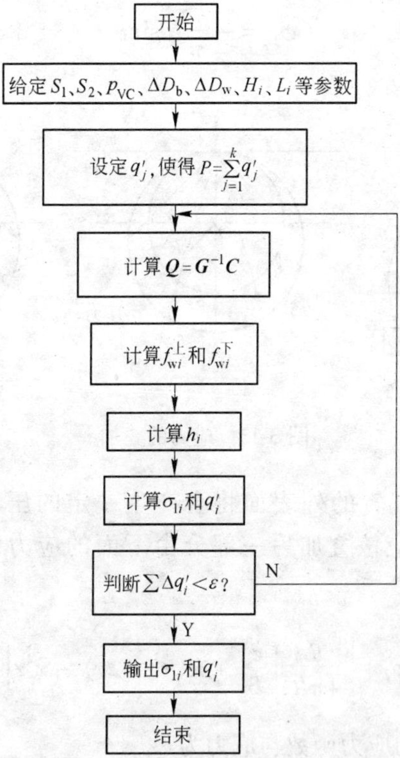

图 3-12 分段法计算框图

3.2.3.5　工作辊与支撑辊的柔度系数及金属压扁系数

文献［6，7］已经对普通四辊轧机的工作辊与支撑辊的柔度系数做了较为详细的论述。本节内容主要是在文献［6，7］的基础上，结合 VC 轧机的结构特点，推导出该轧机的工作辊与支撑辊的柔度系数。

依然采用离散法，与 3.2.3.4 节一样，将工作辊与支撑辊沿辊身分成 $2n$ 等份（如图 3-11 所示），取其中第 i 段进行分析，如图 3-13 所示，第 i 段支撑辊的应力可以看成是由两部分应力叠加而成，一部分是由半无限体在 q_i 作用下产生的压应力，其应力函数为：

$$\varphi_1 = -\frac{q_i}{\pi} r\theta\sin\theta \tag{3-150}$$

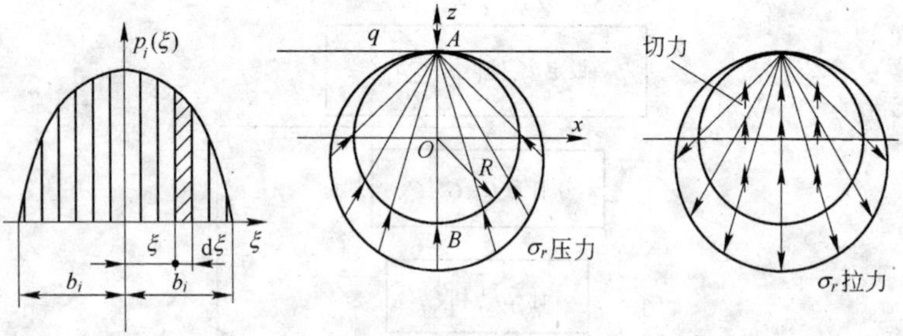

图 3-13　应力的叠加

此时，在轧辊的外表面将会产生一定的压应力，为抵消这些压应力，应该叠加另一部分由下面的应力函数所决定的拉应力：

$$\varphi_2 = \frac{q_i}{4\pi R^2}\left[\frac{z^3}{3} + R(x^2 + z^2) - x^2 z\right] \tag{3-151}$$

所以合成的应力函数与应力为：

$$\varphi = \varphi_1 + \varphi_2 \tag{3-152}$$

$$\sigma_x = \frac{\partial^2 \varphi}{\partial z^2} = \frac{2q_i}{\pi}\left\{\frac{R+z}{4R^2} - \frac{x^2(R-z)}{[x^2+(R-z)^2]^2}\right\} \tag{3-153}$$

$$\sigma_z = \frac{\partial^2 \varphi}{\partial x^2} = \frac{2q_i}{\pi}\left\{\frac{R-z}{4R^2} - \frac{(R-z)^3}{[x^2+(R-z)^2]^2}\right\} \tag{3-154}$$

$$\tau_{xz} = -\frac{\partial^2 \varphi}{\partial x \partial z} = \frac{2q_i}{\pi}\left\{\frac{x(R-z)^2}{[x^2+(R-z)^2]^2} - \frac{x}{4R^2}\right\} \tag{3-155}$$

上述应力满足弹性力学的基本方程式和边界条件。

实际上 q_i 是分布载荷 $p_i(\xi)$，而不是集中载荷，可按椭圆分布规律计算：

$$p_i(\xi) = \frac{p_{0i}}{b_i}\sqrt{b_i^2 - \xi^2} \tag{3-156}$$

$$b_i = \sqrt{\frac{8}{\pi} \cdot \frac{R_w R_2}{R_w + R_2} \cdot \frac{1-\nu^2}{E} q_i}$$

式中 R_w——工作辊半径，mm；

R_2——支撑辊（VC 辊）套筒外径，mm；

p_{0i}——接触面中部压力，kN，表达式为：

$$p_{0i} = \frac{2q_i}{\pi b}$$

所以，式 3-153 ~ 式 3-155 中，q_i 用 $dq_i = p_i(\xi)d\xi$ 来代替，x 用 $x-\xi$ 代替，从 $-b_i$ 到 b_i 积分，可得：

$$\sigma_z = \int_{-b_i}^{b_i} \frac{2p_i(\xi)}{\pi}\left\{\frac{R-z}{4R^2} - \frac{(R-z)^3}{[(x-\xi)^2+(R-z)^2]^2}\right\}d\xi \tag{3-157}$$

在 $x=0$ 处，沿 z 轴的应力为：

$$\sigma_z = p_{0i}\left[\frac{b_i(R-z)}{4R^2} - \frac{b_i}{\sqrt{b_i^2+(R-z)^2}}\right] \tag{3-158}$$

同样，在 $x=0$ 处，沿 x 轴的应力为：

$$\sigma_x = p_{0i}\left[\frac{b_i(R+z)}{4R^2} + \frac{b_i}{\sqrt{b_i^2+(R-z)^2}} - 2\,\frac{\sqrt{b_i^2+(R-z)^2}-(R-z)}{b}\right] \tag{3-159}$$

对于平面变形情况（$\varepsilon_y = 0$），z 方向的压缩变形为：

$$\delta_i = -\int \varepsilon_z \mathrm{d}z = -\frac{1-\nu^2}{E}\int\left(\sigma_z - \frac{\nu}{1-\nu}\sigma_x\right)\mathrm{d}z \tag{3-160}$$

对实心辊而言，把 σ_x 和 σ_z 代入式3-160，并从0到 R 积分，可得承载区 OA 的压缩变形为：

$$\Delta R_i = \frac{2q_i(1-\nu^2)}{\pi E}\left(\ln\frac{2R}{b} - \frac{1}{8}\times\frac{1-4\nu}{1-\nu}\right) \tag{3-161}$$

在非承区 OB 段，从 $-R$ 至0积分，则其压缩变形量为：

$$\Delta R_i' = \frac{2q_i(1-\nu^2)}{\pi E}\left(0.318 + \frac{1}{8}\times\frac{\nu}{1-\nu}\right) \tag{3-162}$$

所以，本章所研究的 VC 轧机的工作辊辊身两边都有载荷，从接触表面到工作辊中心线的压缩变形量为：

$$\Delta R_{wi} = \begin{cases} \dfrac{2q_i(1-\nu^2)}{\pi E}\left(\ln\dfrac{2R_w}{b_i} - \dfrac{1}{8}\times\dfrac{1-4\nu}{1-\nu}\right) + \dfrac{2q'_i(1-\nu^2)}{\pi E} \\ \left(0.318 + \dfrac{1}{8}\times\dfrac{\nu}{1-\nu}\right), \quad i = 1,2,\cdots,k \\ \dfrac{2q_i(1-\nu^2)}{\pi E}\left(\ln\dfrac{2R_w}{b_i} - \dfrac{1}{8}\times\dfrac{1-4\nu}{1-\nu}\right), \quad i = k+1,k+2,\cdots,n \end{cases} \tag{3-163}$$

对于 VC 支撑辊，其接触表面到中心线的压缩变形量为：

$$\Delta R_{bi} = \frac{2q_i(1-\nu^2)}{\pi E} I_{bi} \tag{3-164}$$

$$I_{bi}=\int_{R_1}^{R_2}\left[\frac{1-2\nu}{1-\nu}\cdot\frac{b_i^{\ 2}}{4R_2}-\frac{1}{1-\nu}\left(\frac{b_i^{\ 2}z}{4R_2^{\ 2}}+\frac{b_i^{\ 2}}{\sqrt{b_i^{\ 2}+(R_2-z)^2}}\right)+\frac{\nu}{1-\nu}\left(2\sqrt{b_i^{\ 2}+(R_2-z)^2}-(R_2-z)\right)\right]dz \tag{3-165}$$

式中 R_1——套筒内径，mm。

最后，合并式 3-163 和式 3-164 中有关项，得：

$$K_{bi}=\frac{2(1-\nu^2)}{\pi E}\left(\ln\frac{2R_w}{b_i}-\frac{1}{8}\times\frac{1-4\nu}{1-\nu}\right)+\frac{2(1-\nu^2)}{\pi E}I_{bi} \tag{3-166}$$

$$K_{wi}=\frac{2(1-\nu^2)}{\pi E}\left(0.318+\frac{1}{8}\times\frac{\nu}{1-\nu}\right) \tag{3-167}$$

同时，金属压扁系数 K'_i 采用文献[5] 的有关结论：

$$K'_i=\theta_1\left(\ln\frac{4R_w}{\Delta h_i+16\theta_1 q'_i}+\frac{32\theta_1 q'_i}{\Delta h_i+16\theta_1 q'_i}\right) \tag{3-168}$$

$$\theta_1=\frac{1-\nu^2}{\pi E}$$

式中 Δh_i——条元压下量，mm。

3.2.4 模型在实际中的应用

为了进一步研究 VC 辊平整机的板形控制机理，以某钢铁公司 1550CAL VC 辊平整机为例，选择不同钢种、规格的五个典型产品（相关轧制工艺参数见表 3-3），分别模拟出各规格产品在不同弯辊力及 VC 辊内压力作用下的前张力横向分布情况，以及考虑塌陷位移时 VC 辊实际凸度分布曲线。

3.2.4.1 不同油压下 VC 辊实际凸度曲线的数学模拟

根据 3.2.1 节对空载下 VC 辊在不同油压下的凸度研究，以及 3.2.2 节对轧制过程中 VC 辊在辊间压力作用下套筒塌陷位移的研究，为了进一步分析轧制过程中 VC 辊的实际凸度曲线，以表 3-3 所列的五个典型规格产品为例，模拟出不同 VC 辊内压力和不同弯辊力作用下的 VC 辊实际凸度曲线，如图 3-14 所示。

表 3-3 典型规格产品的轧制工艺参数

规格号	1	2	3	4	5
材 质	CQ	DQ1	CQ	CQ	CQ
规 格 /mm × mm	0. 300 × 974	0. 494 × 1025	0. 350 × 1020	0. 444 × 1002	0. 394 × 1000
轧制速度 /m · min^{-1}	470	271	440	440	470
前张力/kN	40. 4	74. 9	58. 3	68. 4	60. 7
后张力/kN	30. 2	64. 2	41. 6	59. 3	50. 5
总轧制压力设定值/kN	639	5739	6691	5610	5599
总轧制压力实测值/kN	15990	5370	14370	11300	12050
VC 辊油压 /MPa	35. 7	32. 5	36. 9	32. 5	33
内弯辊力/kN	606	600	613	613	606
外弯辊力/kN	601	605	606	606	606
延伸率/%	0. 63	0. 99	0. 79	1. 0	0. 80

通过分析与观察图 3-14 可以看出，当轧制压力较大时，在不同油压下 VC 辊的实际凸度曲线都是中凹的，不过随着油压的增大，其下凹有减缓的趋势；而当轧制压力较小时，随着油压的增大，VC 辊的实际凸度曲线将有可能从中凹变成中凸。而弯辊力的变化对 VC 辊的实际凸度曲线的影响甚微。

3. 2. 4. 2 不同弯辊力及 VC 辊油压作用下带材板形的数学模拟

为了进一步分析 VC 辊平整机的板形控制技术，仍然以

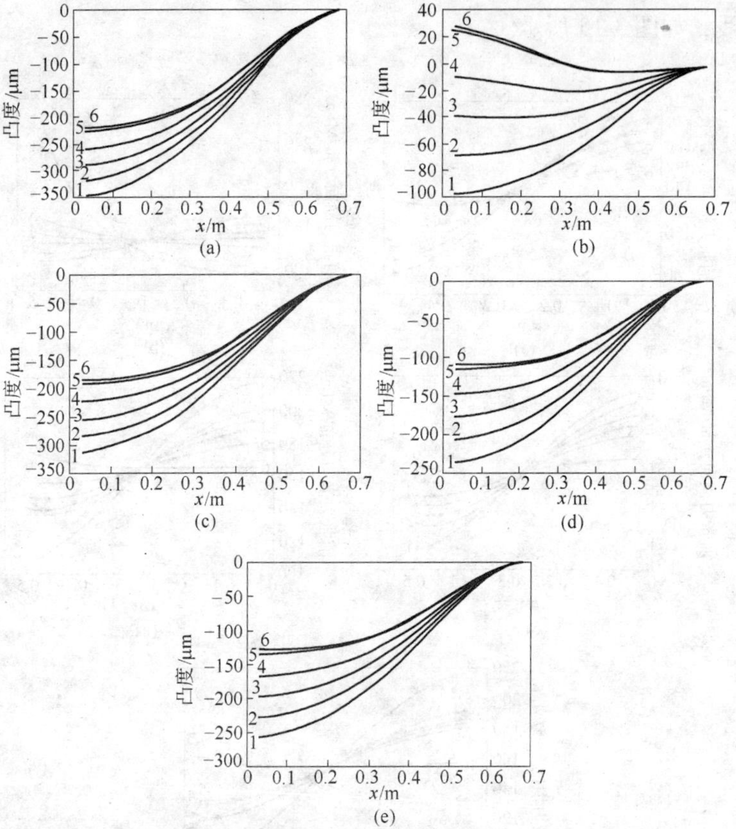

图 3-14 不同规格的带材平整轧制时
在不同油压下 VC 辊的凸度实际曲线

（a）0.300mm×974mm；（b）0.494mm×1025mm；（c）0.350mm×1020mm；
（d）0.444mm×1002mm；（e）0.394mm×1000mm

内外弯辊力：1～5—10t；6—60t

VC 辊内部油压：1—p_1=9.8MPa；2—p_2=19.6MPa；3—p_3=29.4MPa；
4—p_4=39.2MPa；5—p_5=49.0MPa；6—p_6=49.0MPa

表 3-3所述五个典型规格产品为例，分别模拟出不同弯辊力及 VC 辊油压[61]作用下带材的前张力横向分布曲线。

首先，给出变 VC 辊内部油压下带材的前张力横向分布曲线，如图 3-15 所示。

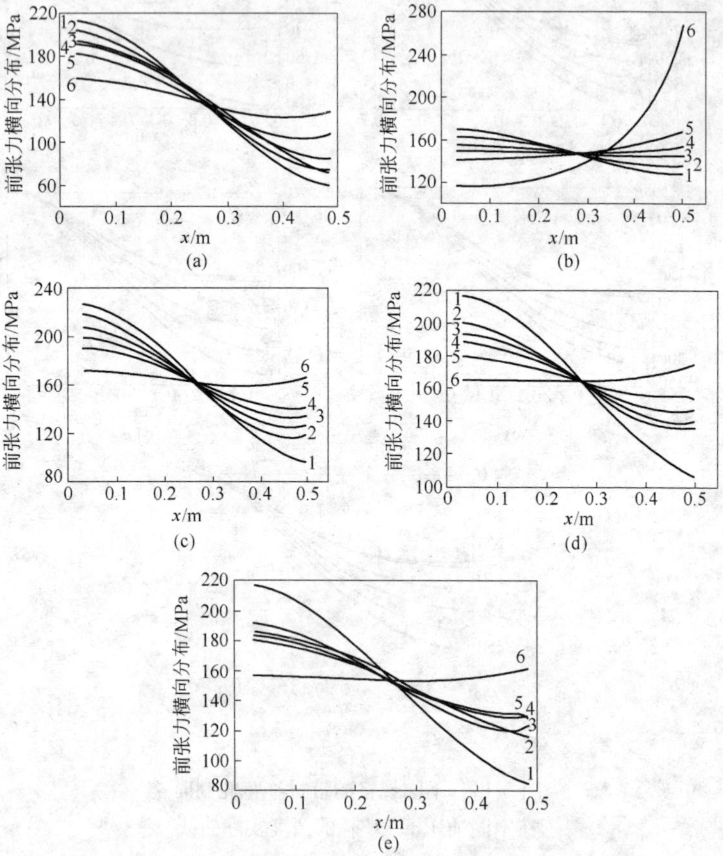

图 3-15　典型规格的带材平整轧制时在不同油压下前张力横向分布曲线

(a) 0.300mm×974mm；(b) 0.494mm×1025mm；(c) 0.350mm×1020mm；(d) 0.444mm×1002mm；(e) 0.394mm×1000mm

内外弯辊力：1~5—10t；6—60t

VC 辊内部油压：1—p_1=9.8MPa；2—p_2=19.6MPa；3—p_3=29.4MPa；4—p_4=39.2MPa；5—p_5=49.0MPa；6—p_6=49.0MPa

然后，给出变弯辊力作用下带材的前张力横向分布变化曲线，如图 3-16 所示。

通过分析图 3-15 可以清楚地看出，随着 VC 辊内部油压的增

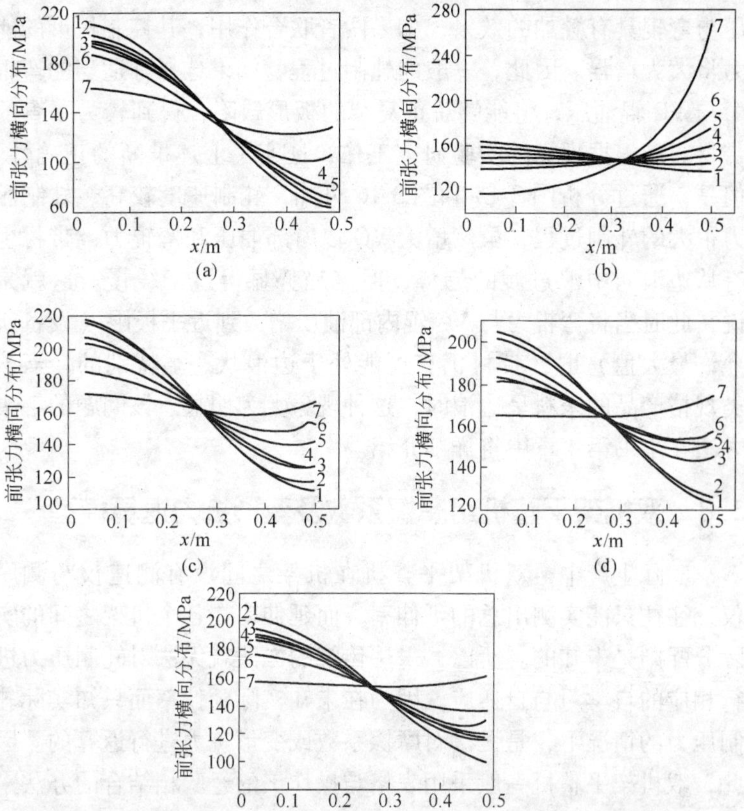

图 3-16　典型规格的带材平整轧制时在不同弯辊力作用下前张力横向分布曲线

（a）0.300mm×974mm；（b）0.494mm×1025mm；（c）0.350mm×1020mm；（d）0.444mm×1002mm；（e）0.394mm×1000mm

内外弯辊力：1—10t；2—20t；3—30t；4—40t；5—50t；6，7—60t

VC 辊内部油压：1～6—16.3MPa；7—49.0MPa

加，带材板形具有由边浪向中浪过渡的趋势；通过分析图 3-16 又可以得出，随着弯辊力的增加，带材板形也具有由边浪向中浪过渡的趋势；而两者联合作用，效果更为明显。综合分析图 3-15 中的 6 号曲线以及图 3-16 中的 7 号曲线又可发现，VC 辊内部油压与弯辊具有叠加的效果，如果两者联合作用，其控制板形的能力将大为增强。因此，一般的轧制过程，如果选择好适当的弯辊力与 VC 辊油压，将能够矫正复杂的板形缺陷，得到较为平直的带材。而根据现场的实验研究工作，证实了上述推断的正确性。但是，通过分析图 3-15 和图 3-16 可知，轧制速度较高、轧制压力很大的轧制过程，虽然增大 VC 辊内部油压和弯辊力，带材也有从边浪向中浪过渡的趋势，但该趋势显得过于缓慢。这就是说，此时当将弯辊力与 VC 辊内部油压增大到近乎极限（设备所允许最大值）时，带材仍有可能处于边浪状态。特别的，当该类规格产品的来料呈边浪时，这种现象尤为明显。该问题的解决方法在本书第 4 章中将详细介绍。

3.3　双机架平整机组摩擦系数及变形抗力返算模型

实际生产中，双机架平整机在机架之间没有测速仪与测厚仪，往往只能实测出总的延伸率，而延伸率在各个机架之间的实际分配则是未知的。所以，采用传统的方法就无法对轧制压力进行相应的自学习与自适应。因为在未知实际延伸率而只知实际轧制压力的情况下，是无法对摩擦系数或变形抗力进行返算的。因此，双机架平整机一般采用表格与操作工的经验相结合的办法来设定轧制压力，而很少采用数模来对轧制压力进行预设定。显然，这种方法对被平整带材的钢种与规格变化适应性很差，是不能满足现代化大生产的需要的。为此，本节在大量现场试验与理论研究的基础上，开发出了一套针对双机架平整机的摩擦系数、变形抗力返算数学模型[72]，并将其应用到某厂 1220 双机架平整机上，为现场轧制压力预设定系统的开发奠定了坚实的理论基础。

3.3.1 相关数学模型的建立

根据2.1节可以知道，对双机架平整机而言，在轧制过程中任意第 i 机架轧制压力可以表示为：

$$P_i = F_{0i}(H_i, \varepsilon_i, T_{1i}, T_{0i}, \sigma_{si}, \mu_i) \tag{3-169}$$

式中 H_i——双机架平整机第 i 机架的来料厚度，mm；

ε_i——双机架平整机第 i 机架的延伸率，%；

T_{1i}——双机架平整机第 i 机架的前张力，kN；

T_{0i}——双机架平整机第 i 机架的后张力，kN；

σ_{si}——变形抗力，MPa。

如果引入机架间延伸率分配系数 Ψ 这一变量，同时用 ε_0 来表示总延伸率，那么以下方程成立：

$$\varepsilon_1 = \Psi\varepsilon_0 \tag{3-170}$$

$$H_2 = H_1(1 - \varepsilon_1) \tag{3-171}$$

$$\varepsilon_2 = \frac{(1 - \Psi)\varepsilon_0}{1 - \Psi\varepsilon_0} \tag{3-172}$$

根据生产实践可以知道，带材在平整之前往往必须经过退火工序。而受本身的含碳量以及所采用退火制度的影响，不同钢种与规格的带材其变形抗力也是不一样的，而且往往是未知的。同时由于双机架平整机的总延伸率很小，分配到单个机架的延伸率就更小，因此其对变形抗力的影响是可以忽略的，即近似地认为

$$\sigma_{s1} \approx \sigma_{s2} = \sigma_s \tag{3-173}$$

与此同时，根据现场试验与理论分析，双机架平整机的总延伸率、前张力、中张力、后张力等参数对摩擦系数的影响也是可以忽略的。任意第 i 机架的摩擦系数 μ_i 就可以用式3-174所示的函数来表示：

$$\mu_i = g_{0i}(H_i, v_i, L_i, \sigma_{si}, R_{a,i}) \tag{3-174}$$

式中 v_i——第 i 机架的出口轧制速度，m/min；

$R_{a,i}$——第 i 机架工作辊的原始粗糙度，μm；

L_i——第 i 机架工作辊换辊后轧制公里数，km。

同样，由于双机架平整机的压下量比较小，所以可近似认为：

$$v_1 \approx v_2 = v \tag{3-175}$$

在分析摩擦系数的时候，可以忽略 H_1 与 H_2 之间的微小差别，认为两者是相等的。当然，在分析轧制压力模型的时候，H_1 与 H_2 的差别是不可以忽略的。

在实际生产中，双机架平整机各机架的前后张力 T_{1i} 和 T_{0i}、带材的出口速度 v、总的延伸率 ε_0，以及来料厚度 H_1 是已知的，而轧制压力 P_i 是可以实际测出来的。对双机架平整机而言，在轧制过程中未知参数实际上有 μ_1、μ_2、σ_s、Ψ 等四个，而相对应的只有方程式 3-169 所代表的两个方程。显然，两个方程是求解不了四个未知数的，因此就必须想办法增加方程的个数。

根据式 3-173 和式 3-174 可以知道，双机架平整机在被平整带材的材质、来料厚度、平整速度以及工作辊的原始粗糙度、轧制吨位等参数相似的情况下，在任意延伸率、轧制压力、张力下，其摩擦系数 μ_1、μ_2 以及变形抗力 σ_s 的值都是相等的。为了求解摩擦系数与变形抗力，可以选择材质、来料厚度、平整速度、工作辊的原始粗糙度、轧制公里数等平整工艺参数相似，而延伸率、轧制压力、张力等参数相差较大的 3 组实测数据进行分析，此时实际上共有 μ_1、μ_2、k、Ψ_1、Ψ_2、Ψ_3（其中，Ψ_1、Ψ_2、Ψ_3 为双机架平整机分别按第 1、第 2、第 3 组实测数据进行平整时的延伸率分配系数）等六个未知数，相应地就有 6 个方程，这样就可以求出特定材质、轧辊粗糙度、来料厚度、轧制速度、轧制吨位下相应的摩擦系数以及对应变形抗力。

需要说明的是，尽管从理论上来说，六个方程求解六个未知数是没有问题的。但是，实际上，轧制压力计算函数式 3-169 并非纯粹一个线性方程，而是一段较为复杂的程序。同时，现场材质、来料厚度、平整速度、工作辊的原始粗糙度、轧制吨位等平整工艺参数相似而延伸率、轧制压力、张力等参数相差较大的实际数据很多，远远超过三组，如果随机选取的话，其代表性并不一定很强，所得出的计算结果误差可能会很大。比较科学的方法是设法将所有符合条件的实际数据都用上，让摩擦系数与变形抗力能够最大限度地满足这些数据。为了解决这些实际问题，特提出如下算法。

首先假设共有 n 组符合条件的实际数据，并将其分成两个部分：

$$S_j = \{T_{1ij}, T_{0ij}, \varepsilon_{0j}\} \tag{3-176}$$

$$Q_j = \{P_{ij}\} \tag{3-177}$$

式中 T_{1ij}，T_{0ij}——分别为双机架平整机在第 j 组实际数据中第 i 机架的实际前、后张力，kN；

P_{ij}——双机架平整机在第 j 组实际数据中第 i 机架的实际轧制压力，kN；

ε_{0j}——双机架平整机在第 j 组实际数据中的实际总延伸率，%。

那么未知数就有 μ_1、μ_2、σ_s、Ψ_1、Ψ_2、…、Ψ_n 共计 $n+3$ 个，如果将这些未知数一起求解，是非常困难的，但可以将其分成两个部分

$$X = \{\mu_1, \mu_2, \sigma_s\} \tag{3-178}$$

$$Y = \{\Psi_j\} \quad (j = 1, 2, \cdots, n) \tag{3-179}$$

令

$$F_j = F_j(S_j, X, \Psi') = \sqrt{\sum_{i=1}^{2} (P_{ij} - P'_{ij})^2} \tag{3-180}$$

式中 P'_{ij}——双机架平整机在初始轧制条件为 S_j、摩擦系数与变形抗力为 X、延伸率分配系数为 Ψ'_j 的情况下利用式 3-169 所示模型得出的计算轧制压力。

对双机架平整机而言，在 S_j 与 X 确定的前提下，必然存在着一

个合适的延伸率分配系数 Ψ_j^*,使得当 $\Psi_j' = \Psi_j^*$ 时,F_j 最小(即 $F_j = F_{j\min}$)。此时,$F_{j\min}$ 仅仅是 X 的函数,所以也可以将 $F_{j\min}$ 写成:

$$F_{j\min} = F_{j\min}(X) \tag{3-181}$$

显然，对一组特定的实际数据 S_j、Q_j 而言，$F_{j\min}$ 越小，说明轧制压力的计算值与实测值越吻合，对应的摩擦系数及变形抗力 X 与实际值也越接近。可以定义一个目标函数 $G(X)$，令

$$G(X) = \sqrt{\sum_{j=1}^{n}(F_{j\min})^2} \tag{3-182}$$

$G(X)$ 越小，说明摩擦系数与变形抗力 X 越能够最大限度地满足所有实际数据。于是，问题最终可以简单描述为：寻找一个合适的 $X = \{\mu_1, \mu_2, \sigma_s\}$，使目标函数 $G(X)$ 最小。这个问题采用 Pewell 法就可以很快得出相应的计算结果。计算框图如图3-17所示。

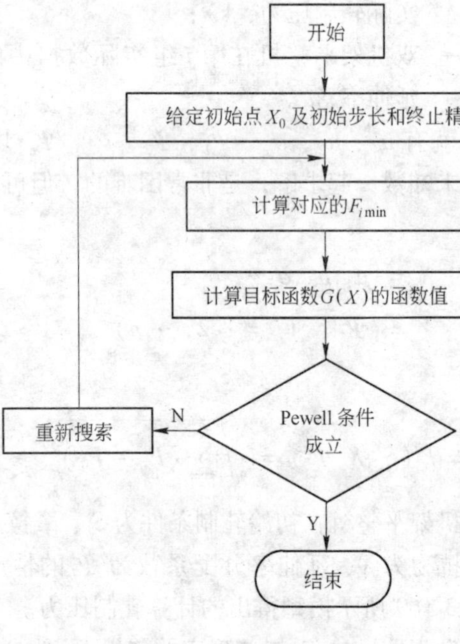

图 3-17 计算框图

最后，通过大量现场实际数据的计算，如果变化轧辊粗糙度、轧制速度、轧制公里数、来料厚度这些参数中的任意一个，而保持其他参数不变，经过拟合，还可以得到轧辊粗糙度、轧制速度、轧制公里数、来料厚度等参数与摩擦系数之间的关系。

3.3.2 模型在现场的应用

为了解决某厂1220双机架平整机轧制压力与延伸率的设定问题，实现数模控制生产，利用本节所介绍的相关理论，著者开发出了一套“1220双机架平整机轧制压力设定与板形控制离线仿真软件”，并将其应用到生产实践，对所有被平整带材进行轧制压力与延伸率自动设定，使用效果非常明显，大大地提高了该平整机的自动化程度，为厂方创造了大量的经济效益。

为了进一步分析模型使用效果，以某厂1220双机架平整机经常生产的某典型规格产品（相关工艺参数见表3-4）为例，利用30组实测数据通过相关模型回归出摩擦系数与变形抗力（见表3-5），并根据现场实际条件，对同类产品进行3组不同参数下的延伸率预报试验，所得结果见表3-6。

表3-4 典型规格产品回归时采用的相关工艺参数

参数名称	1号机架	2号机架
工作辊粗糙度/μm	1.5	0.2
轧制速度/$m \cdot min^{-1}$	900	
轧制公里数/km	10	12
来料厚度/mm	0.22	
钢　种	MR-2	

表3-5 摩擦系数与变形抗力回归值

μ_1	μ_2	k/MPa
0.15	0.12	452

表 3-6　实验预报结果

参数名称	1 号数据	2 号数据	3 号数据
1 号机架前张力/MPa	112	108	123
2 号机架前张力/MPa	53	60	55
1 号机架后张力/MPa	63	58	60
2 号机架后张力/MPa	112	108	123
1 号机架设定轧制压力/t	360	420	460
2 号机架设定轧制压力/t	180	200	240
计算延伸率分配系数	0.82	0.84	0.85
计算总延伸率/%	0.65	0.72	0.81
实际总延伸率/%	0.60	0.77	0.78
总延伸率计算值与实际值之间的误差/%	8.3	6.5	3.8

需要说明的是，在上述实验的设计过程中，之所以不采用设定延伸率而是采用比较轧制压力计算值与实测值之间关系的方法，是因为现场只能实测出总延伸率，而无法测出双机架平整机各机架的延伸率，因此只能采用比较计算总延伸率与实际总延伸率的方法来判断模型的精度。通过表 3-4 可以看出，相关模型已经达到相当高的精度，完全能够满足工程上的需要。

3.4　双机架平整机组带钢表面粗糙度预报及工作辊配辊模型

3.4.1　双机架平整机组成品板面粗糙度预报模型

根据 2.4 节的相关理论成果以及文献［55，56］可以知道，双机架平整机组的任何一机架带钢表面粗糙度模型可以用式 3-183所示的函数来表示：

$$R_{a,si}=\eta_1(1-\alpha_h h_i-\alpha'_h h_i^2)e^{\alpha_k\sigma_{si}}e^{\alpha_\varepsilon\varepsilon_i}R_{a,r0i}e^{B_L L_i}+\eta_2\text{th}(\beta_h h_i)e^{\beta_k\sigma_{si}}\text{th}(\beta_\varepsilon\varepsilon_i)R_{a,s(i-1)} \tag{3-183}$$

式中 $R_{a,si}$——第 i 机架出口带钢表面粗糙度，μm；

$R_{a,r0i}$——第 i 机架工作辊换辊后原始表面粗糙度，μm；

$R_{a,s(i-1)}$——第 i 机架入口带钢表面粗糙度，μm；

h_i——第 i 机架带钢入口厚度，mm；

α_h——机架出口板面粗糙度轧辊复印部分中机架带材的入口厚度线性影响系数；

α_h'——机架出口板面粗糙度轧辊复印部分中机架带材的入口厚度非线性影响系数；

β_h——机架出口板面粗糙度遗传部分中机架带材的入口厚度影响系数；

σ_{si}——第 i 机架平均变形抗力，取决于带材的材质及轧制条件，MPa；

α_k——机架出口板面粗糙度遗传部分中来料的材质影响系数；

β_k——机架出口板面粗糙度复印部分中来料的材质影响系数；

ε_i——第 i 机架带钢的延伸率，%；

α_ε——机架出口板面粗糙度遗传部分中延伸率影响系数；

β_ε——机架出口板面粗糙度轧辊复印部分中延伸率影响系数；

L_i——第 i 机架带钢的轧制公里数，km；

η_1，η_2——机组设备特性影响参数。

考虑到双机架平整机组的设备与工艺特点，由于延伸率一般比较小，从粗糙度预报这个角度来说，1 号与 2 号机架带材的入口厚度、变形抗力等差别非常小，可以近似认为相等，即：

$$h_2 \approx h_1 = h \tag{3-184}$$

$$\sigma_{s2} \approx \sigma_{s1} = \sigma_s \tag{3-185}$$

式中 h——来料厚度，mm；

σ_s——变形抗力，MPa。

假设机组平整总延伸率为 ε，定义机架间延伸率分配系数为 Ψ，即1号机架与2号机架之间的延伸率之比为 $\Psi:(1-\Psi)$，此时1号机架与2号机架之间的延伸率可以分别表示为：

$$\varepsilon_1 = \Psi\varepsilon \tag{3-186}$$

$$\varepsilon_2 = (1-\Psi)\varepsilon \tag{3-187}$$

将式3-184～式3-187代入式3-183并整理，得到双机架平整机组成品板面粗糙度预报模型为：

$$\begin{aligned} R_{a,s} = &\eta_1(1-\alpha_h h-\alpha'_h h^2)e^{\alpha_k\sigma_s}e^{\alpha_\varepsilon(1-\Psi)\varepsilon}R_{a,r02}e^{B_L L_2} + \\ &\eta_2 \mathrm{th}(\beta_h h)e^{\beta_k\sigma_s}\mathrm{th}[\beta_\varepsilon(1-\Psi)\varepsilon][\eta_1(1-\alpha_h h-\alpha'_h h^2)\times \\ &e^{\alpha_k\sigma_s}e^{\alpha_\varepsilon\Psi\varepsilon}R_{a,r01}e^{B_L L_1} + \eta_2\mathrm{th}(\beta_h h)e^{\beta_k\sigma_s}\mathrm{th}(\beta_\varepsilon\Psi\varepsilon)R_{a,s0}] \end{aligned} \tag{3-188}$$

式中　$R_{a,s}$——机组成品板面粗糙度，μm；

$R_{a,s0}$——来料板面粗糙度，μm。

通过上述模型可以知道，对特定的双机架平整机组而言，在产品的钢种与规格确定的前提下，影响机组成品板面粗糙度的因素有机架工作辊原始表面粗糙度、机架工作辊轧制公里数、来料板面粗糙度等。

3.4.2　双机架平整机组工作辊配辊模型

3.4.2.1　引言

对于双机架平整机组工作辊的配辊，现场以前没有相应的理论及模型支撑，给产品的质量带来较大的影响。因此，经过大量的现场试验与理论研究，充分结合双机架平整机组的设备与工艺特点，在首次引入新的带钢表面粗糙度控制目标函数的基础上，以平整机组两个机架的工作辊在换辊周期内在所有情况下表面粗糙度都可以满足成品板面粗糙度的要求为目标，提出了一套新的适合于双机架平整机组的工作辊配辊模型，保证 1 号机架与 2 号机架轧辊的换辊周期内，在所有情况下工作辊表面粗糙度都可以满足成品板面粗糙度的要求。

3.4.2.2 基本数学模型

假设根据合同要求在一个换辊周期内需要轧制 n 卷带钢，那么根据式 3-188，对应于特定 1 号、2 号机架工作辊原始表面粗糙度下各卷带钢成品表面粗糙度可以用式 3-189 来表示：

$$\begin{aligned}R_{a,sj} = {} & \eta_1(1-\alpha_h h_j-\alpha'_h h_j^2)e^{\alpha_k\sigma_{sj}}e^{\alpha_\varepsilon(1-\Psi_j)\varepsilon_j}R_{a,r02}e^{B_L L_{2j}} + \\ & \eta_2 \mathrm{th}(\beta_h h_j)e^{\beta_k\sigma_{sj}}\mathrm{th}[\beta_\varepsilon(1-\Psi_j)\varepsilon_j] \\ & [\eta_1(1-\alpha_h h_j-\alpha'_h h_j^2)e^{\alpha_k\sigma_{sj}}e^{\alpha_\varepsilon\Psi_j\varepsilon_j}R_{a,r01}e^{B_L L_{1j}} + \\ & \eta_2 \mathrm{th}(\beta_h h_j)e^{\beta_k\sigma_{sj}}\mathrm{th}(\beta_\varepsilon\Psi_j\varepsilon_j)R_{a,s0j}]\end{aligned} \tag{3-189}$$

式中 $R_{a,s0j}$——第 j 卷带材的来料板面粗糙度，μm；

h_j——第 j 卷带材的来料厚度，mm；

ε_j——第 j 卷带材的平整总延伸率，%；

Ψ_j——第 j 卷带材平整过程中的延伸率分配系数；

L_{1j}——第 j 卷带材平整轧制时 1 号机架工作辊换辊后的轧制公里数，对轧制周期内某一特定钢卷而言，其工作辊换辊后的轧制公里数以钢卷中部带钢的累积轧制公里数来替代，km；

L_{2j}——第 j 卷带材平整轧制时 2 号机架工作辊换辊后的轧制公里数；

$R_{a,r01}$——1 号机架工作辊表面原始粗糙度，μm；

$R_{a,r02}$——2 号机架工作辊表面原始粗糙度，μm。

对一个特定的双机架平整机组的平整轧制过程而言，当带材的来料板面粗糙度 $R_{a,s0j}$、带材厚度 h_j、平整总延伸率 ε_j、延伸率分配系数 Ψ_j 以及轧制公里数 L_{1j}、L_{2j} 确定时，根据式 3-189 可以知道，成品板面粗糙度就可以写成 1 号机架与 2 号机架工作辊原始表面粗糙度的函数：

$$R_{a,sj} = f(R_{a,r01}, R_{a,r02}) \tag{3-190}$$

根据双机架平整机组工作辊表面粗糙度的配辊原则，假设轧制周期内各卷成品板面粗糙度的目标值为 $R'_{a,'sj}$、成品板面粗糙度允许最大值与最小值分别为 $R_{a,smaxj}$ 与 $R_{a,sminj}$，为了使1号机架与2号机架工作辊表面原始粗糙度的配辊在轧制周期内所有情况下都可以保证成品板面粗糙度满足用户的要求，并且与目标值的偏差越小越好，特定义以下粗糙度控制目标函数：

$$\begin{cases} F(X) = \dfrac{1}{n}\sqrt{\sum_{j=1}^{n}(R_{a,sj} - R'_{a,'sj})^2} \\ R_{a,sminj} \leqslant R_{a,sj} \leqslant R_{a,smaxj} \end{cases} \tag{3-191}$$

式中　$X = \{R_{a,r01}, R_{a,r02}\}$

因此，双机架平整机组工作辊配辊过程可以简化为寻找一组最优的1号机架与2号机架工作辊表面原始粗糙度 $X = \{R_{a,r01}, R_{a,r02}\}$，使得 $F(X)$ 最小。这个两维寻优问题采用列举法很快就可以得出相关结果。其基本方案如下（如图3-18所示）。

（1）在步骤1中，定义初始目标值 F_0，并赋予 F_0 一个非常大的值，如令 $F_0 = 10^{10}$，同时定义两个中间变量 m_1、m_2，并令 $m_1 = 0$、$m_2 = 0$；

（2）在步骤2中，给定 $R_{a,r01}$ 的搜索步长 Δ_1，并令 $R_{a,r01} = m_1\Delta_1$；

（3）在步骤3中，给定 $R_{a,r02}$ 的搜索步长 Δ_2，并令 $R_{a,r02} = m_2\Delta_2$；

（4）在步骤4中，利用式3-189的粗糙度预报模型计算出当前 $X = \{R_{a,r01}, R_{a,r02}\}$ 状况下的各个钢卷的成品板面粗糙度预报值 $R_{a,sj}(j = 1, 2, \cdots, n)$；

（5）在步骤5中，判断不等式 $R_{a,sminj} \leqslant R_{a,sj} \leqslant R_{a,smaxj}$ 是否成立，如果成立，则转入步骤6；如果不成立，则令 $m_2 = m_2 + 1$、$R_{a,r02} = m_2\Delta_2$ 转入步骤8；

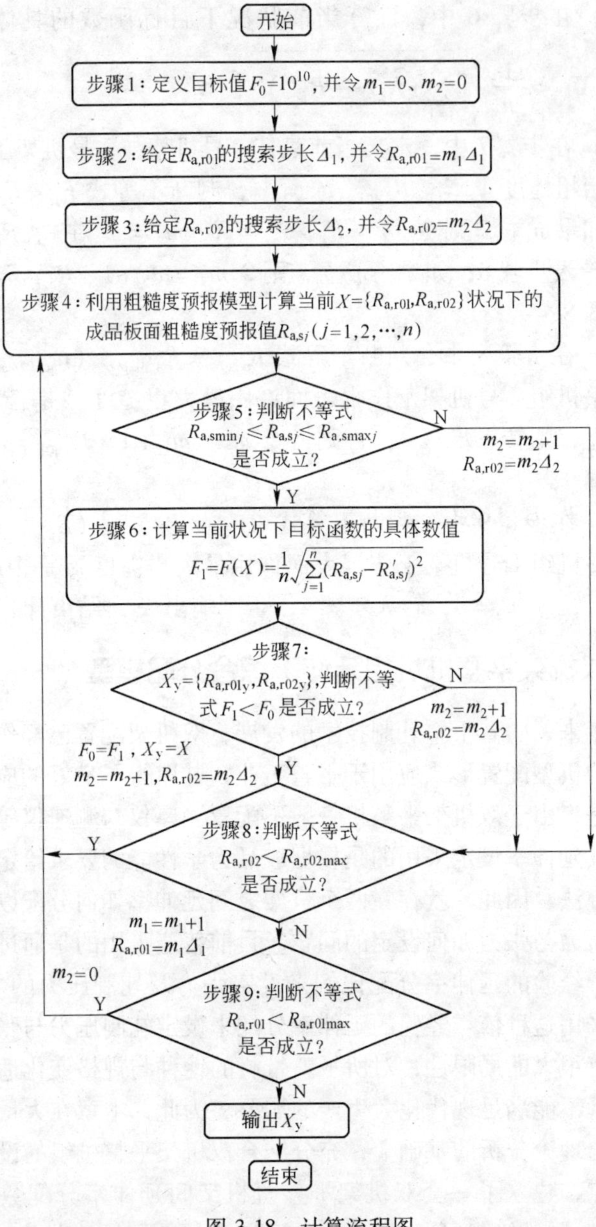
开始
步骤1：定义目标值$F_0=10^{10}$，并令$m_1=0$、$m_2=0$
步骤2：给定$R_{a,r01}$的搜索步长Δ_1，并令$R_{a,r01}=m_1\Delta_1$
步骤3：给定$R_{a,r02}$的搜索步长Δ_2，并令$R_{a,r02}=m_2\Delta_2$
步骤4：利用粗糙度预报模型计算当前$X=\{R_{a,r01},R_{a,r02}\}$状况下的成品板面粗糙度预报值$R_{a,sj}(j=1,2,\cdots,n)$
步骤5：判断不等式$R_{a,smin j}\leqslant R_{a,sj}\leqslant R_{a,smax j}$是否成立？
N
$m_2=m_2+1$
$R_{a,r02}=m_2\Delta_2$
Y
步骤6：计算当前状况下目标函数的具体数值
$F_1=F(X)=\frac{1}{n}\sqrt{\sum_{j=1}^{n}(R_{a,sj}-R'_{a,sj})^2}$
步骤7：$X_y=\{R_{a,r01y},R_{a,r02y}\}$，判断不等式$F_1<F_0$是否成立？
N
$m_2=m_2+1$
$R_{a,r02}=m_2\Delta_2$
$F_0=F_1$，$X_y=X$
$m_2=m_2+1$，$R_{a,r02}=m_2\Delta_2$
Y
步骤8：判断不等式$R_{a,r02}<R_{a,r02max}$是否成立？
Y
N
$m_1=m_1+1$
$R_{a,r01}=m_1\Delta_1$
$m_2=0$
步骤9：判断不等式$R_{a,r01}<R_{a,r01max}$是否成立？
Y
N
输出X_y
结束

图 3-18 计算流程图

(6) 在步骤 6 中，计算当前状况下目标函数的具体数值 $F_1 = F(X) = \frac{1}{n}\sqrt{\sum_{j=1}^{n}(R_{a,sj} - R'_{a,sj})^2}$；

(7) 在步骤7 中，定义当前最佳1 号机架与2 号机架工作辊表面原始粗糙度 $X_y = \{R_{a,r01y}, R_{a,r02y}\}$，判断不等式 $F_1 < F_0$ 是否成立，如果成立，则令 $F_0 = F_1$，$X_y = X$，$m_2 = m_2 + 1$，$R_{a,r02} = m_2\Delta_2$，转入步骤 8；如果不成立，则令 $m_2 = m_2 + 1$、$R_{a,r02} = m_2\Delta_2$ 转入步骤 8；

(8) 在步骤 8 中，判断不等式 $R_{a,r02} < R_{a,r02max}$（$R_{a,r02max}$ 为双机架平整机组 2 号机架工作辊表面许用最大粗糙度）是否成立，如果成立，则转入步骤 4；否则，令 $m_1 = m_1 + 1$、$R_{a,r01} = m_1\Delta_1$，转入步骤 9；

(9) 在步骤 9 中，判断不等式 $R_{a,r01} < R_{a,r01max}$（$R_{a,r01max}$ 为双机架平整机组 1 号机架工作辊表面许用最大粗糙度）是否成立，如果成立，令 $m_2 = 0$，转入步骤 4；否则输出 X_y，结束计算。

3.5 双机架平整机机组延伸率综合分配模型

近年来，随着平整轧制技术的发展，双机架配置已经作为一种重要的机型配置形式应用于平整工业，并取得了良好的应用效果。但是，由于双机架平整机一般不配置测厚仪与测速仪等检测装置，其延伸率设定采用的是根据成品力学性能的要求给定总延伸率的方法。因此，就存在两个机架之间延伸率如何分配以及相应轧制压力与张力如何设定的问题。目前普遍采用的是通过人为给定一个经验的延伸率分配比例来设定张力及轧制压力的方法。显然，采用这种依靠经验的延伸率分配来设定轧制压力与张力的方法具有很大的局限性，对所平整带材的钢种与规格变化适应性很差，远不能满足现代化大生产的需要。为此，本章在大量的现场调研与理论分析的基础上，充分结合双机架平整机组的设备及工艺特点，建立了一套双机架平整机机架间延伸率分配数学模型[73~75]，同时给出了相应的机架间张力与轧制压力设定方法，并将其应用于某冷轧厂1220双机架平整机，取得了良好的效果。根据研究，本模型主要包括三个部分：（1）板形与延伸率分配的关系；（2）成品带钢表面粗糙度与延伸率的关系；（3）机架间轧制压力与延伸率综合分配及张力优化设定模型。

3.5.1 板形与延伸率分配的关系

根据金属变形模型可知，对双机架平整机而言，在轧制过程中，其任意机架带材的前后张力分别可用式3-192和式3-193的函数表示：

$$\sigma_{1ji} = f_1(h_{ji}, H_{ji}, L_{ji}, B, T_{j0}, T_{j1}) \tag{3-192}$$

$$\sigma_{0ji} = f_0(h_{ji}, H_{ji}, L_{ji}, B, T_{j0}, T_{j1}) \tag{3-193}$$

式中 j——机架数，$j=1$ 表示双机架平整机的1号机架，$j=2$ 表示双机架平整机的2号机架；

h_{ji}——第 j 机架出口带材厚度横向分布值，mm；

H_{ji}——第 j 机架入口带材厚度横向分布值，mm；

L_{ji}——第 j 机架入口带材板形分布值，I；

T_{j0}——第 j 机架平均后张力，kN；

T_{j1}——第 j 机架平均前张力，kN；

B——带材的宽度，mm。

根据轧制理论中的辊系弹性变形模型可知，双机架平整机任意一机架出口带材的厚度分布值可以用式3-194的函数来表示：

$$h_{ji} = f_2(P_j, S_{wj}, S_{mj}, \delta_j, \Delta D_{wji}, \Delta D_{mji}, \Delta D_{bji}, H_{ji}, \sigma_{1ji}, \sigma_{0ji}) \tag{3-194}$$

式中 P_j——第 j 机架的轧制压力设定值，N；

S_{wj}——第 j 机架的工作辊弯辊力，N；

S_{mj}——第 j 机架的中间辊弯辊力，N；

δ_j——第 j 机架的中间辊窜动量，mm；

ΔD_{wji}——第 j 机架工作辊（六辊机型的双机架平整机有中间辊，而四辊机型的双机架平整机则没有该项）的凸度分布值，mm；

ΔD_{mji}——第 j 机架中间辊的凸度分布值，mm；

ΔD_{bji}——第 j 机架支撑辊的凸度分布值，mm。

同样，根据轧制压力模型可以知道，轧制压力设定值 P_j 可以用式 3-195 的函数来表示：

$$P_j = f_3(T_{j0}, T_{j1}, \varepsilon_j, B, \overline{H}_j) \tag{3-195}$$

式中　$\overline{H}_j$——第 j 机架入口带材平均厚度，mm；

ε_j——第 j 机架带材的延伸率，%。

显然，对双机架平整机而言，在上述参数中，以下等式恒成立：

$$H_{2i} = h_{1i} \tag{3-196}$$

$$L_{2i} = \sigma_{11i} \tag{3-197}$$

$$T_{21} = T_{10} \tag{3-198}$$

$$\overline{H}_2 = (1 - \varepsilon_1)\overline{H}_1 \tag{3-199}$$

假设总延伸率为 ε，定义机架间延伸率分配系数为 Ψ，即 1 号机架与 2 号机架之间的延伸率之比为 Ψ:（$1 - \Psi$)，因此 1 号机架与 2 号机架之间的延伸率可以分别表示为：

$$\varepsilon_1 = \Psi\varepsilon \tag{3-200}$$

$$\varepsilon_2 = (1 - \Psi)\varepsilon \tag{3-201}$$

对一个特定的轧制过程而言，如果带材来料参数 $\overline{H}_1$、H_{1i}、L_{1i}、B、总延伸率 ε 以及各机架工作辊凸度 ΔD_{wji}、中间辊凸度 ΔD_{mji} 与支撑辊凸度 ΔD_{bji} 等确定，联立式 3-192 ~ 式 3-201，即可将表征成品板形的 2 号机架前张力横向分布值 σ_{12i} 用一个以延伸率分配系数 Ψ，平均前张力 T_{21}、平均中张力 T_{20}、平均后张力 T_{10}，各机架弯辊力 S_{w1}、S_{w2}、S_{m1}、S_{m2}，各个机架中间辊窜动量 δ_1、δ_2 为自变量的函数来表示：

$$\sigma_{12i} = f_4(\Psi, T_{21}, T_{20}, T_{10}, S_{w1}, S_{w2}, S_{m1}, S_{m2}, \delta_1, \delta_2) \tag{3-202}$$

3.5.2 成品带钢表面粗糙度与延伸率分配的关系

根据式 3-188 可以知道，对双机架平整机而言，成品带材表面粗糙度也是延伸率分配系数 Ψ 的函数，可以写成：

$$R_{a,strip} = f_5(\Psi) \tag{3-203}$$

3.5.3 机架间轧制压力与延伸率综合分配及张力优化设定模型

对双机架平整机而言，在总延伸率给定即成品的力学性能已经保证的前提下，机架间张力设定与延伸率分配的目标应该是基态弯辊力下带材的出口板形最好[76]，同时带材表面粗糙度要满足用户的需求。需要说明的是，之所以把弯辊力设定在基态，主要是考虑到使弯辊力在轧制过程中有足够的上下调节范围，最大限度地利用弯辊力对板形的控制能力。

与此同时，在平整生产实践中，人们一般是通过检测板带材前张力的横向分布来判断板形的好坏的，也就是说，板形控制的目标就在于使带材横向前张力差最小。基于此，在分析时可以把双机架平整机张力设定与延伸率分配计算目标函数表示为：

$$\begin{cases} F(X) = \alpha[\max(\sigma_{12i}) - \min(\sigma_{12i})]/T_{21} + \\ \qquad (1-\alpha)(R_{a,strip} - R_{a,strip00})/R_{a,strip00} \\ T_{j\min} \leqslant T_{21} \leqslant T_{j\max} \\ T_{k\min} \leqslant T_{10} \leqslant T_{k\max} \\ S_j = S_{j0} \\ X = \{\Psi, T_{21}, T_{20}, T_{10}\} \end{cases} \tag{3-204}$$

式中 $T_{j\min}$——S 辊允许的最小前张力，Pa；

$T_{j\max}$——S 辊允许的最大前张力，Pa；

$T_{k\min}$——S 辊所允许的最小后张力，Pa；

$T_{k\max}$——S 辊所允许的最大后张力，Pa。

式 3-204 中,计算板形值时弯辊力取基态,它满足以下方程：

$$\begin{cases} S_{w0j} = \dfrac{S^+_{w\max i} - S^-_{w\max i}}{2} \\ S_{m0j} = \dfrac{S^+_{m\max i} - S^-_{m\max i}}{2} \end{cases} \tag{3-205}$$

式中　S_{w0j}——第 j 机架工作辊的基态弯辊力；

S_{m0j}——第 j 机架中间辊的基态弯辊力；

S^{+}_{wmaxi}——第 j 机架工作辊的最大正弯辊力；

S^{-}_{wmaxi}——第 j 机架工作辊的最大负弯辊力；

S^{+}_{mmaxi}——第 j 机架中间辊的最大正弯辊力；

S^{-}_{mmaxi}——第 j 机架中间辊的最大负弯辊力。

这样一个优化计算问题采用 Powell 法可以较快地得出计算结果（计算框图见图 3-19）。

显然，在得出延伸率分配系数 Ψ、平均前张力 T_{21}、平均中张力 T_{20}、平均后张力 T_{10} 的值之后，根据式 3-204 就可以求出相

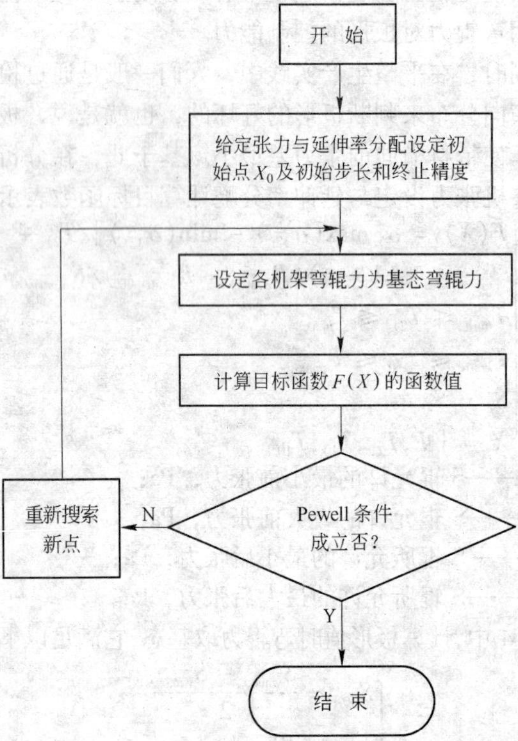

图 3-19　计算框图

应的1号机架与2号机架轧制压力的设定值P_1、P_2。

3.5.4 模型在现场的应用

为了解决某冷轧薄板厂1220双机架平整机机架之间的延伸率分配问题，实现张力与轧制压力的自动设定，同时提高平整成品的板形精度，利用本节所介绍的相关理论，著者开发出了一套“双机架平整机轧制压力设定与板形控制离线仿真软件”，并将其应用到生产实践，对所有平整带材进行了延伸率自动分配及张力与轧制压力的自动设定，使用效果非常明显。根据现场三个多月的跟踪统计与考核，使用该模型后，带材的板形精度整体提高了30%左右，90%以上的带材平整后平直度在4I以内，为厂方创造了大量的经济效益。

为了进一步分析模型使用效果，以某1220双机架平整机（其设备参数见表3-7）经常生产的两个典型规格产品为例，采用两种延伸率分配模式（即原先的延伸率80∶20固定分配模式和现在的延伸率通过模型计算分配模式）分别轧制三卷带材

表3-7 某1220双机架平整机设备参数

参数名称	1号机架	2号机架
工作辊直径 D_w/mm	450	480
工作辊凸度 ΔD_w/mm	0.08	0.04
支撑辊直径 D_b/mm	1139	1120
支撑辊凸度 ΔD_b/mm	0	0
工作辊辊身长 L_w/mm	1219	1219
支撑辊辊身长 L_b/mm	1219	1219
工作辊压下螺丝中心距 l_w/mm	2057	2057
支撑辊压下螺丝中心距 l_b/mm	2057	2057

（相关轧制工艺参数见表3-8），测出出口带材的板形值，结果如图3-20和图3-21所示。其中，图3-20(a)、图3-21(a)表示延伸率采用固定分配模式时三卷带材的出口板形情况；图3-20(b)、图3-21(b)表示延伸率采用模型计算分配模式时三卷带材的出口板形情况。需要说明的是，由于该平整机没有板形仪，所以在测量板形时采用的是分割法，即将带材沿宽度方向裁成20个小条，然后通过测量每条的长度反推出板形值，因此所得出的出口带材板形分布值存在着一定的不连续性。

表3-8　典型规格产品试验时的相关工艺参数

参数名称	1号规格		2号规格	
	固定模式①	计算模式②	固定模式①	计算模式②
带材规格/mm×mm	0.23×890		0.20×840	
钢　种	MR		SPCC（St12）	
总延伸率 ε/%	0.5		0.7	
轧制速度 v/m·min^{-1}	900		900	
1号机架弯辊力设定值 S_1/kN	50		50	
2号机架弯辊力设定值 S_2/kN	50		50	
延伸率分配比例	80∶20	68∶32	80∶20	72∶28
1号机架轧制压力设定值 P_1/kN	3800	3264	3300	3148
2号机架轧制压力设定值 P_2/kN	2400	2705	1600	1789
前张力设定值 T_{21}/kN	60	66	60	57
中张力设定值 T_{20}/kN	120	109	100	121
后张力设定值 T_{10}/kN	65	70	65	62

①指原先的延伸率80∶20固定分配模式；

②指延伸率通过模型计算的分配模式。

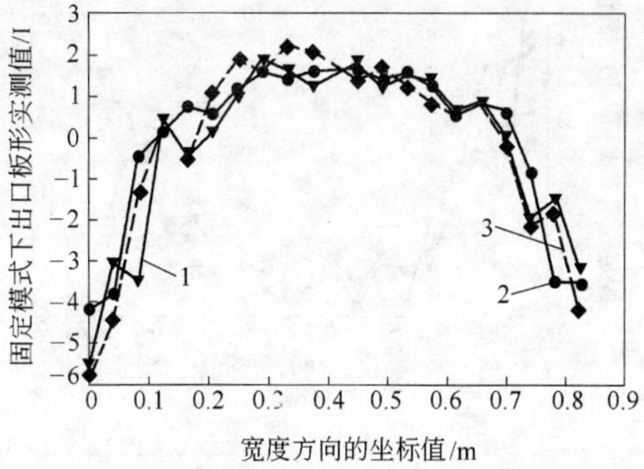

(a)

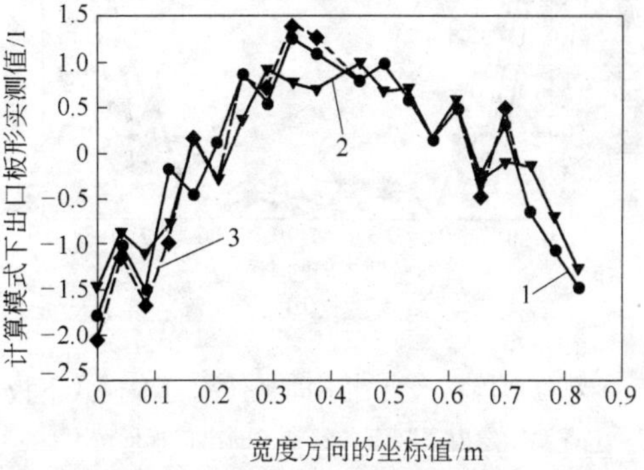

(b)

图 3-20 1 号典型规格产品在不同延伸率分配模式下板形对比

(a)“固定模式”下各卷带材的出口板形情况：
1—轧制第一卷带材时的实测板形分布曲线；2—轧制第二卷带材时的实测板形分布曲线；3—轧制第三卷带材时的实测板形分布曲线

(b)“计算模式”下各卷带材的出口板形情况：
1—轧制第一卷带材时的实测板形分布曲线；2—轧制第二卷带材时的实测板形分布曲线；3—轧制第三卷带材时的实测板形分布曲线

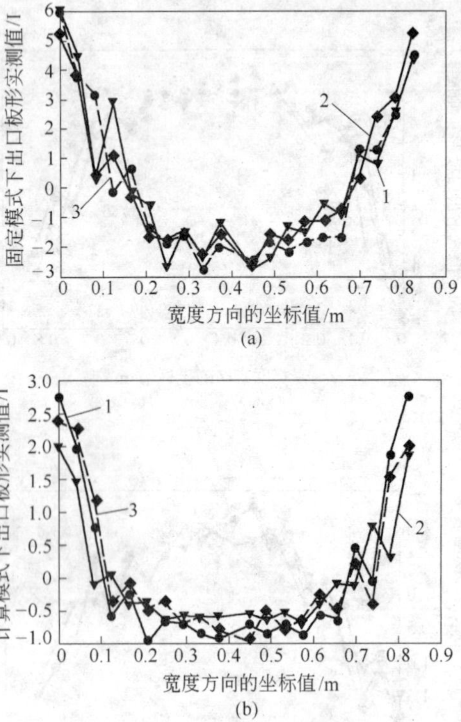

图 3-21　2 号典型规格产品在不同延伸率分配模式下板形对比

(a)“固定模式”下各卷带材的出口板形情况：

1—轧制第一卷带材时的实测板形分布曲线；2—轧制第二卷带材时的实测板形分布曲线；3—轧制第三卷带材时的实测板形分布曲线

(b)“计算模式”下各卷带材的出口板形情况：

1—轧制第一卷带材时的实测板形分布曲线；2—轧制第二卷带材时的实测板形分布曲线；3—轧制第三卷带材时的实测板形分布曲线

通过图 3-20 和图 3-21 可以看出，采用本节所介绍的相关模型分配延伸率，并相应地设定张力与轧制压力之后，在同样的弯辊力下，带材的板形精度相对固定延伸率分配模式的情况有了较大幅度的提高。这就是说，在保证平整后带材力学性能的前提下，采用以板形最好为目标函数来分配双机架平整机机架之间延伸率是提高带材板形精度的一种有效途径。

3.6 双 UCM 平整机组色差综合控制模型

在平整轧制过程中，由于带钢表面轧制压力与延伸率的分布不均匀，带钢或者轧辊表面粗糙度会出现局部不均匀，造成其反光性的差异，从而在视觉上表现为色差。色差缺陷的出现大大降低了产品的表面质量，使得产品不得不降级处理，给企业造成较大的经济损失。以前，现场对色差问题的治理往往依赖现场经验，并且将轧辊与带材孤立开来分别治理，因此效果不佳。为此，著者经过大量的现场试验与理论研究，充分结合平整机组的设备与工艺特点，以双机架 UCM 机型的平整机组为例，在分别提出带材色差影响函数、轧辊色差影响函数以及色差综合控制目标函数的基础上，提出了一套平整机组色差综合控制模型[77,78]。

3.6.1 平整过程中带钢与轧辊表面色差模型的建立

根据生产实践可以知道，一般而言，色差分带材表面色差与轧辊表面色差两种。带材表面色差与轧辊表面的色差是互相作用的，既有可能出现因为轧制压力局部过大而使得带材表面先出现色差，影响轧辊，也有可能是因为轧辊辊间接触压力不均匀，局部过大，先在轧辊表面出现色差，而后影响到带钢表面。为了保证生产出合格的产品，带材与轧辊表面都不允许出现色差问题，两者必须综合治理。以下以某厂 1220 双机架平整机组的现场实际数据为例，在对相关带钢与轧辊表面色差产生的机理进行简单分析的基础上，建立相关数学模型，对带材与轧辊表面的色差问题进行定量研究。

3.6.1.1 带钢表面色差模型的建立

A 带钢表面色差机理分析

根据大量的现场实验跟踪和理论分析可以知道，对双机架平整机而言，在平整轧制过程中，之所以在带钢表面出现色差，其主要原因是带钢表面粗糙度出现局部不均匀，造成其反光性的差异，从而在视觉上表现为色差。而带钢表面之所以会出现粗糙度局部不均匀的问题，其主要原因是带钢表面轧制压力与延伸率分布不均匀。需要说明的是，在本书 2.4 节及 3.4 节中建立的平整机组成品板面粗糙度预报模型之所以忽略掉轧制压力影响，主要是考虑模型所要预报的是一个板面整体平均粗糙度的概念，属于统计意义上的。并且还有一个前提条件，就是机组轧制规程是稳定的，同样材质、同样规格的带材在生产过程中采用相同的规程，因此在相同平整延伸率的情况下带材的轧制压力基本是不变的。但是，在平整轧制过程中，由于辊型、中间辊窜辊、张力制度等设定不合理，会导致沿着带材横向轧制压力与延伸率的分布不均匀，造成带钢表面粗糙度不均，超过一定极限之后将会出现色差。在生产过程中，当辊型及轧制工艺参数设定不合理时，轧制压力在带材中部会出现尖峰分布，这时会在带钢的中部出现色差。而在带材边部，由于轧辊与带材接触处的边部效应，使得边部带材所受轧制压力过大，因此往往在边部 50mm 左右会出现色差。实际上，轧辊与带材接触处边部效应产生的一个重要原因就是轧制压力引起轧辊压扁变形沿着横向分布的不均匀。根据半无限体模型，垂直作用于半无限大平面上的集中力或者分布力引起该平面上某点的垂直位移，与该点距力的作用点或作用区的距离成反比，随着这个距离的增大，垂直位移迅速减少。所以，在轧辊与带材接触部分的中部各点两边都受力，而在轧辊与带材接触部分的边部点仅单侧受力，与之对应，轧辊中部的垂直位移要比边部大得多，所以在带材边部轧辊压扁小，轧制压力大，并且在带材边部会出现所谓的边部减薄问题。此时，如果中间辊窜动量增大至带钢与工作辊接触处，可以增大该部位工作辊的弹性压扁，能够在一定程度上缓解色差缺陷。

根据现场实验跟踪可以知道，色差的出现往往是逐步的，开始只有一点点，然后逐步扩散，随着轧制的进行，色差条将会越来越多。之所以出现这种现象，其过程可以简单地表述为：起初，由于某种原因在带钢横向方向出现轧制压力或者延伸率局部过大，造成该部位粗糙度过大，出现微量色差；随着轧制的进行，由于色差部位粗糙度大，该部位的摩擦系数就大，这就进一步加大了该部位的轧制压力与延伸率；由于该部位轧制压力及延伸率的增大，使得粗糙度更加增大，色差更加明显，摩擦系数更大……；这样恶性循环，逐步加码，从而造成色差条由小到大，逐步展开。

B 带钢表面色差模型的建立

实际上，根据生产实践可以知道，在色差部位往往伴随着一定的浪形，因此治理表面色差与治理板形缺陷问题并不矛盾，可以统一协调治理。为了定量描述色差出现的概率，同时建立轧制压力及延伸率（即板形）对带材色差综合影响的数学模型，特提出一个带材色差影响函数

$$F_{sj}(X)=\left(\frac{k_0}{k}\right)^{0.87}\left[\alpha\frac{\max(q'_{ji})-\min(q'_{ji})}{\frac{1}{n}\sum_{i=1}^{n}q'_{ji}}+(1-\alpha)\frac{\max(\sigma_{1ji})-\min(\sigma_{1ji})}{T_{1j}}\right] \tag{3-206}$$

式中 X——所有影响板形与轧制压力横向分布的因素；

k_0——标准变形抗力，Pa，对某 1220 双机架平整机组而言，在带材色差模型回归过程中，$k_0=200\times10^6$ Pa；

k——带材的实际变形抗力，Pa；

j——机架编号，$j=1$ 表示 1 号机架，$j=2$ 表示 2 号机架；

i——带材的横向条元；

n——带材总的横向条元数；

q'_{ji}——第 j 机架带材平整过程中轧制压力的横向分布值，N/m；

σ_{1ji}——第 j 机架带材平整过程中前张力的横向分布值，直接表征板形，Pa；

T_{1j}——第 j 机架平均前张力，Pa；

α——加权系数，一般 $\alpha = 0.6$。

需要说明的是，在式 3-206 中，$\left(\frac{k_0}{k}\right)^{0.87}$ 为带钢表面硬度影响系数，在相同情况下，带钢越软越容易出现色差；$\frac{\max(q'_{ji}) - \min(q'_{ji})}{\frac{1}{n}\sum_{i=1}^{n} q'_{ji}}$ 为带钢表面色差中轧制压力影响因素；$(1-\alpha)\frac{\max(\sigma_{1ji}) - \min(\sigma_{1ji})}{T_{1j}}$ 为带钢色差中延伸率影响因素。

针对双机架平整机组的设备与工艺特点，结合大量的现场实际数据跟踪，得出带材色差出现的临界条件为带材色差影响函数不大于 0.25，即

$$F_{sj}(X) = \left(\frac{k_0}{k}\right)^{0.87}\left[\alpha \frac{\max(q'_{ji}) - \min(q'_{ji})}{\frac{1}{n}\sum_{i=1}^{n} q'_{ji}} + (1-\alpha)\frac{\max(\sigma_{1ji}) - \min(\sigma_{1ji})}{T_{1j}}\right] \leqslant 0.25 \tag{3-207}$$

对双机架平整机组而言，不管哪一机架带材出现了色差都是不允许的。因此，可以进一步把双机架平整机组的带材色差影响函数及相应的临界判断条件定义为：

$$F_s(X) = \max F_{sj}(X) \leqslant 0.25 \quad (j = 1,2) \tag{3-208}$$

3.6.1.2　轧辊表面色差模型的建立

A　轧辊表面色差机理分析

根据现场实际数据可以知道，在轧制过程中，双机架平整机组轧辊表面之所以出现色差问题，其主要原因是辊间压力分布严重不均匀，出现较大的尖峰分布。造成这种辊间压力的严重不均

匀的主要原因有四个：（1）轧辊辊型设计不合理；（2）轧辊异常磨损，出现局部高点；（3）轧辊热辊型；（4）中间辊窜动过大。需要说明的是，由于轧辊表面硬度远远大于带材，因此带材与轧辊接触处轧制压力的分布不均匀一般不会造成轧辊表面色差，而是先出现带材表面色差。因此，轧辊表面的色差应该从轧辊辊型、轧辊表面特性等方面进行研究。

B　轧辊表面色差模型的建立

为了定量描述轧辊色差出现的概率，同时建立辊间压力及轧辊特性对轧辊色差影响的数学模型，特提出一个轧辊色差影响函数：

$$F_{\mathrm{r}j}(X)=\max\left\{\left[\frac{K_0}{\min(K_{\mathrm{m}j},K_{\mathrm{w}j})}\right]^{0.63}\left[\frac{\max(q_{\mathrm{mw}ji})-\min(q_{\mathrm{mw}ji})}{\frac{1}{n_{j1}}\sum_{i=1}^{n_1}q_{\mathrm{mw}ji}}\right],\left[\frac{K_0}{\min(K_{\mathrm{m}j},K_{\mathrm{b}j})}\right]^{0.63}\left[\frac{\max(q_{\mathrm{mb}ji})-\min(q_{\mathrm{mb}ji})}{\frac{1}{n_{j2}}\sum_{i=1}^{n_2}q_{\mathrm{mb}ji}}\right]\right\} \tag{3-209}$$

式中　X——所有影响辊间压力横向分布的因素；

j——机架编号，$j=1$ 表示 1 号机架，$j=2$ 表示 2 号机架；

K_0——标准轧辊表面硬度，对某 1220 双机架平整机组而言，在轧辊色差模型回归过程中，$K_0=1200\mathrm{MPa}$；

$K_{\mathrm{w}j}$——第 j 机架工作辊表面实际硬度，MPa；

$K_{\mathrm{m}j}$——第 j 机架中间辊表面实际硬度，MPa；

$K_{\mathrm{b}j}$——第 j 机架支撑辊表面实际硬度，MPa；

i——带材的横向条元；

n_{j1}——第 j 机架工作辊与中间辊接触部分总的横向条元数；

n_{j2}——第 j 机架支撑辊与中间辊接触部分总的横向条元数；

$q_{\mathrm{mw}ji}$——第 j 机架带材平整过程中中间辊与工作辊辊间压力的横向分布值，N/m；

$q_{\mathrm{mb}ji}$——第 j 机架带材平整过程中中间辊与支撑辊辊间压力

的横向分布值，N/m。

针对双机架平整机组的设备与工艺特点，结合大量的现场实际数据跟踪，得出轧辊色差出现的临界条件为轧辊色差影响函数小于 0.46，即

$$F_{rj}(X) = \max\left\{\begin{array}{l}\left[\dfrac{K_0}{\min(K_{mj},K_{wj})}\right]^{0.63}\left[\dfrac{\max(q_{mwji}) - \min(q_{mwji})}{\dfrac{1}{n_{j1}}\sum\limits_{i=1}^{n_1} q_{mwji}}\right], \\ \left[\dfrac{K_0}{\min(K_{mj},K_{bj})}\right]^{0.63}\left[\dfrac{\max(q_{mbji}) - \min(q_{mbji})}{\dfrac{1}{n_{j2}}\sum\limits_{i=1}^{n_2} q_{mbji}}\right]\end{array}\right\} \leqslant 0.46 \tag{3-210}$$

同样的，由于对双机架平整机组而言，不管哪一机架轧辊出现了色差都是不允许的。因此，可以把双机架平整机组的轧辊色差影响函数及相应的临界判断条件定义为：

$$F_r(X) = \max F_{rj}(X) \leqslant 0.46 \quad (j = 1,2) \tag{3-211}$$

3.6.2 双机架平整机组色差综合控制目标函数的提出

在双机架平整机组的平整轧制过程中，无论是轧辊表面还是带材表面，色差都是不允许的。因此，治理色差必须对轧辊与带材表面进行综合治理，保证轧制过程中轧辊与带材表面都不出现色差问题。为此，针对双机架平整机组的设备与工艺特点，特提出一个色差综合控制目标函数：

$$\begin{cases} F(X) = \beta F_s(X) + (1-\beta)F_r(X) \\ F_s(X) \leqslant 0.25 \\ F_r(X) \leqslant 0.46 \end{cases} \tag{3-212}$$

式中 β——加权系数。

实际上，根据轧制原理中六辊轧机的金属变形模型与辊系弹性变形模型可以知道，影响双机架平整机组板形、轧制压力及辊间压力的主要因素有 1 号机架及 2 号机架工作辊与中间辊弯辊力 S_{w1}、S_{w2}、S_{m1}、S_{m2}，1 号机架及 2 号机架中间辊窜动量 δ_1、δ_2、1 号机架及 2 号机架轧制压力设定值 P_1、P_2，机组的前张力、中张力及后张力 T_{10}、T_{11}、T_{21} 等。这就是说，板形、轧制压力及辊间压力影响因数 X 可以表示为：

$$X = \{S_{w1}, S_{w2}, S_{m1}, S_{m2}, \delta_1, \delta_2, P_1, P_2, T_{10}, T_{11}, T_{21}\} \quad (3\text{-}213)$$

通过式 3-213 就可以把双机架平整机组色差与表面质量控制问题转换为寻求一个合适的板形、轧制压力及辊间压力影响因数 $X = \{S_{w1}, S_{w2}, S_{m1}, S_{m2}, \delta_1, \delta_2, P_1, P_2, T_{10}, T_{11}, T_{21}\}$，使得 $F(X)$ 最小，基本算法将在 3.7 节、3.8 节中详细介绍。

3.6.3 双机架平整机组色差影响因素及其现场治理方向

根据前面的研究可以知道，对双机架平整机组而言，影响带钢及轧辊表面色差的主要因素为轧制压力及辊间压力的横向分布均匀程度。根据双机架平整机组轧制压力及辊间压力横向分布理论计算模型可以知道，现场色差治理及带钢表面质量控制的主要参数根据其性质的不同可以分成三类：（1）第一类为静态参数，包括机组 1 号机架及 2 号机架轧制压力设定值 P_1、P_2，机组的前张力、中张力及后张力 T_{10}、T_{11}、T_{21} 等五个参数；（2）第二类为辊系模型参数，包括 1 号及 2 号机架工作辊与中间辊弯辊力 S_{w1}、S_{w2}、S_{m1}、S_{m2}，1 号及 2 号机架中间辊窜动量 δ_1、δ_2，例如，增大中间辊的窜动量就可以显著地减少工作辊与带材的边部效应，从而有效地缓解带钢边部 50mm 左右的色差问题；（3）第三类为辊型参数，主要包括 1 号机架及 2 号机架工作辊、中间辊及支撑辊的辊型。因此，现场色差治理的基本思路就可以从三个方面入手：（1）金属模型预设定参数的优化；（2）主要辊系参数的优化设定；（3）辊型参数的优化设定。对辊型参数而言，在一定的生产计划内应该是稳定的，因此一般根据产品大钢离线优化，这部分内容将在第 4 章中详细分析。而本章 3.7 节、3.8 节将重点建立相关数学模型，研究金属模型预设定参数与辊系模型参数的优化问题。基于此，可以把色差治理及带钢表面质量控制参数表示为：

$$\begin{cases} X = \{X_1, X_2\} \\ X_1 = \{S_{w1}, S_{w2}, S_{m1}, S_{m2}, \delta_1, \delta_2\} \\ X_2 = \{P_1, P_2, T_{10}, T_{11}, T_{21}\} \end{cases} \tag{3-214}$$

相应的，可以把色差治理及带钢表面质量在线控制过程分为两个部分：第一部分是轧制压力、前中后张力等金属模型参数的综合优化；第二部分则是在金属模型参数的综合优化基础上，对辊系模型预设定参数进行优化。在优化过程中，根据侧重点不同，可以采用不同的优化目标函数。

3.7　双机架平整机组金属模型参数综合优化模型

虽然从钢板的生产流程来看，其生产过程涉及成分设计、冶炼、轧制、退火、平整等多道工序，各道工序对成品的质量都有不同程度的影响。但平整作为拓展产品钢板生产流程中接近成品的一道主要工序，直接影响成品带钢的力学性能、外形质量、表面粗糙度、表面质量等技术指标，因此尤为重要。在平整工序中既可以通过控制平整延伸率来保证带钢的力学性能，又可以通过控制板形来保证带钢的外形质量，还可以通过控制轧制压力及辊间压力的横向分布来保证带钢及轧辊的表面质量，更可以通过控制轧辊表面粗糙度、轧制计划、机架延伸率分配来控制带材表面粗糙度。但是，生产实践表明，如何实现在保证平整带材板形质量的同时又满足其力学性能及表面质量要求，一直是现场亟待解决的一道难题。为此，本节经过大量的现场试验与理论研究，在提出一个板形与力学性能及表面粗糙度综合控制目标函数的基础上，根据金属模型参数的优化特点及双机架平整机组的设备特征，将板形与力学性能以及带钢表面粗糙度作为控制目标，而将色差控制作为约束条件，建立了一套双机架平整机组轧制力及前中后张力协调控制数学模型，并将其应用到某 1220 双机架平整机组的生产实践，取得了良好的使用效果。基本数学模型如下。

根据金属变形模型可知，对 DCR 机组而言，在轧制过程中，其任意机架带材的前后张力分别可用式 3-215 和式 3-216 的函数表示：

$$\sigma_{1ji} = f_1(h_{ji}, H_{ji}, L_{ji}, B, T_{j0}, T_{j1}) \tag{3-215}$$

$$\sigma_{0ji} = f_0(h_{ji}, H_{ji}, L_{ji}, B, T_{j0}, T_{j1}) \tag{3-216}$$

式中 j——机架数，$j=1$ 表示 DCR 机组的 1 号机架，$j=2$ 表示 DCR 机组的 2 号机架；

h_{ji}——第 j 机架出口带材厚度横向分布值，mm；

H_{ji}——第 j 机架入口带材厚度横向分布值，mm；

L_{ji}——第 j 机架入口带材板形分布值，I；

T_{j0}——第 j 机架平均后张力，Pa；

T_{j1}——第 j 机架平均前张力，Pa；

B——带材的宽度，mm。

根据轧制理论中的辊系弹性变形模型可知，双机架平整机任意一机架出口带材的厚度分布值可以用式 3-217 的函数来表示：

$$h_{ji} = f_2(P_j, S_{wj}, S_{mj}, \delta_j, \Delta D_{wji}, \Delta D_{mji}, \Delta D_{bji}, H_{ji}, \sigma_{1ji}, \sigma_{0ji}) \tag{3-217}$$

式中 P_j——第 j 机架的轧制压力设定值，N；

S_{wj}——第 j 机架的工作辊弯辊力，N；

S_{mj}——第 j 机架的中间辊弯辊力，N；

δ_j——第 j 机架的中间辊窜动量，mm；

ΔD_{wji}——第 j 机架工作辊的凸度分布值，mm；

ΔD_{mji}——第 j 机架中间辊的凸度分布值，mm；

ΔD_{bji}——第 j 机架支撑辊的凸度分布值，mm。

根据轧制压力与延伸率关系模型可以知道，在轧制压力设定值为 P_j 时，延伸率可以用式 3-218 的函数来表示：

$$\varepsilon_j = f_3(T_{j0}, T_{j1}, P_j, B, \overline{H}_j) \tag{3-218}$$

式中　$\overline{H}_j$——第 j 机架入口带材平均厚度，对双机架二次冷轧机组而言，$\overline{H}_2 = \overline{H}_1(1-\varepsilon_1)$；

ε_j——第 j 机架带材的延伸率,%。

根据式 3-218 可以知道，平整轧制后成品带钢的延伸率可以表示为：

$$\begin{aligned}\varepsilon &= \varepsilon_1 + \varepsilon_2 \\ &= f_3(T_{10}, T_{11}, P_1, B, \overline{H}_1) + f_3(T_{20}, T_{21}, P_2, B, \overline{H}_2)\end{aligned} \tag{3-219}$$

对一个特定的轧制过程而言，如果带材来料参数 $\overline{H}_1$、H_{1i}、L_{1i}、B 以及各机架工作辊凸度 ΔD_{wji}、中间辊凸度 ΔD_{mji} 与支撑辊凸度 ΔD_{bji} 以及工作辊弯辊、中间辊弯辊、中间辊窜动量等参数确定，联立式 3-215 ~ 式 3-219，即可将表征成品板形的 2 号机架前张力横向分布值 σ_{12i}、表征成品力学性能指标的延伸率 ε 分别用一个以轧制压力设定值 P_1 与 P_2、平均前张力 T_{21}、平均中张力 T_{20}、平均后张力 T_{10} 为自变量的函数来表示：

$$\sigma_{12i} = f_4(P_1, P_2, T_{21}, T_{20}, T_{10}) \tag{3-220}$$

$$\varepsilon = f_5(P_1, P_2, T_{21}, T_{20}, T_{10}) \tag{3-221}$$

同时，对双机架平整机组而言，根据前面的研究可以知道，其出口带材表面粗糙度可以表示为：

$$\begin{aligned} R_{a,s} = {} & \eta_1(1 - \alpha_h \overline{H}_2 - \alpha'_h \overline{H}_2^{\,2}) e^{\alpha_k \sigma_s} e^{\alpha_\varepsilon \varepsilon_2} R_{a,r02} e^{B_L L_2} + \\ & \eta_2 \mathrm{th}(\beta_h \overline{H}_2) e^{\beta_k \sigma_s} \mathrm{th}(\beta_\varepsilon \varepsilon_2) \{ \eta_1 (1 - \alpha_h \overline{H}_1 - \\ & \alpha'_h \overline{H}_1^{\,2}) e^{\alpha_k \sigma_s} e^{\alpha_\varepsilon \varepsilon_1} R_{a,r01} e^{B_L L_1} + \\ & \eta_2 \mathrm{th}(\beta_h \overline{H}_1) e^{\beta_k \sigma_s} \mathrm{th}(\beta_\varepsilon \varepsilon_1) R_{a,s0} \} \end{aligned} \tag{3-222}$$

式中　$R_{a,s}$——双机架平整机组成品板面粗糙度，μm；

σ_s——变形抗力，Pa；

α_h——机架出口板面粗糙度轧辊复印部分中机架带材的入口厚度线性影响系数；

α_h'——机架出口板面粗糙度轧辊复印部分中机架带材的入口厚度非线性影响系数；

β_h——机架出口板面粗糙度遗传部分中机架带材的入口厚度影响系数；

α_k——机架出口板面粗糙度遗传部分来料材质影响系数；

β_k——机架出口板面粗糙度复印部分来料材质影响系数；

α_ε——机架出口板面粗糙度遗传部分中延伸率影响系数；

β_ε——机架出口板面粗轧辊复印部分中延伸率影响系数；

L_i——第 i 机架带钢的轧制公里数，km；

η_1，η_2——双机架平整机组设备特性影响参数。

通过式3-218、式3-219及式3-222可以知道，实际上出口带材表面粗糙度也可以用一个以轧制压力设定值 P_1 与 P_2、平均前张力 T_{21}、平均中张力 T_{20}、平均后张力 T_{10} 为自变量的函数来表示：

$$R_{a,s} = f_6(P_1, P_2, T_{21}, T_{20}, T_{10}) \tag{3-223}$$

对双机架平整机组而言，其轧制压力与机架间张力等金属模型参数设定的目标应该是带材的出口板形最好，成品带材的表面粗糙度与力学性能可以同时满足用户的需求，并且带钢与轧辊表面没有色差等表面缺陷。

与此同时，在平整生产实践中，人们一般通过检测板带材前张力的横向分布来判断板形的好坏，也就是说，板形控制的目标在于使带材横向前张力差最小。而成品的力学性能主要通过延伸率指标的控制来实现。基于此，为了同时保证拓展产品平整轧制过程中的板形、力学性能及表面粗糙度指标，特提出一个板形与力学性能及表面粗糙度综合控制目标函数作为控制目标，同时将色差等表面缺陷的控制作为约束条件，其基本形式为：

$$\begin{cases} F(X_2) = \alpha_1[\max(\sigma_{12i}) - \min(\sigma_{12i})]/T_{21} + \\ \qquad \alpha_2 |R_{a,strip} - R_{a,strip00}|/R_{a,strip00} + \alpha_3 |\varepsilon - \varepsilon_0|/\varepsilon_0 \\ F_s(X_2) \leqslant 0.25 \\ F_r(X_2) \leqslant 0.46 \\ T_{j\min} \leqslant T_{21} \leqslant T_{j\max} \\ T_{k\min} \leqslant T_{10} \leqslant T_{k\max} \\ X_2 = \{P_1, P_2, T_{21}, T_{20}, T_{10}\} \end{cases} \tag{3-224}$$

式中　ε_0——目标延伸率，%；

$T_{j\min}$，$T_{j\max}$——S 辊允许的最小与最大前张力，Pa；

$T_{k\min}$，$T_{k\max}$——S 辊所允许的最小与最大后张力，Pa；

α_1，α_2，α_3——加权系数，$\alpha_1 + \alpha_2 + \alpha_3 = 1$。

通过式 3-223 就可以把双机架平整机组金属模型参数综合优化问题转换为寻求一个合适的轧制压力设定值 P_1 与 P_2、平均前张力 T_{21}、平均中张力 T_{20}、平均后张力 T_{10}，使得 $F(X)$最小。采用一定的算法很快就可以得出相关计算结果。

需要说明的是，本节所介绍的模型与 3.5 节所介绍的“延伸率综合分配模型”相比，区别在于延伸率综合分配模型以恒延伸率控制模式为主，并且不考虑带钢与轧辊表面的色差问题，适合于成品板面粗糙度较大、不容易出现色差缺陷的普通板材的平整参数设定。而本节所介绍的相关模型，以恒轧制压力控制模式为主，充分考虑到带钢与轧辊表面的色差问题，适合于成品板面粗糙度较小、板面质量要求较高的高等级板材平整参数的设定。

3.8　双机架 UCM 机型平整机组辊系参数综合优化模型

对双六辊 UCM 机型的平整机组而言，为了在保证产品板形质量的同时控制带钢的表面质量，减少色差的发生概率，除了必须对轧制压力及张力等金属模型参数进行优化之外，还必须对 1

号机架、2号机架工作辊弯辊与中间辊弯辊以及中间辊窜动等六个部分的辊系参数进行优化。现场在生产中，上述六个部分辊系控制参数的设定以前通常采用的是单独设定的方法。实际上，对双机架平整机组来说，机组的成品板形与表面质量实际上是两个机架六个部分辊系控制参数综合作用的结果。如果两个机架的六个部分辊系控制参数采用单独设定而不是彼此协调的方法，不但容易出现两个机架六个部分辊系控制手段作用相互抵消的现象，削弱对板形及表面质量的控制效果，而且有可能在辊系控制手段综合作用后带来新的附加局部浪形与表面缺陷，影响成品质量。

因此，如何实现双机架平整机组两个机架的辊系参数协调控制，并能达到适时设定，就成为现场攻关的重点。为此，经过大量的现场试验与理论研究，结合双机架六辊UCM机型的平整机组的工艺特点，以充分发挥出机组所有辊系参数控制手段的潜力为前提，将式3-212所建立的双机架平整机组色差综合控制目标函数作为控制目标，著者建立了一套适合于双机架六辊UCM机型的平整机组辊系模型参数综合优化设定模型，开发出了相应的工程上实用的模型计算策略，实现了利用模型对辊系参数的适时设定，并将其应用到某1220双机架平整机组的生产实践，取得了良好的使用效果。

3.8.1 基本数学模型

根据金属变形模型可以知道，对双六辊UCM机型平整机组而言，在平整轧制过程中，1号机架与2号机架的带材前张力横向分布值σ_{11i}、σ_{21i}分别可用式3-225和式3-226的函数表示：

$$\sigma_{11i} = f_1(h_{1i}, H_i, L_i, B, T_{10}, T_{20}) \tag{3-225}$$

$$\sigma_{21i} = f_2(h_{2i}, h_{1i}, \sigma_{11i}, B, T_{20}, T_{21}) \tag{3-226}$$

式中 h_{1i}，h_{2i}——分别为双六辊UCM机型的平整机组1号与2号机架带材出口厚度横向分布值；

H_i——带材来料厚度的横向分布值；

L_i——来料板形的横向分布值；

B——带材的宽度。

根据轧制理论中的辊系弹性变形模型可知，双六辊 UCM 机型的平整机组 1 号与 2 号机架轧后带材的出口厚度横向分布值 h_{1i}，h_{2i}，辊间压力的横向分布值 $q_{1\mathrm{mw}i}$、$q_{1\mathrm{mb}i}$、$q_{2\mathrm{mw}i}$、$q_{2\mathrm{mb}i}$，轧制压力的横向分布值 q'_{1i}、q'_{2i}可以分别表示为：

$$h_{1i}=f_3(T_{10},T_{20},P_1,S_{1\mathrm{m}},S_{1\mathrm{w}},\Delta D_{1\mathrm{w}i},\Delta D_{1\mathrm{m}i},\Delta D_{1\mathrm{b}i},H_i,\sigma_{11i},\delta_1) \tag{3-227}$$

$$h_{2i}=f_4(T_{20},T_{21},P_2,S_{2\mathrm{m}},S_{2\mathrm{w}},\Delta D_{2\mathrm{w}i},\Delta D_{2\mathrm{m}i},\Delta D_{2\mathrm{b}i},h_{1i},\sigma_{21i},\delta_2) \tag{3-228}$$

$$q_{1\mathrm{mw}i}=f_5(T_{10},T_{20},P_1,S_{1\mathrm{m}},S_{1\mathrm{w}},\Delta D_{1\mathrm{w}i},\Delta D_{1\mathrm{m}i},\Delta D_{1\mathrm{b}i},H_i,\sigma_{11i},\delta_1) \tag{3-229}$$

$$q_{1\mathrm{mb}i}=f_6(T_{10},T_{20},P_1,S_{1\mathrm{m}},S_{1\mathrm{w}},\Delta D_{1\mathrm{w}i},\Delta D_{1\mathrm{m}i},\Delta D_{1\mathrm{b}i},H_i,\sigma_{11i},\delta_1) \tag{3-230}$$

$$q'_{1i}=f_7(T_{10},T_{20},P_1,S_{1\mathrm{m}},S_{1\mathrm{w}},\Delta D_{1\mathrm{w}i},\Delta D_{1\mathrm{m}i},\Delta D_{1\mathrm{b}i},H_i,\sigma_{11i},\delta_1) \tag{3-231}$$

$$q_{2\mathrm{mw}i}=f_8(T_{20},T_{21},P_2,S_{2\mathrm{m}},S_{2\mathrm{w}},\Delta D_{2\mathrm{w}i},\Delta D_{2\mathrm{m}i},\Delta D_{2\mathrm{b}i},h_{1i},\sigma_{21i},\delta_2) \tag{3-232}$$

$$q_{2\mathrm{mb}i}=f_9(T_{20},T_{21},P_2,S_{2\mathrm{m}},S_{2\mathrm{w}},\Delta D_{2\mathrm{w}i},\Delta D_{2\mathrm{m}i},\Delta D_{2\mathrm{b}i},h_{1i},\sigma_{21i},\delta_2) \tag{3-233}$$

$$q'_{2i}=f_{10}(T_{20},T_{21},P_2,S_{2\mathrm{m}},S_{2\mathrm{w}},\Delta D_{2\mathrm{w}i},\Delta D_{2\mathrm{m}i},\Delta D_{2\mathrm{b}i},h_{1i},\sigma_{21i},\delta_2) \tag{3-234}$$

式中 $q_{1\mathrm{mw}i}$，$q_{2\mathrm{mw}i}$——分别为双机架平整机组 1 号机架与 2 号机架中间辊与工作辊的辊间压力分布值；

$q_{1\mathrm{mb}i}$，$q_{2\mathrm{mb}i}$——分别为双机架平整机组 1 号机架与 2 号

机架中间辊与支撑辊的辊间压力分布值；

q'_{1i}，q'_{2i}——分别为双机架平整机组1号机架与2号机架轧制压力横向分布值；

S_{1w}，S_{2w}，S_{1m}，S_{2m}——分别为双机架平整机组1号机架与2号机架工作辊与中间辊弯辊力；

ΔD_{1wi}，ΔD_{1mi}，ΔD_{1bi}——分别为双机架平整机组1号机架工作辊、中间辊以及支撑辊辊型分布值；

ΔD_{2wi}，ΔD_{2mi}，ΔD_{2bi}——分别为双机架平整机组2号机架工作辊、中间辊以及支撑辊辊型分布值；

δ_1，δ_2——分别为双机架平整机组1号机架与2号机架中间辊的窜动量。

在辊系参数综合设定过程中，如果现场有关于来料凸度 H_i 及板形 L_i 的实际数据，则采用该数据。如果没有现成的数据，那么带材来料凸度的分布可以近似按二次曲线处理，比例凸度的大小根据经验可以取值为0.01；来料的板形认为是良好的，即取 $L_i=0$。经过简单分析可以知道，对一个特定双UCM机型平整机组的轧制过程而言，如果给定 P_1、P_2、T_{21}、T_{20}、T_{10}、B 等轧制工艺参数与 ΔD_{1wi}、ΔD_{1mi}、ΔD_{1bi}、ΔD_{2wi}、ΔD_{2mi}、ΔD_{2bi} 等辊型参数，那么联立式3-225～式3-234就可以将机组成品板形 σ_{21i}，辊间压力横向分布值 q_{1mwi}、q_{1mbi}、q_{2mwi}、q_{2mbi}，轧制压力横向分布值 q'_{1i}、q'_{2i} 统一用1号、2号机架工作辊与中间辊弯辊力以及中间辊窜动量 S_{1w}、S_{2w}、S_{1m}、S_{2m}、δ_1、δ_2 来表示，即

$$\sigma_{21i}=f_{11}(S_{1w},S_{2w},S_{1m},S_{2m},\delta_1,\delta_2) \tag{3-235}$$

$$q_{1mwi}=f_{12}(S_{1w},S_{2w},S_{1m},S_{2m},\delta_1,\delta_2) \tag{3-236}$$

$$q_{1mbi}=f_{13}(S_{1w},S_{2w},S_{1m},S_{2m},\delta_1,\delta_2) \tag{3-237}$$

$$q'_{1i}=f_{14}(S_{1w},S_{2w},S_{1m},S_{2m},\delta_1,\delta_2) \tag{3-238}$$

$$q_{2mwi}=f_{15}(S_{1w},S_{2w},S_{1m},S_{2m},\delta_1,\delta_2) \tag{3-239}$$

$$q_{2\mathrm{mb}i}=f_{16}(S_{1\mathrm{w}},S_{2\mathrm{w}},S_{1\mathrm{m}},S_{2\mathrm{m}},\delta_1,\delta_2) \tag{3-240}$$

$$q'_{2i}=f_{17}(S_{1\mathrm{w}},S_{2\mathrm{w}},S_{1\mathrm{m}},S_{2\mathrm{m}},\delta_1,\delta_2) \tag{3-241}$$

需要说明的是,实际上 1 号机架中间辊与工作辊的辊间压力分布值 $q_{1\mathrm{mw}i}$、中间辊与支撑辊的辊间压力分布值 $q_{1\mathrm{mb}i}$ 以及 1 号机架出口带材轧制压力横向分布值 q'_{1i} 与 2 号机架工作辊与中间辊弯辊力 $S_{2\mathrm{w}}$ 和 $S_{2\mathrm{m}}$、中间辊的窜动量 δ_2 是无关的,式 3-236 ~ 式3-238只是为了表达方便而写成与式 3-235 及式 3-239 ~ 式 3-241 类似的形式。

根据前面的研究可以知道，在平整轧制过程中，无论是轧辊表面还是带材表面，色差都是不允许的。因此，治理色差必须对轧辊与带材表面进行综合治理，保证轧制过程中轧辊与带材表面都不出现色差问题。针对双机架平整机组的设备与平整模式的工艺特点，在轧制压力及张力等金属模型参数已知的前提下，其辊系参数优化的色差综合控制目标函数可以表示为:

$$\begin{cases}F(X_1)=\beta F_{\mathrm{s}}(X_1)+(1-\beta)F_{\mathrm{r}}(X_1)\\F_{\mathrm{s}}(X_1)\leqslant 0.25\\F_{\mathrm{r}}(X_1)\leqslant 0.46\\X_1=\{S_{\mathrm{w}1},S_{\mathrm{w}2},S_{\mathrm{m}1},S_{\mathrm{m}2},\delta_1,\delta_2\}\end{cases} \tag{3-242}$$

式中　β——加权系数。

通过式 3-238 就可以把双机架平整机组以色差与表面质量控制为目标的辊系参数综合优化问题转换为寻求一个合适的 1 号机架、2 号机架工作辊与中间辊弯辊以及中间辊窜动量 $X_1=\{S_{\mathrm{w}1},S_{\mathrm{w}2},S_{\mathrm{m}1},S_{\mathrm{m}2},\delta_1,\delta_2\}$，使得 $F(X_1)$ 最小。在没有计算时间限制的离线分析时，这六个参数多维寻优问题可以有很多算法，如 Powell 法、牛顿迭代法[3]等。但是，作为一个用于工程上的参数设定计算过程，上述优化方法是不可行的。其主要原因就是计算速度较慢，计算时间不能满足在线设定要求。以 Powell 法为例，由于优化过程中需要多次搜索，相应地多次调用由金属模型与辊系变形模型相迭代的板形模型，所以按照目前的普通工控机的计算速度，完成双 UCM 机型的平整机组六个辊系控制参数的特定寻优过程所需要的时间将达到 30h 以上。而现场一般是在当前钢卷开始轧制时对下一卷带钢辊系参数的设定值进行计算，当前卷轧制完毕就必须给出下一卷带钢的辊系参数设定值。整个计算寻优计算过程一般要求控制在 5min 之内完成，而且计算结果必须稳定。因此，为了实现双 UCM 机型平整机组辊系参数的快速设定，就必须结合相应的生产工艺特点，采用一定的算法，才能满足生产需求。

3.8.2 板形参数在线快速设定技术

根据研究可以知道[79~81]，在寻优过程中，影响与决定计算时间长短的主要因素有两个：（1）寻优参数的个数，即维数，随着维数的增加，寻优计算的时间将按几何级上升；（2）寻优的精度，随着被寻优量精度的提高，寻优时间也将成倍的增加。要减少寻优过程的时间，就必须从以上两个方面入手。

根据双 UCM 机型平整机组的生产工艺特点可以知道，其辊系控制参数可以分成两类，一类是静态参数，设定完毕之后在钢卷的轧制过程中就不变了，其主要包括 1 号机架中间辊的窜动量 δ_1 与 2 号机架中间辊的窜动量 δ_2；另一类是动态参数，设定完毕之后可以由操作工或者系统根据实际板形情况进行微调，主要包括 1 号机架与 2 号机架的工作辊与中间辊的弯辊力 S_{1w}，S_{2w}，S_{1m}，S_{2m}。为了加快寻优速度，这两类参数的寻优过程可以分开进行。

同时，根据相关理论研究可以知道，对 UCM 机型的平整机组而言，尽管中间辊的窜动可以有效改善板形，但是随着中间辊窜动量的增加，辊间压力横向分布的不均匀程度也随之增加，辊耗也增加。现场为了提高生产效率，减少由于换辊带来的附加作业时间，希望两个机架的轧辊尽量按照相同的速度来磨损，以实现两个机架能够同时换辊；不希望两个机架轧辊磨损差异太大，从而增加现场停机换辊的时间。与之对应，就希望双 UCM 机型的平整机组 1 号与 2 号机架中间辊的窜动量能够尽可能保持一

致，为此可以引入一个综合窜辊系数 λ_1，使得

$$\delta_1 = \delta_2 = \lambda_1 \frac{L_m - B}{2} \tag{3-243}$$

式中 L_m——中间辊的辊身长度，m。

同样的，对 UCM 机型的平整机组而言，在动态参数的设定过程中，为了充分发挥各个部分的弯辊对板形及表面质量的控制能力，现场希望各个部分弯辊力的相对余量均匀，不希望在设定过程中出现某个部分弯辊力偏高甚至满负荷运行，而另外几个部分的弯辊力则较小，这样不但影响弯辊缸的使用寿命，而且也使得偏高部分弯辊力没有调节的余地。基于这一控制思想，可以引入一个综合弯辊系数 λ_2，使得

$$\left.\begin{aligned} S_{1w} &= S_{1wmax}^- + \lambda_2(S_{1wmax}^+ - S_{1wmax}^-) \\ S_{1m} &= S_{1mmax}^- + \lambda_2(S_{1mmax}^+ - S_{1mmax}^-) \\ S_{2w} &= S_{2wmax}^- + \lambda_2(S_{2wmax}^+ - S_{2wmax}^-) \\ S_{2m} &= S_{2mmax}^- + \lambda_2(S_{2mmax}^+ - S_{2mmax}^-) \end{aligned}\right\} \tag{3-244}$$

式中 S_{1wmax}^+，S_{2wmax}^+，S_{1wmax}^-，S_{2wmax}^-——分别为 1 号机架与 2 号机架工作辊设备所允许的最大与最小弯辊力；

S_{1mmax}^+，S_{2mmax}^+，S_{1mmax}^-，S_{2mmax}^-——分别为 1 号机架与 2 号机架中间辊设备所允许的最大与最小弯辊力。

通过式 3-243 与式 3-244 将一个六维参数的寻优问题简化成二维参数的寻优问题，从理论上讲，搜索计算时间将减少为原来的约 1/10000。此时色差综合控制目标函数实际上是 λ_1 与 λ_2 的函数。只要 λ_1 与 λ_2 确定，色差综合控制目标函数 $F(X_1)$ 也就确定了。

根据优化算法知识可以知道，在采用 Powell 法等优化理论对辊系参数进行寻优时，其计算精度往往可以精确到小数点后六

位。实际上，根据现场弯辊与窜辊等参数对板形及辊间压力的影响敏感程度可以看出，如此高的计算精度根本没有必要。从弯辊来说，其设定精度能够达到0.05（$S^{+}-S^{-}$）（其中，S^{+}、S^{-}分别为设备所允许的最大与最小弯辊力）就可以完全满足工程上的需求；而从窜动对板形及表面质量的实际影响敏感程度来说，精度达到 10mm 就完全可以满足工程需求。根据上述思想，在 λ_1 与 λ_2 的寻优过程中，采用列举法就可以实现寻辊系参数的寻优。其计算时间与计算过程的稳定性将大大提高。

需要说明的是，尽管引入了综合窜辊系数 λ_1 与综合弯辊系数 λ_2 两个寻优参数，但是并不代表 1 号与 2 号机架的窜动量以及四个弯辊参数的相对余量必须完全一样，实际中是可以在此 λ_1、λ_2 的基础上根据实际色差综合控制目标函数的数值进行微调的。这就是说，整个寻优的过程可以分成粗算与精算两个部分，总的计算框图如图 3-22 所示。

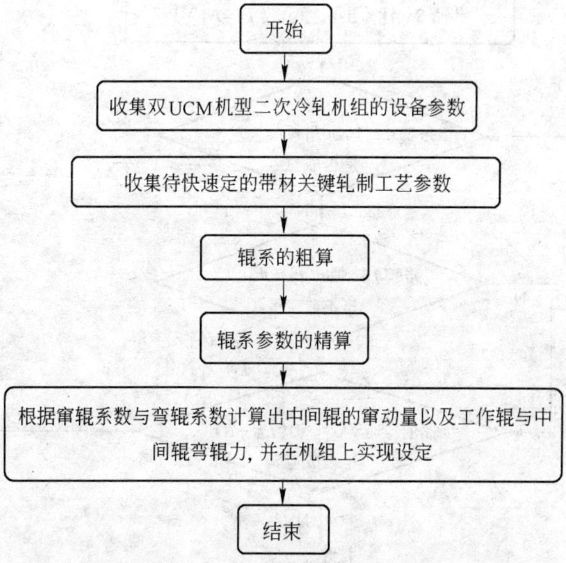

图 3-22　辊系参数计算总流程框图

3.8.2.1　粗算部分

如图 3-23 所示，辊系参数的粗算可以按照以下步骤进行：

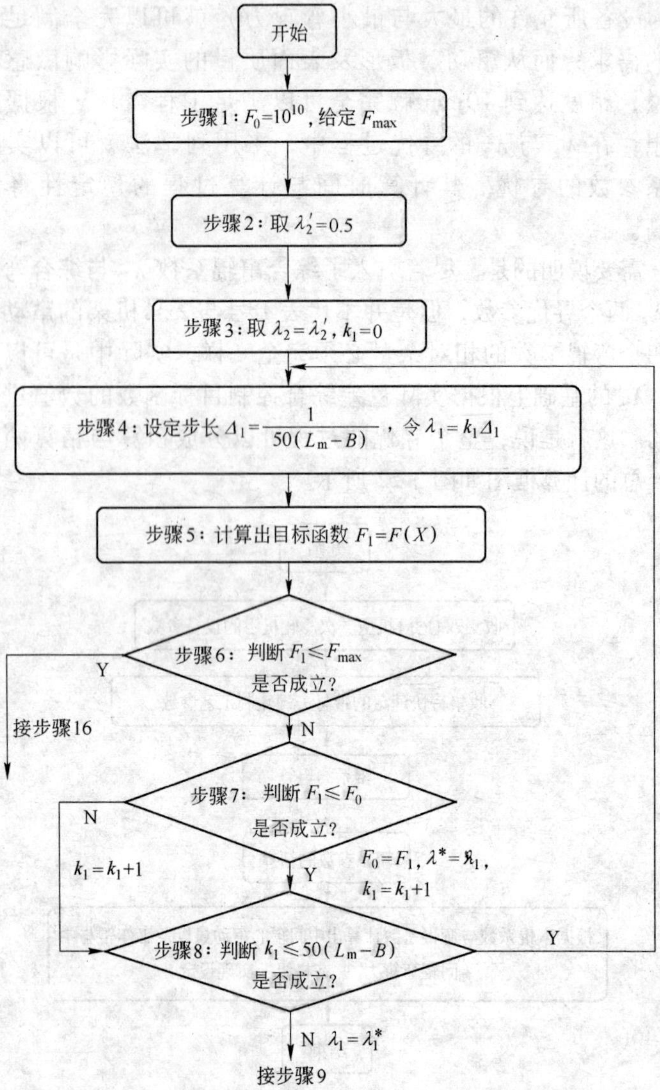

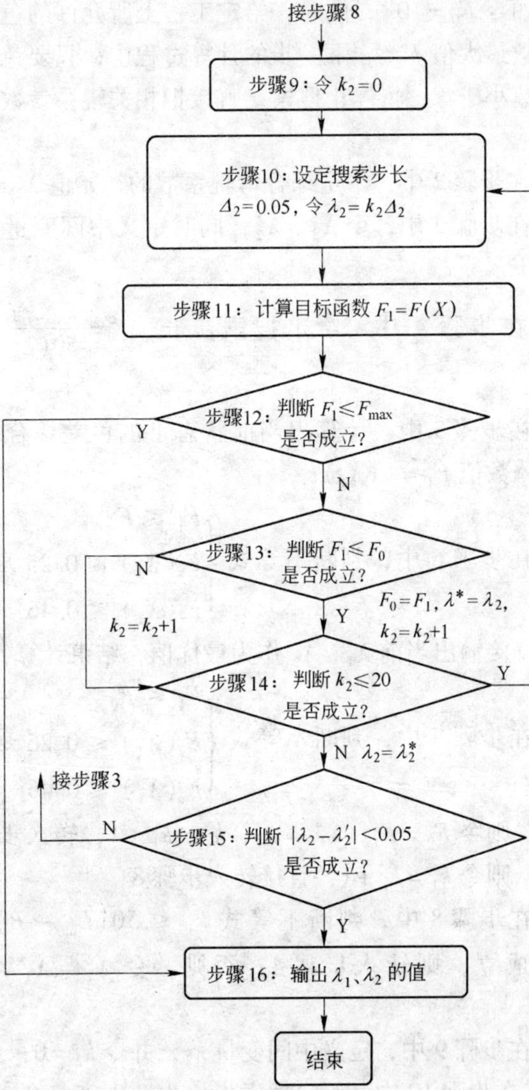

图 3-23 辊系参数粗算流程框图

（1）在步骤 1 中，定义初始目标值 F_0，并赋予 F_0 一个非常大的值，如令 $F_0=10^{10}$，同时，给定工程上所允许的色差综合控制目标函数最大值 F_{max}，下一步的计算过程中，只要色差综合控制目标函数小于 F_{max} 将停止搜索，直接把相关辊系参数作为最优参数输出；

（2）在步骤 2 中，给定综合弯辊系数的初始值 $\lambda_2'=0.5$；

（3）在步骤 3 中，令 $\lambda_2=\lambda_2'$，同时定义中间变量 k_1，并令 $k_1=0$；

（4）在步骤 4 中，给定搜索步长 $\Delta_1=\dfrac{1}{50(L_m-B)}$，令 $\lambda_1=k_1\Delta_1$；

（5）在步骤 5 中，计算出当前状态下的色差综合控制目标函数的具体数值 $F_1=F(X_1)$；

（6）在步骤 6 中，判断不等式 $\begin{cases}F_1\leqslant F_{max}\\ F_s(X_1)\leqslant 0.25\\ F_r(X_1)\leqslant 0.46\end{cases}$ 是否成立，若成立，直接输出当前 λ_1、λ_2 作为最优值，结束计算；

（7）在步骤 7 中，判断不等式 $\begin{cases}F_1\leqslant F_0\\ F_s(X_1)\leqslant 0.25\\ F_r(X_1)\leqslant 0.46\end{cases}$ 是否成立，如果成立，则令 $F_0=F_1$，$\lambda_1^*=\lambda_1$，$k_1=k_1+1$，转入步骤 8；如果不成立，则令 $k_1=k_1+1$，直接转入步骤 8；

（8）在步骤 8 中，判断不等式 $k_1\leqslant 50(L_m-B)$ 是否成立，如果成立，则转入步骤 4；否则，令 $\lambda_1=\lambda_1^*$，转入步骤 9；

（9）在步骤 9 中，定义中间变量 k_2，并令 $k_2=0$；

（10）在步骤 10 中，给定搜索步长 $\Delta_2=0.05$，令 $\lambda_2=k_2\Delta_2$；

（11）在步骤 11 中，计算出当前状态下的色差综合控制目标函数的具体数值 $F_1=F(X_1)$；

（12）在步骤12中，判断不等式$\begin{cases}F_1 \leqslant F_{\max} \\ F_s(X_1) \leqslant 0.25 \\ F_r(X_1) \leqslant 0.46\end{cases}$是否成立，若成立，直接输出当前$\lambda_1$、$\lambda_2$作为最优值，结束计算；

（13）在步骤13中，判断不等式$\begin{cases}F_1 \leqslant F_0 \\ F_s(X_1) \leqslant 0.25 \\ F_r(X_1) \leqslant 0.46\end{cases}$是否成立，如果成立，则令$F_0 = F_1$，$\lambda_2^* = \lambda_2$，$k_2 = k_2 + 1$，转入步骤14；如果不成立，则令$k_2 = k_2 + 1$，直接转入步骤14；

（14）在步骤14中，判断不等式$k_2 \leqslant 20$是否成立，如果成立，则转入步骤10；否则，令$\lambda_2 = \lambda_2^*$，转入步骤15；

（15）在步骤15中，判断不等式$|\lambda_2 - \lambda'_2| < 0.05$是否成立，如果成立，则转入步骤16；否则，令$\lambda_2' = \lambda_2$，转入步骤3；

（16）在步骤16中，输出λ_1、λ_2的值，作为粗算结果，完成粗算过程。

3.8.2.2 精算部分

为了实现辊系参数的精算，首先定义各个机架的中间辊窜辊系数λ_{1i}，使得

$$\begin{cases}\delta_1 = \lambda_{11} \dfrac{L_m - B}{2} \\ \delta_2 = \lambda_{12} \dfrac{L_m - B}{2}\end{cases} \tag{3-245}$$

同时定义各个机架中间辊与工作辊的弯辊系数λ_{2wi}、λ_{2mi}，使得

$$\begin{cases}S_{1w} = S_{1w\max}^- + \lambda_{2w1}(S_{1w\max}^+ - S_{1w\max}^-) \\ S_{1m} = S_{1m\max}^- + \lambda_{2m1}(S_{1m\max}^+ - S_{1m\max}^-) \\ S_{2w} = S_{2w\max}^- + \lambda_{2w2}(S_{2w\max}^+ - S_{2w\max}^-) \\ S_{2m} = S_{2m\max}^- + \lambda_{2m2}(S_{2m\max}^+ - S_{2m\max}^-)\end{cases} \tag{3-246}$$

在定义完以上系数之后，在 λ_1、λ_2 粗算结果的基础上进行微调，其调整的顺序依次为 λ_{11}、λ_{2w1}、λ_{2m1}、λ_{12}、λ_{2w2}、λ_{2m2}。同时考虑到减小两个机架轧辊磨损的差异以及提高弯辊对板形的控制能力，每个参数调控的幅度不超过20%。现以 λ_{12} 为例给出辊系参数的精算过程（接着相关粗算过程），基本步骤为（见图3-24）：

（1）在步骤 17 中，定义中间变量 k_{12}，并令 $k_{12}=0$；

（2）在步骤 18 中，给定搜索步长 $\Delta_{12}=0.02\lambda_1$，令 $\lambda_{12}=$

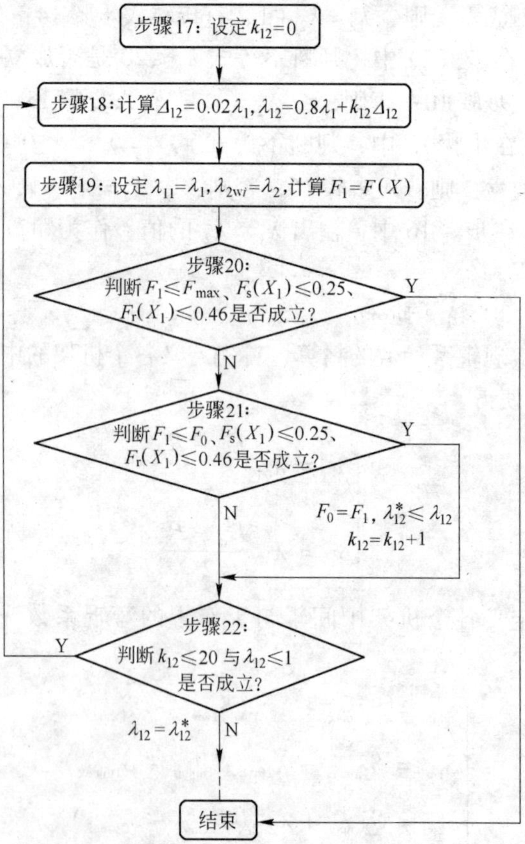

图 3-24 辊系参数精算流程框图

$0.8\lambda_1 + k_{12}\Delta_{12}$;

(3) 在步骤 19 中，令 $\lambda_{11} = \lambda_1$、$\lambda_{2wi} = \lambda_2$、$\lambda_{2mi} = \lambda_2$，计算出当前状态下的色差综合控制目标函数的具体数值 $F_1 = F(X_1)$，转入步骤 20;

(4) 在步骤 20 中，判断不等式 $\begin{cases} F_1 \leqslant F_{max} \\ F_s(X_1) \leqslant 0.25 \\ F_r(X_1) \leqslant 0.46 \end{cases}$ 是否成立，若成立，直接输出当前 λ_{12}、λ_{11}、λ_{2wi}、λ_{2mi}作为最优值，结束计算；否则转入步骤 21;

(5) 在步骤 21 中，判断不等式 $\begin{cases} F_1 \leqslant F_0 \\ F_s(X_1) \leqslant 0.25 \\ F_r(X_1) \leqslant 0.46 \end{cases}$ 是否成立，如果成立，则令 $F_0 = F_1$、$\lambda_{12}^* = \lambda_{12}$、$k_{12} = k_{12} + 1$，转入步骤 22；如果不成立，则令 $k_{12} = k_{12} + 1$，直接转入步骤 22;

(6) 在步骤 22 中，判断不等式 $k_{12} \leqslant 20$ 与 $\lambda_{12} \leqslant 1.0$ 是否同时成立，如果成立，则转入步骤 18；否则，令 $\lambda_{12} = \lambda_{12}^*$，完成 δ_2 的精算过程，开始 λ_{11} 的精算过程，以此类推。

4 平整机组辊型优化模型及其现场应用

近年来，随着现代板材加工工业向高度自动化方向发展，以及板带材的使用范围日益广泛，用户对产品板形与表面质量提出了越来越高的要求。由于带材在平整过程是依靠轧辊进行的，因此轧辊的形状直接影响到带材的板形以及表面质量。为了生产出高质量的板带产品，对轧辊的辊型曲线进行优化设计就显得尤为重要。本章将在对辊型优化技术发展情况简单介绍的基础上，详细论述不同类型的平整机组在不同产品大纲下的辊型优化模型，并对模型的现场应用情况进行分析。

4.1 辊型优化技术的发展

4.1.1 轧辊原始磨削凸度的设计

最早的轧辊辊型设计方法是通过设计工作辊的原始磨削凸度 ΔD_{1y}，以补偿轧辊的弹性变形，并考虑轧辊热凸度和磨损的影响。

HC 轧机出现以后，在其窜辊工作原理启发下，1979 年新日铁君津厂应用了一种新型大凸度支撑辊辊型的设计技术 NBCM (new type back up roll crowning mill)，其实质是若工作辊与支撑辊的接触长度和板宽接近，则工作辊挠度减小，再加上 WRB 效应，板凸度控制能力大为增加。开始应用的 BCM 支撑辊两端加工成双阶梯或双锥度，以降低辊端接触压力和提高弯辊控制效果，但接触长度比较固定，不能适应不同宽度的轧制。为了克服 BCM 辊的缺点，将它改进成支撑辊加大凸度的方法，命名为 NBCM 轧机。这种轧辊辊型虽然在一定程度上能适应板宽的变化，但在轧制压力较大时，其适应板宽变化的能力有限，因此，没有得到推广和进一步应用。

4.1.2 支撑辊辊型优化设计

1990 年，北京科技大学与武汉钢铁公司合作，通过对辊系变形的二维有限元分析，研究了变接触长度支撑辊辊型曲线，称为 VCL 支撑辊，辊型曲线如图 4-1 所示。它比 NBCM 大凸度支撑辊能更好地适应板宽变化从而改变接触线宽度，在武钢 1700 冷连轧机第一机架上应用并取得很好效果，弯辊力下降 20% ~ 30%。但 VCL 曲线的设计没有根据厚度横向分布确定张力和轧制压力的横向分布，其轧制压力横向分布是按二次曲线分布和均布设定的，优化的目标是辊缝凸度值，而不是表征板形的张力横向分布。

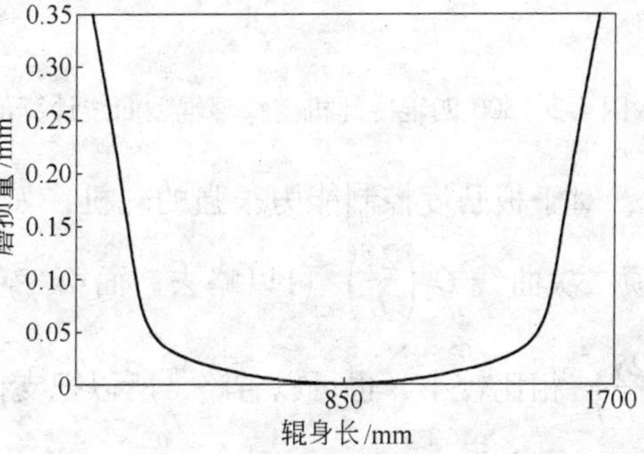

图 4-1 1700 冷轧机辊型曲线

1992 年，燕山大学进一步开展了支撑辊辊型优化曲线的研究，主要是根据厚度横向分布迭代完成轧制压力横向分布，优化目标由辊缝凸度改为张力横向分布[82]，直径函数设定为偶函数六次多项式，即

$$D_2(y) = D_2 - C_2\left(\frac{2y}{L}\right)^2 - C_4\left(\frac{2y}{L}\right)^4 - C_6\left(\frac{2y}{L}\right)^6 \tag{4-1}$$

采用优化方法确定系数 C_2、C_4、C_6，目标函数为：

$$\Delta\sigma_{1\min} = \max\sigma_1(y) - \min\sigma_1(y) \tag{4-2}$$

图 4-2 所示为 300 四辊冷轧机的设计模型，$C_2 = 0.5 \times 10^{-2}\mathrm{mm}$，$C_4 = 3.6 \times 10^{-2}\mathrm{mm}$，$C_6 = 4.2 \times 10^{-2}\mathrm{mm}$，该辊型能适应各种板宽及轧制压力的变化，有利于板形控制和降低弯辊力设定值。

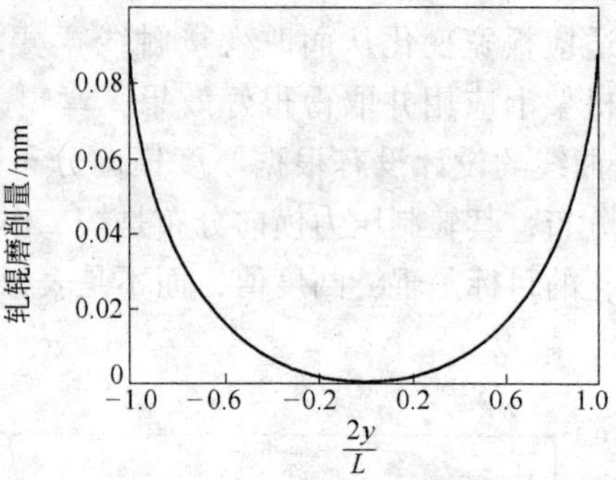

图 4-2　300 四辊冷轧机支撑辊辊型曲线计算值

实际上，对于板凸度控制能力很强的轧机，如 PC 轧机，式 4-1 中第一项二次曲线 $C_2\left(\frac{2y}{L}\right)^2$ 可以略去，而第三项 $C_6\left(\frac{2y}{L}\right)^6$ 与第二项 $C_4\left(\frac{2y}{L}\right)^4$ 相比较小，也可以省略，所以把支撑辊设计为四次曲线辊型。

4.1.3　工作辊和支撑辊辊型优化曲线的综合设计

对于普通四辊轧机，板形控制手段有限，有时需要对工作辊和支撑辊都进行辊型曲线优化设计[83~86]。

1450 六机架热连轧机工作辊和支撑辊辊型曲线综合优化设计时，工作辊辊型曲线方程为：

$$f_1(y) = \frac{D_1}{2} - C_{w2}\left(\frac{2y}{l_1}\right)^2 \tag{4-3}$$

式中　D_1——工作辊直径，mm；

C_{w2}——二次曲线系数；

l_1——工作辊辊身长度，mm。

支撑辊的辊型曲线方程为：

$$f_2(y) = \frac{D_2}{2} - \sum_{i=1}^{n} C_{b2i}\left(\frac{2y}{l_2}\right)^{2i} \tag{4-4}$$

式中 D_2——支撑辊直径，mm；

C_{b2i}——多项式系数；

l_2——支撑辊辊身长度，mm；

n——多项式偶次项最高次数。

对于单机架轧机，优化变量为 C_{w2} 和 $C_{b2i}(i=1,2,\cdots,n)$。而对热连轧机 $F_1 \sim F_6$ 六个机架，若用上标表示机架号，则六机架的优化变量可表示为：工作辊 $C_{w2}^j(j=1,2,3,4,5,6)$；支撑辊 $C_{b2i}^j(i=1,2,\cdots,n;\ j=1,2,3,4,5,6)$。

对于某一规格产品的六机架辊型优化问题，数学模型的一般表达式可以写成：

$$X = \{C_{w2}^j \quad C_{b2i}^j\} \tag{4-5}$$

式中，$i=1,2,\cdots,n$；$j=1,2,3,4,5,6$。

写成矩阵形式，即

$$\boldsymbol{x} = \begin{pmatrix} C_{w2}^1 & C_{b2}^1 & C_{b4}^1 & \cdots & C_{b2(n-1)}^1 & C_{b2n}^1 \\ C_{w2}^2 & C_{b2}^2 & C_{b4}^2 & \cdots & C_{b2(n-1)}^2 & C_{b2n}^2 \\ C_{w2}^3 & C_{b2}^3 & C_{b4}^3 & \cdots & C_{b2(n-1)}^3 & C_{b2n}^3 \\ C_{w2}^4 & C_{b2}^4 & C_{b4}^4 & \cdots & C_{b2(n-1)}^4 & C_{b2n}^4 \\ C_{w2}^5 & C_{b2}^5 & C_{b4}^5 & \cdots & C_{b2(n-1)}^5 & C_{b2n}^5 \\ C_{w2}^6 & C_{b2}^6 & C_{b4}^6 & \cdots & C_{b2(n-1)}^6 & C_{b2n}^6 \end{pmatrix}$$

优化目标为：

$$\min\Delta h_6(X) = \min(h_{6z}(X) - h_{6b}(X)) \tag{4-6}$$

式中 h_{6z}——F_6 出口中部厚度，mm；

h_{6b}——F_6 出口距边部 25mm 处的厚度，mm。

同时满足约束条件：

$$\left|\max\sigma_j(y)-\min\sigma_j(y)\right|\leqslant\Delta\sigma_j \tag{4-7}$$

式中　$\max\sigma_j(y)$——F_j 出口前张力最大值，kN；

$\min\sigma_j(y)$——F_j 出口前张力最小值，kN；

$\Delta\sigma_j$——F_j 出口许可前张力差，kN。

以上是某一种产品六个机架的辊型优化，而最终确定的六机架辊型优化曲线应综合考虑轧制计划中所有的钢种和规格。

宝钢 2030 冷轧厂 CAPL 平整机工作辊和支撑辊辊型曲线综合优化[87]时，考虑到支撑辊磨床的加工能力，选用削肩以便于磨削加工。

工作辊辊型曲线为：

$$M_w(y)=\sum_{i=1}^{6}C_{2i}\left(\frac{y}{L_w}\right)^{2i} \tag{4-8}$$

式中　C_{2i}——工作辊辊型参数；

L_w——工作辊辊身长度的一半。

支撑辊辊型曲线为：

$$M_B(y)=\frac{z_h}{z_1}[y-(L_B-z_1)],\ y\geqslant L_B-z_1 \tag{4-9}$$

$$M_B(y)=0,\qquad y<L_B-z_1$$

式中　L_B——支撑辊辊身长度的一半。

式 4-8 和式 4-9 的辊型参数为 C_2、C_4、…、C_{12}、z_h、z_1，共 8 个参数。

4.2　四辊平整机普通料轧制过程中的辊型优化模型

对四辊平整机而言，在生产实践中发现，由于工作辊“长径比”较大，液压弯辊只影响到边部板形，板形控制效果欠佳，并且辊耗较大。为提高板形质量和降低辊耗，经过大量的现场试验与理论研究，提出了一套四辊平整机普通料轧制过程中的辊型优化模型，即通过设计出一种合适的辊型曲线，使支撑辊与工作辊的接触宽度能够适应板宽的变化而变化，从而减少甚至消除板宽以外的有害接触区，提高弯辊的控制效果，并使辊间接触压力更为均匀。

4.2.1 基本数学模型

根据金属变形模型可知，在平整轧制过程中，带材的前后张力 σ_{1i}、σ_{0i}分别可用式 4-10 和式 4-11 的函数表示：

$$\sigma_{1i} = f_1(h_i, H_i, L_i, B, T_0, T_1) \tag{4-10}$$

$$\sigma_{0i} = f_0(h_i, H_i, L_i, B, T_0, T_1) \tag{4-11}$$

式中 h_i——带材出口厚度横向分布值，mm；

H_i——带材来料的厚度横向分布值，mm；

L_i——来料板形的长度横向分布值，I；

B——带材的宽度，mm；

T_0——平均后张力，mm；

T_1——平均前张力，mm。

根据辊系弹性变形模型可知，轧后带材的出口厚度分布值 h_i 可以用式 4-12 的函数表示：

$$h_i = f_3(P, S, \Delta D_{wi}, \Delta D_{bi}, H_i, \sigma_{1i}, \sigma_{0i}) \tag{4-12}$$

式中 P——总轧制压力，kN；

S——弯辊力，kN；

$\Delta D_{wi}, \Delta D_{bi}$——工作辊及支撑辊的凸度分布值，mm。

由于平整机在工作时压下量极小（$<2\%$），因而轧制变形区温度接近环境温度，所以可以忽略轧辊热凸度。至于轧辊磨损，因为平整轧制时的轧辊磨损量比较小，它对板形所造成的影响完全可以通过微调弯辊力来加以补偿，所以在建立辊型优化模型时也可以忽略不计。

对一个特定的轧制过程而言，带材来料参数如 H_i、L_i、B 等已知，如果给定 T_0、T_1，联立式 4-10 和式 4-12，即可将表征板形的前张力横向分布值 σ_{1i} 用一个以弯辊力 S、工作辊凸度 ΔD_{wi} 以及支撑辊凸度 ΔD_{bi} 为自变量的函数来表示，即：

$$\sigma_{1i} = g(S, \Delta D_{wi}, \Delta D_{bi}) \tag{4-13}$$

在生产实践中，人们一般是通过检测板带材前张力的横向分布来判断板形的好坏，也就是说，板形控制的目标就在于使带材横向前张力差最小。基于此，在分析时可以把板形控制的目标函数定义为：

$$F(X) = [\max(\sigma_{1i}) - \min(\sigma_{1i})]/T_1 \tag{4-14}$$

通过式 4-13 和式 4-14 可知，对于某一特定规格的产品，当辊型一定时，必然存在一个最佳弯辊力 S_a，使得 $F(X)$ 最小。而辊型优化的目的，就是通过设计一种合适的辊型，使得轧辊在轧制状态时，对于所有规格的产品，最佳弯辊力都在基态附近，这样既能较平辊适当地降低弯辊力，又可以使弯辊力在轧制过程中有足够的上下调节范围，从而大大提高弯辊力对板形的控制能力。所以辊型优化的目标函数可以表示为：

$$G(X) = \sum_{i=1}^{m} (S_{ai} - S_0)^2 \tag{4-15}$$

式中　S_{ai}——在特定辊型下，第 i 个规格产品满足目标函数 $F(X)$ 最小的最佳弯辊力，kN；

S_0——基态弯辊力，kN。

由于辊型设计的直接目的就是消除板宽以外的有害接触区，减小有害辊间接触压力，从而提高板形控制能力，所以根据这一思想，同时考虑到支撑辊和工作辊磨床的加工能力，在设计时，工作辊辊型曲线按多项式来拟合（坐标选在轧辊中心），或者采用余弦曲线方程：

$$D_w(x) = D_w + \sum_{i=1}^{6} a_{2i} \left(\frac{2x}{L_w}\right)^{2i} \tag{4-16}$$

$$D_w(x) = D_w + a\{1 - \sin[\pi/2 - b\pi(2x/L_w)]\} \tag{4-17}$$

式中 D_w——工作辊原始辊径，mm；

L_w——工作辊辊身长，mm；

a_{2i}——拟合系数；

a，b——特征系数。

如图 4-3 所示，对于支撑辊，可以假设其辊型曲线为一个 k 次函数（相关参数意义见图 4-3）：

$$D_b(x) = \begin{cases} D, |x| \leqslant L/2 - l_z \\ D - 2\delta\left(\dfrac{|x| - (L/2 - l_z)}{l_z}\right)^k, & |x| > L/2 - l_z \end{cases} \tag{4-18}$$

同时有关辊型优化参数还应满足接触线宽大于带宽的约束条件。

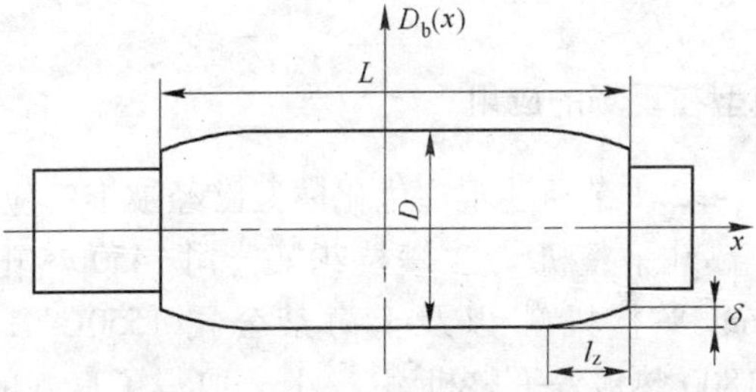

图 4-3 支撑辊辊型曲线示意图

L—支撑辊辊身长；D—支撑辊直径；l_z，δ—辊型优化后支撑辊削肩长度与深度

通过式 4-16 ~ 式 4-18 可以分析出，辊型优化最终归结为：求解 $X = \{a_2, a_4, \cdots, a_{12}, \delta, l_z, k\}$ 或者 $X = \{a, b, \delta, l_z, k\}$，使得 $G(X)$ 最小。这个优化问题采用 Powell 法就可以较快地得出优化结果。计算框图如图 4-4 所示。

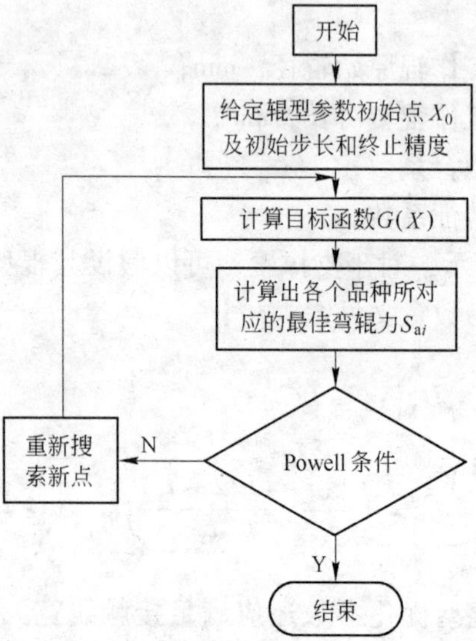

图4-4 辊型优化计算流程图

4.2.2 模型在现场的应用

目前，4.2.1节所述辊型优化模型已经被推广应用到上海某公司2050热轧平整机[88]、攀枝花某公司1450热轧平整机[89]、凌钢900mm平整机[90]以及上海某公司1550CAL VC辊平整机[91,92]、1800热镀锌平整机[93~95]上，取得了良好的使用效果，现分别介绍如下。

4.2.2.1 模型在某2050热轧平整机上的应用

A 基本技术问题简介

由于工作辊的“长径比”较大，在生产实践中发现，液压弯辊只影响到边部板形，板形控制效果欠佳，并且辊耗较大。

B 辊型基本设计方案

根据现场所提供的四种典型规格产品工艺参数（见表4-1），以前张力横向分布最大值与最小值之差最小为目标函数，同时兼顾到最大限度地提高弯辊力对板形的控制能力，同时对某 2050 热轧平整机的工作辊及支撑辊辊型进行了优化，有关优化结果见表 4-2 和表 4-3。

表 4-1 四种典型产品的材质及规格

规格号	1	2	3	4
材 质	A569	B480	B480	A569
规格/mm × mm	2.43 × 1511	2.8 × 1360	1.98 × 1180	2.22 × 1461
屈服强度/抗拉强度/MPa	260/350	390/520	390/520	260/350

表 4-2 支撑辊辊型优化参数值

边部曲线指数 k	支撑辊削肩长度 l_z/mm	支撑辊削肩深度 δ/mm
4	215	0.96

表 4-3 工作辊辊型优化参数值

a_2	a_4	a_6	a_8	a_{10}	a_{12}
2.32563e-8	1.78465e-9	3.87945e-11	2.53794e-8	4.97832e-12	5.46873e-10

注：a_2，a_4，…，a_{12}为工作辊辊型曲线拟合系数，无量纲。

根据表 4-2 和表 4-3 的辊型优化结果，经过简单地分析可以得出，工作辊采用平辊就可以完全满足有关要求（由于 a_2，a_4，…，a_{12}数值太小）。所以，针对该平整机的实际情况，只需按照表 4-2 的要求来磨削支撑辊即可。

C 辊型优化效果简介

平整机一般不设板形仪，判断板形好坏主要在剪切线上进行。为了验证辊型优化后的效果，首先在基态弯辊力作用下进行了板形计算机模拟对比和现场目测对比试验，模拟结果如图 4-5 所示。然后又在此基础上进行了最佳弯辊力设定对比试验，结果见表 4-4。

表 4-4　典型规格产品辊型优化前后最佳弯辊力设定值

规 格 号	1	2	3	4
规格/mm × mm	2. 43 × 1511	2. 8 × 1360	1. 98 × 1180	2. 22 × 1461
辊型优化前最佳弯辊力/kN	330	−390	370	420
辊型优化后最佳弯辊力/kN	80	−120	90	120

由图 4-5 可以清楚地看出，在辊型优化前后带材的前张力横向分布差大为减小，这就是说，在相同情况下，采用优化辊型与原辊型相比，带材的板形质量有了很大的提高，效果极为明显。现场检测结果也证明了这一点。

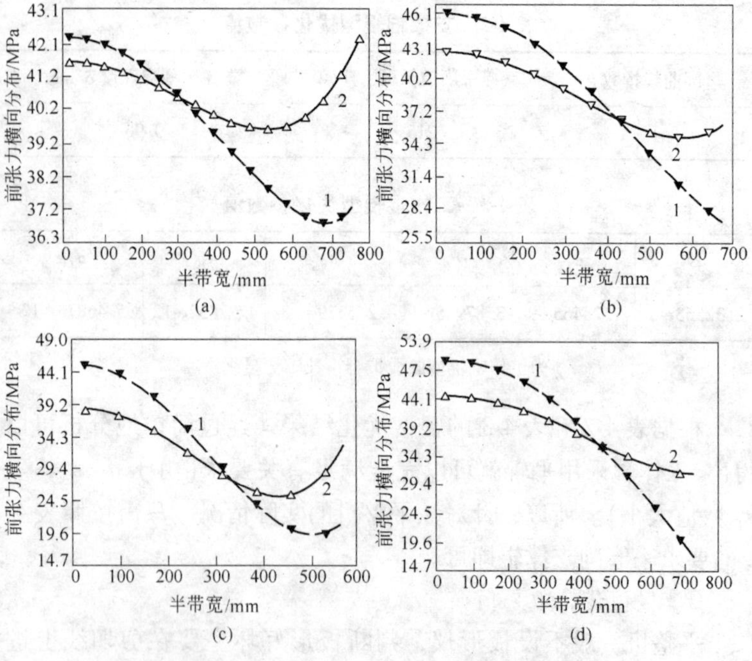

图 4-5　辊型优化前后前张力横向分布图

（a）2. 43mm × 1511mm；（b）2. 8mm × 1360mm；

（c）1. 98mm × 1180mm；（d）2. 22mm × 1461mm

1—辊型优化前的前张力横向分布曲线；2—辊型优化后的前张力横向分布曲线

根据表4-4可知，优化后的辊型显著地提高了弯辊力对板形的控制效果，使得最佳弯辊力的绝对值大为降低。而且，根据现场在线试验发现，即使都分别使用最佳弯辊力的情况下，采用优化辊型所轧出来的带材的板形质量也明显高于原辊型。同时，现场试验还证实，由于优化辊型的采用，轧辊的磨损也变得更为均匀（因为辊间压力分布更为均匀），轧辊的消耗大为降低。根据现场运行三个月的统计结果，轧辊的平均轧制吨位由优化前的677.5t上升到优化后的1902.66t，同时板形废次品率降低了35.4%。因此，采用优化辊型的效果较为显著。

4.2.2.2 模型在某1450热轧平整机上的应用

A 基本技术问题简介

国内攀枝花某1450热轧平整机在原始设计中，工作辊与支撑辊都是采用平辊配置。其基本设备参数如图4-6所示。2003年1月该平整机投产后，在实际生产中发现，由于平整带材来料凸度与板形变化范围比较大（相关统计结果见表4-5），采用原辊型已经不能满足生产需要，出现了以下问题：（1）平整成品

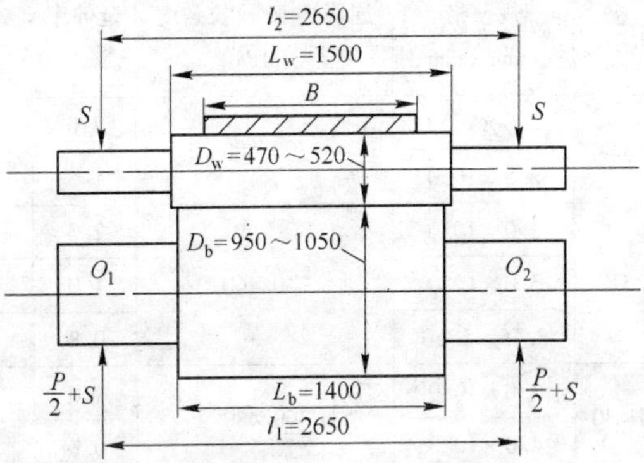

图4-6 某1450热轧平整机设备参数图

P—总轧制力，最大值12000kN；S—弯辊力，±500kN；l_1—支撑辊压下螺丝中心距，mm；l_2—弯辊缸中心距，mm；L_w，L_b—分别为工作辊与支撑辊辊身长，mm；D_w，D_b—分别为工作辊与支撑辊直径，mm；B—带材宽度，mm

整体板形较差，弯辊主要集中在负弯，而且负弯辊用到最大时，带钢仍然出现中间浪的现象；（2）平整过程中，辊间接触应力分布不均匀，工作辊辊耗较大，轧制吨位在500t左右徘徊，而且支撑辊出现了啃肩、掉肉现象。有关该平整机典型规格产品的实际参数见表4-6。

表4-5 1450热轧平整机来料板形与板凸度统计

厚度/mm	平均凸度/mm	凸度范围/mm	板形范围/I	样本数
1.5	0.04	0.02~0.07	100~200	23
2.0	0.048	0~0.10	100~200	652
2.5	0.052	0.02~0.13	100~150	971
3.0	0.059	0.02~0.13	50~60	1107
4.0	0.072	0.02~0.13	30~40	1288

表4-6 某1450热轧平整机典型规格产品轧制工艺参数

序号	钢质	规格/mm×mm	屈服强度/抗拉强度/MPa	延伸率/%	速度/m·min^{-1}
1	Stw22	2.0×1050	300/380	2.0	360
2		2.5×1050		1.5	320
3	Q235B	2.0×1050	340/460	2.0	360
4		3.0×1250		1.0	280
5		3.75×1250		0.8	250
6	SAPH440	3.0×1080	360/480	1.0	280
7		4.0×1080		0.8	250
8	SS400	2.5×1050	340/460	1.5	300
9		3.0×1200		1.0	250
10	SPA-H	2.5×1000	440/540	1.5	300
11		3.0×1170		1.0	250

B 辊型基本设计方案

首先，对1450热轧平整机而言，根据其设备与工艺特点，为了使得生产顺利进行，不但要保证板形精度，而且要满足辊间压力分布均匀的要求，以降低工作辊辊耗，消除支撑辊的啃肩、掉肉现象。因此，生产过程中所控制的目标函数除了板形之外，还必须突出辊耗，将4.2.1节中的目标函数式4-14用式4-19来替代：

$$F(X) = \alpha g_1(X) + (1-\alpha)g_2(X) \tag{4-19}$$

式中 $g_1(X)$——板形指标；

$g_2(X)$——辊间压力的横向分布均匀度指标；

α——板形与压力加权系数，对于某厂1450热轧平整机 $\alpha=0.35$。

$$g_1(X) = [\max(\sigma_{1i}) - \min(\sigma_{1i})]/T_1 \tag{4-20}$$

$$g_2(X) = [\max(q_i) - \min(q_i)]/\bar{q} \tag{4-21}$$

式中 $\bar{q}$——平均辊间压力，kN。

最后，根据图4-6所介绍的相关设备参数及表4-5和表4-6所列的典型规格产品的实际工艺参数，在兼顾板形精度与辊间压力分布的均匀基础上，对1450热轧平整机工作辊与支撑辊辊型进行了优化设计，工作辊采用凸度为-90μm的正弦曲线，如图4-7所示，其曲线方程为：

$$D_w(x) = D_w + a\{1 - \sin[\pi/2 - b\pi(2x/L_w)]\} \tag{4-22}$$

式中 $a = 6.275e-3,\ b = 0.0583$

对于支撑辊，则采用如图4-8所示的曲线，其曲线方程为：

$$D_b(x) = \begin{cases} D_b, & |x| \leqslant L_b/2 - l_z \\ D_b - 2\delta\left[\dfrac{|x| - (L_b/2 - l_z)}{l_z}\right]^4, & |x| > L_b/2 - l_z \end{cases} \tag{4-23}$$

式中 $\delta = 0.2\text{mm},\ l_z = 155\text{mm}$

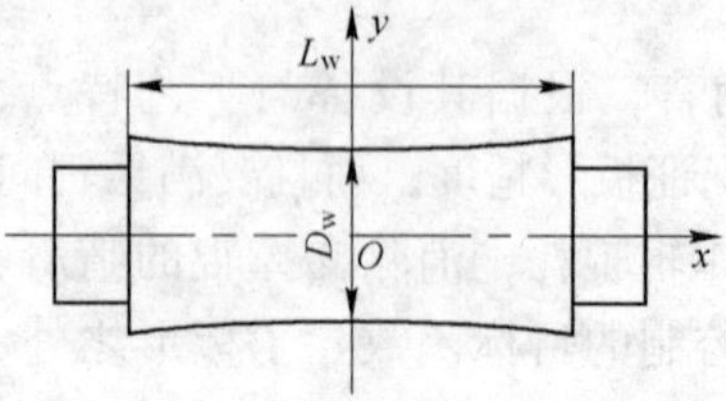

图 4-7　工作辊辊型曲线示意图

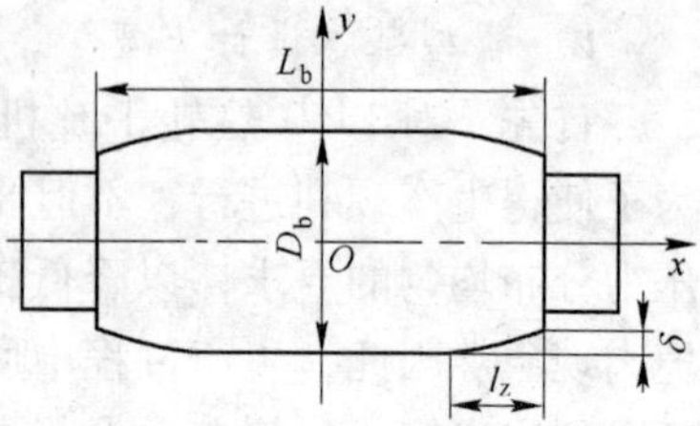

图 4-8　支撑辊辊型曲线示意图

C　辊型优化效果简介

为了考察优化辊型的使用效果，解决现场存在的实际问题，2004 年 1 月，1450 热轧平整机开始使用上述工作辊与支撑辊辊型进行现场试验，经过 6 个月的现场跟踪统计与对比分析，发现使用该辊型曲线后，带材的板形质量大大提高，平整后带材的板形控制在 7I 以内，弯辊力的分布更趋合理，由原来弯辊力主要集中在 –500 ~ –350kN 区间内变到现在的主要集中 –100 ~ 100kN 的区间内。工作辊辊耗同时大幅度下降，单位轧制量由原来的 500t 提高到 1500t 左右，轧制公里数由不到 40km 提高到多于 70km，支撑辊不但消除了啃肩、掉肉现象，而且磨损比以前更均匀。目前，该项技术已被厂方正式作为操作规程采用。

4. 2. 2. 3　模型在凌钢 900mm 平整机上的应用

A　基本技术问题简介

凌钢 900mm 平整机组支撑辊的长径比较小（1∶1），具有较大的横向刚度，而工作辊长径比较大，横向刚度较小，对支撑辊进行辊型优化效果较明显；同时，由于工作辊更换较为频繁，而支撑辊服役周期较长，为了降低磨辊工作量，只对支撑辊辊型进行了优化设计。该平整机的产品大纲见表 4-7。

B　辊型优化效果简介

在使用优化辊型后，该平整机板形控制精度达到了较高的水平。测量结果表明，在满足来料要求，即来料板形指标不大于 15I 的前提下，轧后板形小于 4I，完全满足设计要求，典型产品的板形情况见表 4-8。

表 4-7 凌钢 900mm 平整机产品大纲表

序号	产品规格		典型规格		产量/t	比例/%
	厚度/mm	宽度/mm	厚度/mm	宽度/mm		
1	0.20~0.34	450~750	0.20	500	5000	5
2	0.35~0.50	450~750	0.35	500	12500	15
			0.35	600	20000	15
3	0.51~0.70	450~750	0.55	500	20000	16
			0.55	600	15000	16
4	0.71~1.00	500~750	0.75	500	15000	10
			0.75	650	7500	10
5	1.00~1.25	500~750	1.00	650	7500	6.5
			1.00	700	7500	6.5
合计					110000	

表 4-8 平整前后板形变化

序号	钢卷号	材质	规格/mm×mm	轧前板形/I	轧后板形/I
1	L644307-3	195LD	0.60×700	15.8	4.1
2	L644418-2	195LD	0.60×700	17.6	3.8
3	L644419-1	195LD	0.60×700	14.2	3.6
4	L644310-2	195LD	0.60×700	25.3	7.8
5	L644417-1	195LD	0.60×700	12.4	3.4
6	L666861-3	195LD	0.90×710	19.5	5.3
7	L666861-4	195LD	0.90×710	16.8	4.5
8	L665861-1	195LD	0.90×710	15.3	3.5
9	L666861-3	195LD	0.90×710	14.5	3.2
10	L647309-4	195LD	1.18×660	38.6	9.8
11	L647338-2	195LD	1.18×660	14.7	3.7
12	L657997-3	195LD	1.18×660	12.6	3.1
13	L658041-5	195LD	1.18×660	32.4	8.2
14	L657997-3	195LD	1.18×660	26.4	6.4
15	L668652-2	195LD	1.18×660	17.5	5.3

4.2.2.4　模型在某1550CALVC辊平整机上的应用

A　基本技术问题简介

机组平整薄规格产品时，在轧制压力较大的情况下，产生了双边浪的板形缺陷，通过支撑辊的液压胀形和工作辊弯辊的综合调节，仍然不能消除。

B　辊型基本设计方案

利用4.2.1节所述的相关辊型优化模型，工作辊辊型曲线设定为具有两个参数 a 和 b 的余弦曲线，其曲线方程可表示为 $D_w(x) = D - a\{1 - \cos[b\pi(2x/L)]\}$，优化结果 $a = 2.782e-3$，$b = 0.07692$，如图4-9和图4-10所示。

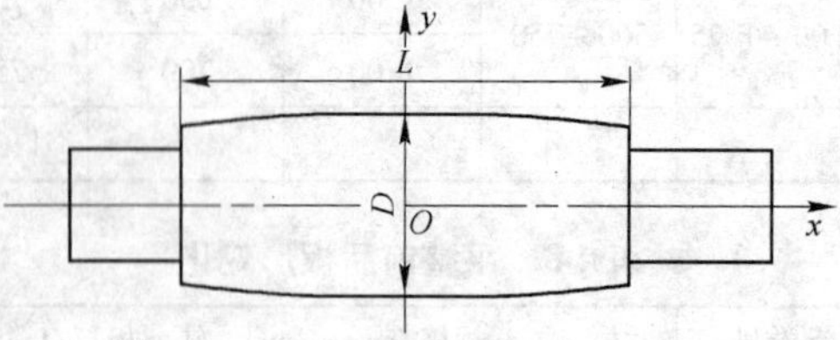

图4-9　工作辊辊型曲线示意图

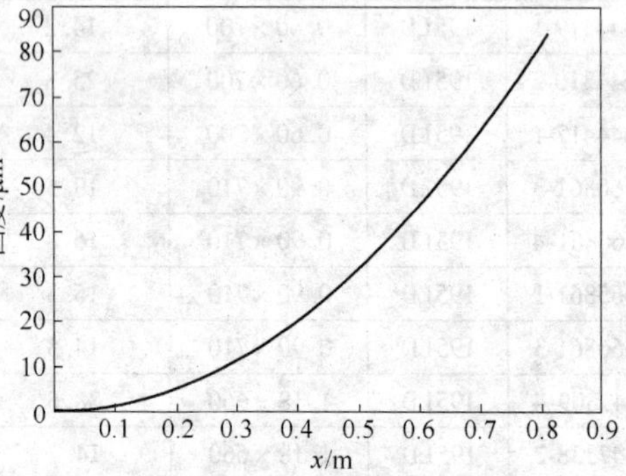

图4-10　工作辊凸度图

对于支撑辊，其曲线方程表示为：

$$D_b(x) = \begin{cases} D, & |x| \leqslant L/2 - l_z \\ D - 2\delta\left[\dfrac{|x| - (L/2 - l_z)}{l_z}\right]^4, & |x| > L/2 - l_z \end{cases}$$

式中 $\delta = 0.872\text{mm}$, $l_z = 0.125\text{m}$

C 辊型优化效果简介

根据现场跟踪，本机组辊型优化完成后，所有规格的带材在平整轧制后板形质量与辊型优化前相比明显改善，浪形封锁率大大降低，困扰1550CAL平整机多年的双边浪缺陷问题完全解决，同时内外弯辊力以及VC辊内部油压对板形的控制效果也大大提高，目前板形控制在2～4I左右，对规格为0.5mm×1285mm冰箱侧板而言，浪高不超过3mm（约合2.1I）达到85%以上，支撑辊轧制周期由原来的四十多天到辊型优化后连续轧制三个月约135kt不换辊，目前该辊型已经被该厂正式作为轧制规程采用。

为了进一步定量分析辊型优化的效果，采用计算机模拟出该机组典型规格产品（参见本书3.2.4节表3-1）在辊型优化后在不同弯辊力作用下（VC辊内压取16.3MPa）的前张力横向分布变化图，如图4-11所示。在图4-11(a)、图4-11(c)、图4-11(d)及图4-11(e)中，1号曲线内外弯辊力$S=100$kN、VC辊内部油压取16.3MPa；2号曲线内外弯辊力$S=200$kN、VC辊内部油压取16.3MPa；3号曲线内外弯辊力$S=30$kN、VC辊内部油压取16.3MPa；4号曲线内外弯辊力$S=400$kN、VC辊内部油压取16.3MPa；5号曲线内外弯辊力$S=50$kN、VC辊内部油压取16.3MPa；6号曲线内外弯辊力$S=600$kN、VC辊内部油压取16.3MPa；7号曲线内外弯辊力$S=600$kN、VC辊内部油压取49MPa。在图4-11(b)中，1号曲线弯辊力$S=-500$kN、VC辊内部油压取16.3MPa；2号曲线弯辊力$S=-300$kN、VC辊内部油压取16.3MPa；3号曲线弯辊力$S=-100$kN、VC辊内部油压取16.3MPa；4号曲线弯辊力$S=100$kN、VC辊内部油压取

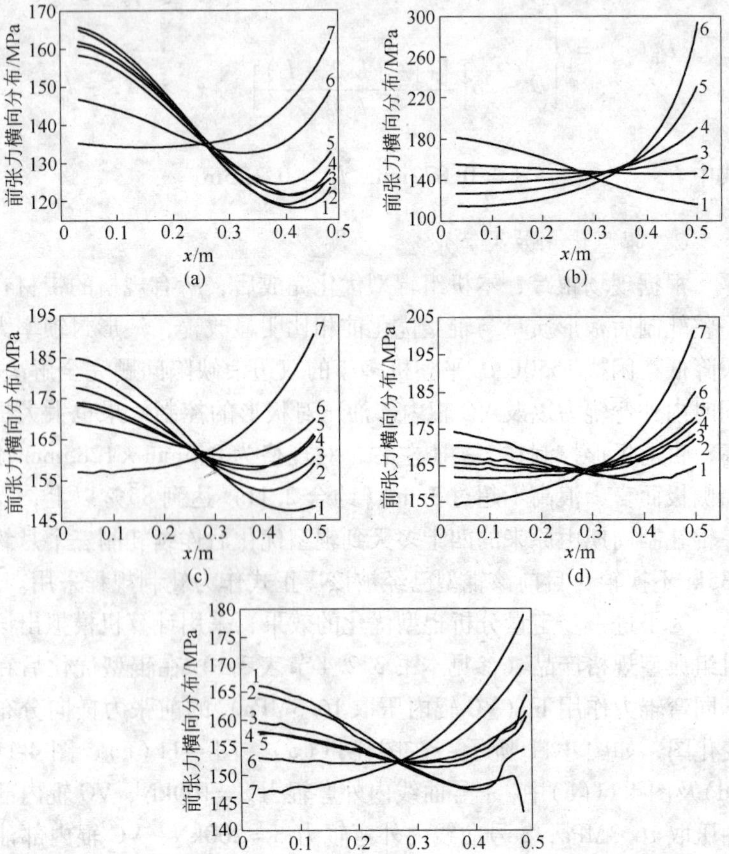

图 4-11　辊型优化后典型规格的带材在不同弯辊力下前张力横向分布曲线

(a) 0.300mm×974mm；(b) 0.494mm×1025mm；(c) 0.350mm×1020mm；
(d) 0.444mm×1002mm；(e) 0.394mm×1000mm

16.3MPa；5 号曲线弯辊力 S = 300kN、VC 辊内部油压取 16.3MPa；6 号曲线弯辊力 S = 500kN、VC 辊内部油压取 16.3MPa。

通过比较图 4-11 可以清楚地看出，在辊型优化后，轧机对板形的控制能力有了很大的提高，在轧制薄规格产品过程中出现的双边浪问题，已经能够完全得到解决。

4.2.2.5 模型在某1800热镀锌平整机上的应用

A 基本技术问题简介

对热镀锌平整机而言，根据其生产工艺特点，仅考虑到产品的板形质量是不够的，还必须考虑平整过程中锌层稳定性与锌花的均匀性问题。因此，如何通过辊型曲线的优化设计，使之能够兼顾板形与锌层稳定性及锌花的均匀性就成为现场攻关的难点。

B 辊型基本设计方案

结合热镀锌平整机的生产工艺特点可知，为了使生产顺利进行，不但要保证板形精度，而且还要满足轧制压力分布均匀的要求，以保证平整过程中锌层的稳定性与锌花的均匀性。因此，生产过程中所控制的目标函数除了板形之外还必须突出轧制压力分布的均匀性，将4.2.1节中的目标函数式4-14用式4-24来替代[93~95]：

$$F(X) = \alpha g_1(X) + (1 - \alpha) g_2(X) \tag{4-24}$$

式中 $g_1(X)$——板形指标；

$g_2(X)$——辊间压力的横向分布均匀度指标；

α——加权系数，一般而言，$\alpha = 0.5$。

$$g_1(X) = [\max(\sigma_{1i}) - \min(\sigma_{1i})] / T_1 \tag{4-25}$$

$$g_2(X) = [\max(q'_i) - \min(q'_i)] / \bar{q}' \tag{4-26}$$

式中 $\bar{q}$——平均轧制压力，kN。

最后，根据某1800冷轧3号热镀锌平整机的设备与工艺特征，经过优化，支撑辊方程参数值为 $l_z = 192$mm，$\delta = 1.15$mm，$k = 4$。工作辊辊型方程参数为：$a = 1.2947$mm，$b = 0.2365$。

C 辊型优化效果简介

上海某公司在新建1800冷轧3号CGL热镀锌平整机时，为了保证平整过程中的板形与锌层的质量，运用本节所介绍的相关辊型优化理论，对该平整机的工作辊与支撑辊进行了相应的辊型曲线优化设计，并于2004年7月开始上机运行，效果显著，不但保证了产品的板形质量，而且锌层的质量也达到了用户的要求。根据现场跟踪统计结果，采用优化辊型后，平整后带钢平直度不超过6I的达到97%以上，其余不超过10I，锌层的合格率为100%。

为了定量地说明采用优化辊型的效果，特以某1800冷轧3号CGL热镀锌平整机生产的某典型规格产品为例（相关轧制工艺参数见表4-9），模拟出采用优化辊型下带材的出口板形与轧制压力的横向分布情况，如图4-12和图4-13所示。

表4-9　典型规格产品的轧制工艺参数

规格/mm × mm	1003 × 0.561	前张力/kN	60
钢　种	TS350GD + AZ	后张力/kN	50
延伸率/%	0.6	总轧制压力/kN	1200
轧制速度/m · min^{-1}	100	弯辊力/kN	100

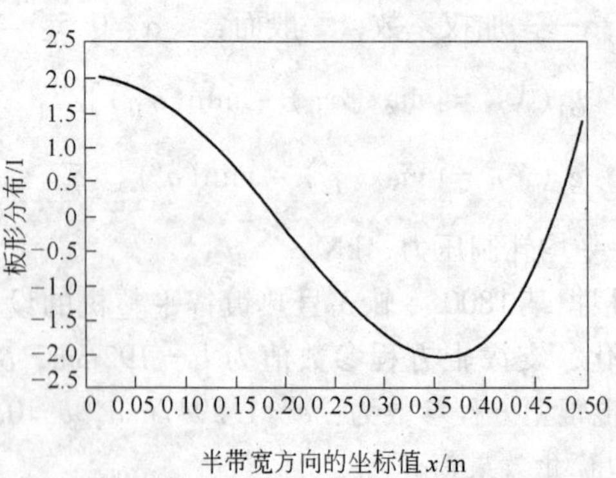

图4-12　典型规格产品板形分布图

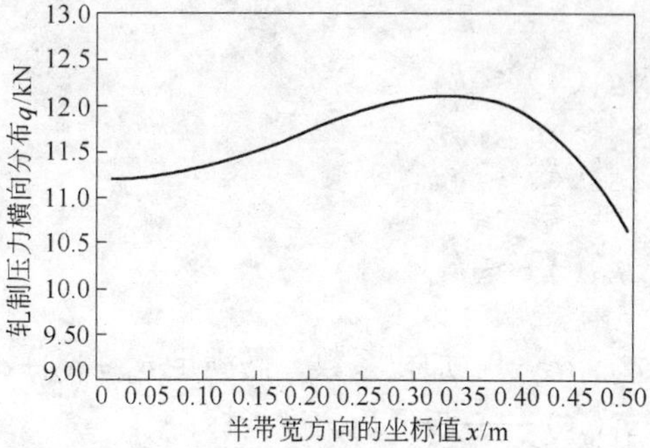

图 4-13 典型规格产品轧制压力横向分布图

通过图 4-12 和图 4-13 可以看出，采用优化辊型之后，平整产品不但板形精度达到了较高的水准，而且轧制压力横向分布也很均匀，完全可以满足热镀锌平整机的生产工艺要求。

4.3 四辊平整机特殊料轧制过程中的辊型优化模型

4.3.1 高强钢平整轧制时机组的辊型优化模型

4.3.1.1 基本数学模型

与普通平整机不一样，高强钢平整机的轧制压力比较大。在辊型优化设计过程中，除了必须考虑板形因素之外，还必须考虑到轧制压力与辊间压力横向分布的均匀性，最大限度地降低工作辊辊耗，防止支撑辊在平整轧制过程中发生啃肩、掉肉现象。为此，本节在大量理论研究的基础上，首次以前张力、轧制压力、辊间压力横向分布都均匀为优化目标函数，同时对前张力、轧制压力、辊间压力的峰值予以约束，建立了一套新的辊型曲线优化设计数学模型，设计出合适的工作辊与支撑辊辊型曲线，可以大大地提高平整后带材的板形质量，同时也可以降低工作辊辊耗，消除支撑辊的啃肩、掉肉现象，其优化控制目标函数可表示为：

$$\begin{cases} F(X) = \alpha_1 g_1(X) + \alpha_2 g_2(X) + \alpha_3 g_3(X) \\ g'_1(X) \leqslant k_{st} \\ g'_2(X) \leqslant k_{sq} \\ g'_3(X) \leqslant k_{sq'} \end{cases} \tag{4-27}$$

式中　$\alpha_1, \alpha_2, \alpha_3$ ——加权系数，需满足 $\alpha_1 + \alpha_2 + \alpha_3 = 1$；

$g_1(X)$ ——板形均匀度指标；

$g'_1(X)$ ——板形峰值指标；

$g_2(X)$ ——辊间压力均匀度指标；

$g'_2(X)$ ——辊间压力峰值指标；

$g_3(X)$ ——轧制压力均匀度指标；

$g'_3(X)$ ——轧制压力峰值指标。

k_{st}——允许前张力横向分布最大峰值，kN/m；

k_{sq}——允许辊间压力横向分布最大峰值，kN/m；

$k_{sq'}$——允许轧制压力横向分布最大峰值，kN/m。

$$g_1(X) = \frac{1}{T_1} \sqrt{\sum_{i=1}^{n} (\sigma_{1i} - T_1)^2} \tag{4-28}$$

$$g'_1(X) = [\max(\sigma_{1i}) - \min(\sigma_{1i})]/T_1 \tag{4-29}$$

$$g_2(X) = \frac{m}{\sum_{i=1}^{m} q_i} \sqrt{\sum_{i=1}^{m} \left(q_i - \frac{1}{m} \sum_{i=1}^{m} q_i \right)^2} \tag{4-30}$$

式中　m——轧辊横向条元数。

$$g'_2(X) = \frac{\max(q_i) - \min(q_i)}{\frac{1}{m} \sum_{i=1}^{m} q_i} \tag{4-31}$$

$$g_3(X) = \frac{n}{\sum_{i=1}^{n} q'_i} \sqrt{\sum_{i=1}^{n} \left(q'_i - \frac{1}{n} \sum_{i=1}^{n} q'_i \right)^2} \tag{4-32}$$

$$g'_3(X) = \frac{\max(q'_i) - \min(q'_i)}{\frac{1}{n} \sum_{i=1}^{n} q'_i} \tag{4-33}$$

式中　n——带材横向条元数。

在确定优化目标函数之后，其他优化方法同 4.2.1 节，基本计算框图如图 4-14 所示。

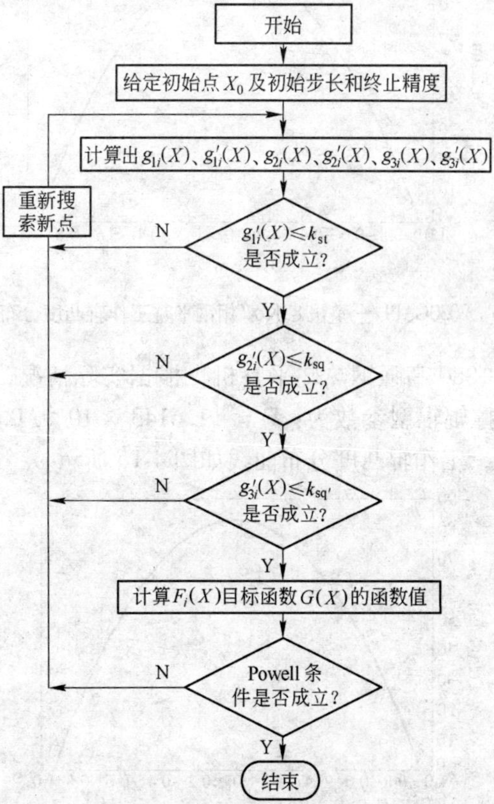

图 4-14　计算框图

4.3.1.2　模型的应用

目前，4.3.1.1 节所述辊型优化模型已经被推广应用到某公司 2030CAPL 平整机 80K 双相钢平整轧制以及 1880 热轧高强钢平整机上。

对 2030CAPL 平整机 80K 双相钢平整轧制时的实际情况，得出相应的工作辊与支撑辊辊型参数为：$X = \{1.6258 \times 10^{-3}, 0.10156, 4, 201, 1.41\}$，工作辊凸度分布曲线如图 4-15 所示。

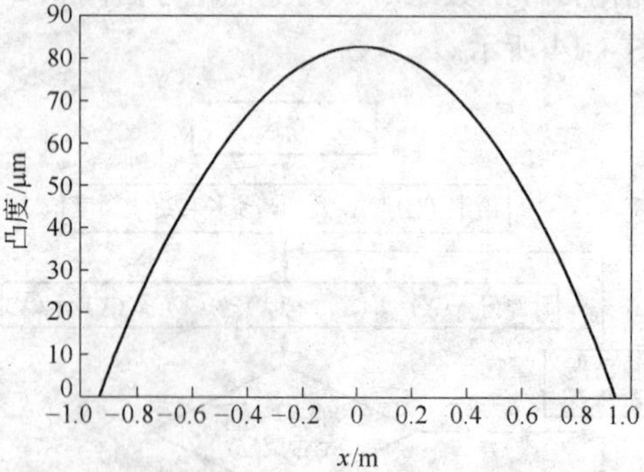

图 4-15　2030CAPL 平整机 80K 双相钢平整工作辊凸度分布曲线

对于某 1880 高强钢热轧平整机，根据实际情况，优化得出工作辊与支撑辊辊型参数为：$X = \{1.6143 \times 10^{-3}, 0.10324, 4, 198, 1.21\}$，工作辊凸度分布曲线如图 4-16 所示。

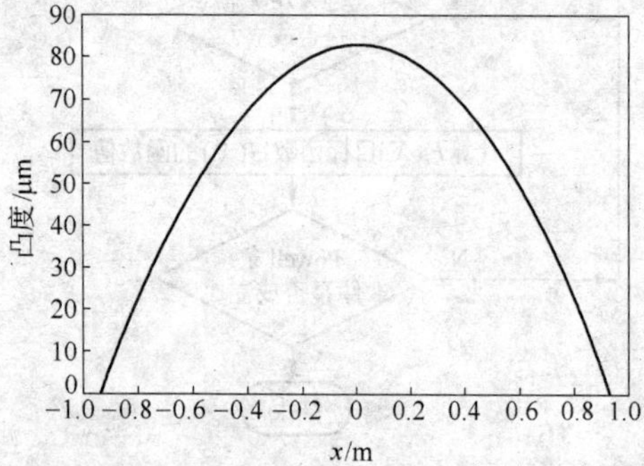

图 4-16　1880 高强钢平整机凸度分布曲线

4.3.2　极薄带钢平整轧制时机组的辊型优化模型

4.3.2.1　引言

在生产实践中发现，某冷轧薄板厂 1220 平整机组（基本结构如图 4-17 所示）平整轧制薄窄料 $B \leqslant 0.75L_w$、$h \leqslant 0.2$mm（其中，B 为带材宽度；L_w 为工作辊辊身长；h 为带钢厚度）时，工作辊在板宽以外会出现相互接触压扁的压靠现象，这使设定的轧制压力仅仅一部分用于金属变形，而其他部分则消耗在工作辊的辊端压扁上，从而造成实际延伸率偏小，产品的力学性能达不到用户的要求。且在压靠发生之后，随着轧制压力的增大，其消耗在工作辊辊端压扁上的比例也随之增大。当轧制压力增大到一定程度之后，再增加的轧制压力几乎都消耗在压靠上了，且延伸率也未出现明显的增加。根据 1220 平整机组的辊系结构特点可知，在平整过程中其工作辊与支撑辊沿辊身全长接触，在板宽以外形成一个有害的接触区，使该平整机的横向刚度降低，影响了平整成品的板形指标，也使弯辊对板形的调节能力大大降低。为了在控制压靠影响的同时消除辊间有害接触区，在大量的现场试验与本书 2.3 节的相关理论研究的基础上，制定了一套针对极薄带钢（$h \leqslant 0.2$mm）平整轧制的辊型改造方案[96,97]，并将其应用到生

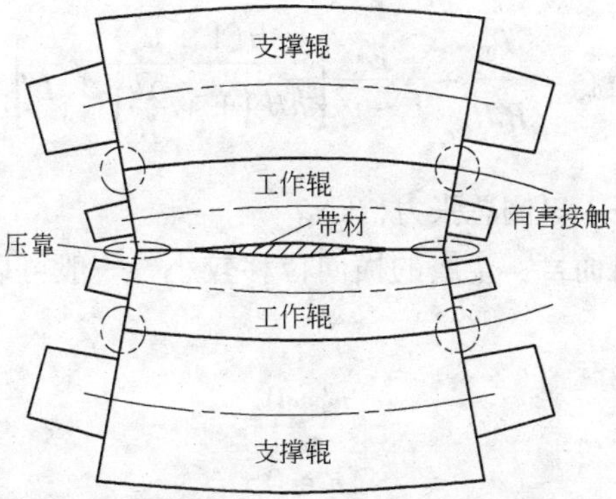

图 4-17　某 1220 平整机组辊系示意图

产实践中，不仅保证了成品的力学性能指标，而且满足了用户的板形质量要求，取得了良好的经济效益。

4.3.2.2　基本数学模型

根据相关文献可以知道，不管发生压靠与否，在板宽以内，金属变形模型依然成立，带材前后张力 σ_{1i}、σ_{0i} 分别可用式 4-34 和式 4-35 来表示：

$$\sigma_{1i} = \frac{T_1}{B\,\overline{h}} + \frac{E}{1-\nu^2}\left(1 + \frac{h_i}{\overline{h}} - \frac{H_i}{\overline{H}} - \frac{L_i}{L} + u_i' - \frac{\Delta b}{B}\right) \tag{4-34}$$

式中　T_1——出口侧总张力，kN；

B——带材宽度，mm；

$\overline{h}$——带材出口平均厚度，mm；

h_i——带材出口厚度横向分布值，mm；

$\overline{H}$——带材入口平均厚度，mm；

H_i——带材入口厚度横向分布值，mm；

L——来料板形的长度平均值，mm；

L_i——来料板形的长度横向分布值，mm；

u_i'——带材横向位移增量横向分布值，mm；

Δb——宽展量，mm。

$$\sigma_{0i} = \frac{T_0}{B\,\overline{H}} + \frac{E}{1-\nu^2}\left[\frac{h_i\,\overline{H}(1+u_i')}{\overline{h}H_i\left(1+\frac{\Delta b}{B}\right)} - \frac{L_i}{L}\right] \tag{4-35}$$

式中　T_0——入口侧总张力，kN。

对平整机而言，金属的横向位移较小，一般可以忽略不计，因此有

$$u_i' \approx 0 \tag{4-36}$$

$$\Delta b \approx 0 \tag{4-37}$$

把式 4-36 和式 4-37 代入式 4-34 和式 4-35，则可以将前后张

力 σ_{1i}、σ_{0i}分别用式 4-38 和式 4-39 的函数表示，即

$$\sigma_{1i} = f_1(h_i, H_i, L_i, B, T_0, T_1) \quad (4\text{-}38)$$

$$\sigma_{0i} = f_2(h_i, H_i, L_i, B, T_0, T_1) \quad (4\text{-}39)$$

根据 2.3 节相关理论的研究可以知道，平整后带材的出口厚度分布值 h_i 以及总轧制压力中用于金属变形的力 F_P 分别可用式 4-40 和式 4-41 的函数表示，即

$$h_i = f_3(F_{P0}, S, \Delta D_{wi}, \Delta D_{bi}, H_i, \sigma_{1i}, \sigma_{0i}) \quad (4\text{-}40)$$

$$F_P = f_4(F_{P0}, S, \Delta D_{wi}, \Delta D_{bi}, H_i, \sigma_{1i}, \sigma_{0i}) \quad (4\text{-}41)$$

式中 F_{P0}——总轧制压力，kN；

S——弯辊力，kN；

ΔD_{wi}，ΔD_{bi}——分别为工作辊及支撑辊的辊型分布值，mm。

同时，根据 2.1 节中极薄带钢轧制压力模型可知，在平整过程中的带材延伸率可用式 4-42 的函数表示，即

$$\varepsilon = f_5(\overline{H}, F_P, T_1, T_2, B, \sigma_s) \quad (4\text{-}42)$$

式中 σ_s——材料屈服强度，MPa。

对一个特定的轧制过程而言，若带材来料参数$\overline{H}$、H_i、L_i、B、σ_s 等已知，且给定 T_0、T_1、F_{P0}，则联立式 4-38 ~ 式 4-42 即可将表征板形的前张力横向分布值 σ_{1i}及实际延伸率 ε 用一个以弯辊力 S、工作辊凸度 ΔD_{wi}及支撑辊凸度 ΔD_{bi}为自变量的函数来表示，即

$$\sigma_{1i} = g_1(S, \Delta D_{wi}, \Delta D_{bi}) \quad (4\text{-}43)$$

$$\varepsilon = g_2(S, \Delta D_{wi}, \Delta D_{bi}) \quad (4\text{-}44)$$

结合极薄带钢平整轧制时的生产工艺特点可知，为使得生产顺利进行，不仅要消除辊间有害接触区以保证产品的板形精度，而且还要尽可能地减少压靠以保证足够的延伸率，满足产品在力学性能方面的要求。为同时兼顾两个方面要求，可将控制目标函数简单定义为：

$$\left.\begin{cases} F(X) = [\max(\sigma_{1i}) - \min(\sigma_{1i})]/T_1 \\ \varepsilon(X) \geqslant \varepsilon_{\min} \end{cases}\right\} \tag{4-45}$$

式中　$\varepsilon_{\min}$——产品大纲所规定的最小延伸率,%。

通过式4-43~式4-45可知，对于某一特定规格的产品，当辊型一定时，必然存在一个最佳弯辊力 S_a，使得 $F(X)$ 最小。而极薄带钢平整轧制过程辊型改造的目的就是通过设计一种合适的辊型，使得轧辊在轧制状态时，对于所有规格的产品（在实际生产中，一般选择经常生产的 m 个规格的产品来进行优化，而且应根据其出现概率进行加权，越是经常生产的产品，加权系数取得越大)，在满足延伸率指标的前提下，最佳弯辊力都在基态附近，保证弯辊力在轧制过程中有足够的上下调节范围，可大大提高弯辊力对板形的控制能力。所以辊型优化的目标函数可表示为：

$$\left.\begin{aligned} G(X) &= \sum_{i=1}^{m} (S_{ai} - S_0)^2 \\ \varepsilon_i &\geqslant \varepsilon_{\min},\ i = 1, 2, \cdots, m \end{aligned}\right\} \tag{4-46}$$

式中　S_{ai}——在特定辊型下第 i 个规格产品满足目标函数 $F(X)$ 最小的最佳弯辊力，kN；

S_0——基态弯辊力，kN。

对于工作辊与支撑辊辊型的具体函数形式，根据磨床加工工艺特点与现场实践经验，同时考虑到辊型改造的目的是控制压靠影响，同时消除辊间有害接触区，因此将工作辊辊型曲线设计成余弦曲线与高次曲线的组合（坐标选在轧辊中心)：

$$D_w(x) = D_w - a\left[1 - \cos\left(b\frac{2x}{L_w}\right)\right] - c\left(\frac{2x}{L_w}\right)^{k_1} \tag{4-47}$$

式中　D_w——工作辊原始辊径，mm；

L_w——工作辊辊身长，mm；

a，b，c，k_1——曲线特征参数。

对于支撑辊，可以将其辊型曲线设计成一个 k 次函数：

$$D_b(x) = \begin{cases} D_b, & |x| \leqslant L_b/2 - l_z \\ D_b - 2\delta\left[\dfrac{|x| - (L_b/2 - l_z)}{l_z}\right]^k, & |x| > L_b/2 - l_z \end{cases} \tag{4-48}$$

式中　D_b——支撑辊原始辊径，mm；

L_b——支撑辊辊身长，mm；

δ，l_z，k——曲线特征参数。

通过式 4-47 和式 4-48 可以分析出，辊型优化最终归结为：求解 $X = \{a, b, c, k_1, \delta, l_z, k\}$，使得 $G(X)$ 最小。这个优化问题采用 Powell 法就可以较快地得出优化结果。计算流程框图如图 4-18 所示。

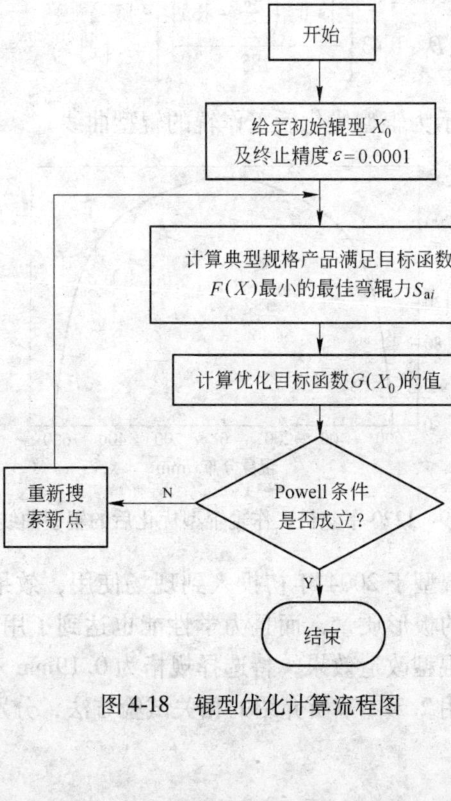

图 4-18　辊型优化计算流程图

4.3.2.3 模型现场应用结果简介

在辊型改造之前，某 1220 平整机支撑辊采用平辊配置，工作辊辊型曲线方程为：

$$D_{\mathrm{w}}(x) = D_{\mathrm{w}} - 5.67 \times 10^{-5} \times \left[1 - \cos\left(\frac{140\pi}{180} \cdot \frac{2x}{L_{\mathrm{w}}}\right)\right] \tag{4-49}$$

采用 4.3.2.2 节所述相关模型优化后的工作辊与支撑辊的辊型曲线方程分别为：

$$D_{\mathrm{w}}(x) = D_{\mathrm{w}} - 4.0 \times 10^{-5} \times \left[1 - \cos\left(\frac{140\pi}{180} \cdot \frac{2x}{L_{\mathrm{w}}}\right)\right] - 1.72 \times 10^{-4} \times \left(\frac{2x}{L_{\mathrm{w}}}\right)^{9} \tag{4-50}$$

$$D_{\mathrm{b}}(x) = \begin{cases} D_{\mathrm{b}}, & |x| \leqslant \dfrac{L_{\mathrm{b}}}{2} - 185 \\ D_{\mathrm{b}} - 0.43\left[\dfrac{|x| - \left(\dfrac{L_{\mathrm{b}}}{2} - 185\right)}{185}\right]^{3.4}, & |x| > \dfrac{L_{\mathrm{b}}}{2} - 185 \end{cases} \tag{4-51}$$

图 4-19 所示为辊型优化后工作辊的辊型曲线。

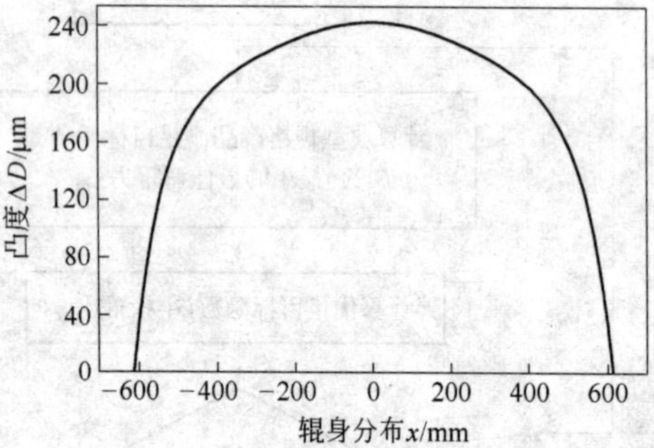

图 4-19 1220 平整机工作辊辊型优化后的辊型曲线

上述优化辊型于 2004 年初投入到现场使用，效果显著，不但保证了产品的板形质量，而且力学性能也达到了用户的要求。为进一步分析辊型改造效果，特选择规格为 0.19mm × 727mm 的产品为例，采用 2.3.1 节所介绍的相关试验方法，分别在辊型优化前后做压靠试验（相关试验设备及工艺参数见表4-10），测出压靠宽度、实际轧制压力及带材的板形情况，如表4-11和图4-20所示。需要说明的是，由于该平整机没有板形仪，所以在测量板形时采用分割法，即将带材沿宽度方向裁成小条，然后通过测量每条的长度反推出板形值。

表4-10 压靠试验设备及工艺参数

参数名称	数值	参数名称	数值
带材规格/mm×mm	0.19×727	工作辊直径 D_W/mm	460
屈服强度/抗拉强度/MPa	310/410	支撑辊直径 D_b/mm	1139
平均前张力 T_1/MPa	108	工作辊辊身长 L_W/mm	1219
平均后张力 T_0/MPa	80	支撑辊辊身长 L_b/mm	1219
弯辊力 S/kN	50	工作辊压下螺丝中心距 l_w/mm	2057
延伸率 ε/%	0.25,0.5,0.7,0.9,1.2	支撑辊压下螺丝中心距 l_b/mm	2057

表4-11 压靠试验结果与模型计算结果对比

延伸率 ε/%		0.25	0.50	0.70	0.90	1.2
压靠宽度 B_y/mm	优化前	0	22	110	152	
	优化后	0	0	0	0	22
轧制压力 F_P/kN	优化前	1800	3410	4600	7200	
	优化后	1800	2700	3250	4000	470

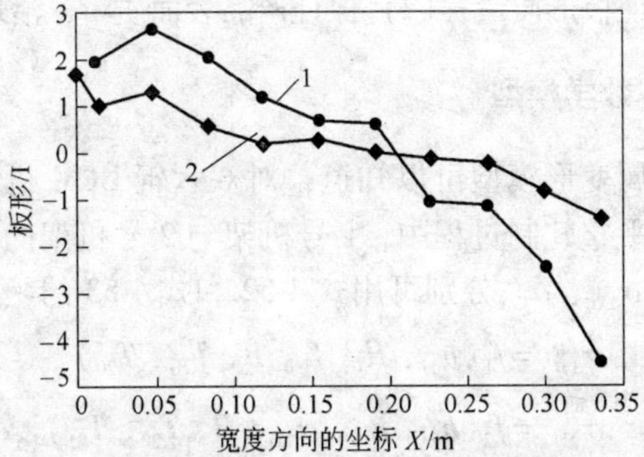

图4-20 辊型优化前后板形实测值对比（ε=0.9%）坐标

1—辊型优化前；2—辊型优化后

试验过程中设定延伸率从大到小且分成 5 个等级（见表 4-11），得出同一规格产品中不同延伸率的压靠情况。

在表 4-11 中，辊型改造之前，轧制压力加大到该平整机所允许的极限最大值 8mN，延伸率仅为 0.95%。需要说明的是，优化后压靠始于辊身边部向里 120mm 处，而优化前压靠位置始于辊身边部。

通过表 4-11 可以看出，采用优化辊型之后，压靠问题得到了有效控制，当延伸率为 1.2% 时才出现轻微的压靠问题（此时，产品力学性能已经达到用户的需求）。而在辊型改造前，当延伸率增大到 0.5% 时就开始出现辊端压靠现象；而后，随着延伸率的继续增大，辊端压靠越来越严重，最终影响现场正常轧制。通过图 4-20 可以清楚地看出，经过辊型优化之后，带材的板形精度也有了很大的改善，从优化前的 7I 左右提高到优化后的 3I 左右，此试验结果对比，表明辊型改造所预计的控制压靠改善板形的目标已经达到。

4.4　双机架 UCM 平整机组辊型优化模型

4.4.1　辊型优化目的

对双机架 UCM 平整机组而言，其辊型优化的目的主要有两个：(1) 保证板形质量；(2) 保证产品表面质量，治理色差缺陷。

4.4.2　基本数学模型

根据金属变形模型可以知道，对双六辊 UCM 机型的平整机组而言，在平整轧制过程中，1 号机架与 2 号机架的出口前张力横向分布值 σ_{11i}、σ_{21i} 分别可用式 4-52 和式 4-53 的函数表示：

$$\sigma_{11i} = f_1(h_{1i}, H_i, L_i, B, T_{10}, T_{20}) \tag{4-52}$$

$$\sigma_{21i} = f_2(h_{2i}, h_{1i}, \sigma_{11i}, B, T_{20}, T_{21}) \tag{4-53}$$

式中　h_{1i}，h_{2i}——分别为双六辊 UCM 机型平整机组 1 号与 2 号机架带材出口厚度横向分布值，mm；

H_i——带材来料厚度的横向分布值，mm；

L_i——来料板形的横向分布值，mm；

B——带材的宽度，mm。

根据轧制理论中的辊系弹性变形模型可知，双六辊 UCM 机型的平整机组 1 号机架与 2 号机架轧后带材的出口厚度横向分布值 h_{1i}、h_{2i}，辊间压力的横向分布值 $q_{1\mathrm{mw}i}$，$q_{1\mathrm{mb}i}$，$q_{2\mathrm{mw}i}$，$q_{2\mathrm{mb}i}$，轧制压力的横向分布值 q'_{1i}、q'_{2i} 可以分别表示为：

$$h_{1i}=f_3(T_{10},T_{20},P_1,S_{1\mathrm{m}},S_{1\mathrm{w}},\Delta D_{1\mathrm{w}i},\Delta D_{1\mathrm{m}i},\Delta D_{1\mathrm{b}i},H_i,\sigma_{11i},\delta_1) \tag{4-54}$$

$$h_{2i}=f_4(T_{20},T_{21},P_2,S_{2\mathrm{m}},S_{2\mathrm{w}},\Delta D_{2\mathrm{w}i},\Delta D_{2\mathrm{m}i},\Delta D_{2\mathrm{b}i},h_{1i},\sigma_{21i},\delta_2) \tag{4-55}$$

$$q_{1\mathrm{mw}i}=f_5(T_{10},T_{20},P_1,S_{1\mathrm{m}},S_{1\mathrm{w}},\Delta D_{1\mathrm{w}i},\Delta D_{1\mathrm{m}i},\Delta D_{1\mathrm{b}i},H_i,\sigma_{11i},\delta_1) \tag{4-56}$$

$$q_{1\mathrm{mb}i}=f_6(T_{10},T_{20},P_1,S_{1\mathrm{m}},S_{1\mathrm{w}},\Delta D_{1\mathrm{w}i},\Delta D_{1\mathrm{m}i},\Delta D_{1\mathrm{b}i},H_i,\sigma_{11i},\delta_1) \tag{4-57}$$

$$q'_{1i}=f_7(T_{10},T_{20},P_1,S_{1\mathrm{m}},S_{1\mathrm{w}},\Delta D_{1\mathrm{w}i},\Delta D_{1\mathrm{m}i},\Delta D_{1\mathrm{b}i},H_i,\sigma_{11i},\delta_1) \tag{4-58}$$

$$q_{2\mathrm{mw}i}=f_8(T_{20},T_{21},P_2,S_{2\mathrm{m}},S_{2\mathrm{w}},\Delta D_{2\mathrm{w}i},\Delta D_{2\mathrm{m}i},\Delta D_{2\mathrm{b}i},h_{1i},\sigma_{21i},\delta_2) \tag{4-59}$$

$$q_{2\mathrm{mb}i}=f_9(T_{20},T_{21},P_2,S_{2\mathrm{m}},S_{2\mathrm{w}},\Delta D_{2\mathrm{w}i},\Delta D_{2\mathrm{m}i},\Delta D_{2\mathrm{b}i},h_{1i},\sigma_{21i},\delta_2) \tag{4-60}$$

$$q'_{2i}=f_{10}(T_{20},T_{21},P_2,S_{2\mathrm{m}},S_{2\mathrm{w}},\Delta D_{2\mathrm{w}i},\Delta D_{2\mathrm{m}i},\Delta D_{2\mathrm{b}i},h_{1i},\sigma_{21i},\delta_2) \tag{4-61}$$

式中 $q_{1\mathrm{mw}i}$——双机架平整机组 1 号机架中间辊与工作辊的辊间压力分布值，kN/m；

$q_{2\mathrm{mw}i}$——双机架平整机组 2 号机架中间辊与工作

辊的辊间压力分布值，kN/m；

q_{1mbi}——双机架平整机组 1 号机架中间辊与支撑辊的辊间压力分布值，kN/m；

q_{2mbi}——双机架平整机组 1 号机架与 2 号机架中间辊与支撑辊的辊间压力分布值，kN/m；

q'_{1i}，q'_{2i}——分别为双机架平整机组 1 号机架与 2 号机架轧制压力横向分布值，kN/m；

S_{1w}，S_{1m}——分别为双机架平整机组 1 号机架工作辊与中间辊弯辊力，kN/m；

S_{2w}，S_{2m}——分别为双机架平整机组 2 号机架工作辊与中间辊弯辊力，kN/m；

ΔD_{1wi}，ΔD_{1mi}，ΔD_{1bi}——分别为双机架平整机组 1 号机架工作辊、中间辊以及支撑辊辊型分布值，mm；

ΔD_{2wi}，ΔD_{2mi}，ΔD_{2bi}——分别为双机架平整机组 2 号机架工作辊、中间辊以及支撑辊辊型分布值，mm；

δ_1，δ_2——为双机架平整机组 1 号机架、2 号机架中间辊的窜动量，mm。

在辊系参数综合设定过程中，如果现场有关于来料凸度 H_i 及板形 L_i 的实际数据，则采用该数据。如果没有现成的数据，则带材来料凸度的分布可以近似按二次曲线处理，比例凸度的大小根据经验可以取值为 0.01；来料的板形认为是良好的，则取 $L_i=0$。经过简单分析可以知道，对一个特定双 UCM 机型平整机组的轧制过程而言，如果给定 P_1、P_2、T_{21}、T_{20}、T_{10}，B 等轧制工艺参数与 1 号机架、2 号机架工作辊与中间辊弯辊力以及中间辊窜动量 S_{1w}、S_{2w}、S_{1m}、S_{2m}、δ_1、δ_2 等板形参数，那么，联立式 4-54 ~ 式 4-61 就可以将机组成品板形 σ_{21i}，辊间压力横向分布值 q_{1mwi}、q_{1mbi}、q_{2mwi}、q_{2mbi}，轧制压力横向分布值 q'_{1i}、q'_{2i}统一用 1 号机架、2 号机架工作辊、中间辊及支撑辊辊型参数 ΔD_{1wi}、

ΔD_{1mi}、ΔD_{1bi}、ΔD_{2wi}、ΔD_{2mi}、ΔD_{2bi}来表示，即

$$\sigma_{21i} = f_{11}(\Delta D_{1wi}, \Delta D_{1mi}, \Delta D_{1bi}, \Delta D_{2wi}, \Delta D_{2mi}, \Delta D_{2bi}) \tag{4-62}$$

$$q_{1mwi} = f_{12}(\Delta D_{1wi}, \Delta D_{1mi}, \Delta D_{1bi}, \Delta D_{2wi}, \Delta D_{2mi}, \Delta D_{2bi}) \tag{4-63}$$

$$q_{1mbi} = f_{13}(\Delta D_{1wi}, \Delta D_{1mi}, \Delta D_{1bi}, \Delta D_{2wi}, \Delta D_{2mi}, \Delta D_{2bi}) \tag{4-64}$$

$$q'_{1i} = f_{14}(\Delta D_{1wi}, \Delta D_{1mi}, \Delta D_{1bi}, \Delta D_{2wi}, \Delta D_{2mi}, \Delta D_{2bi}) \tag{4-65}$$

$$q_{2mwi} = f_{15}(\Delta D_{1wi}, \Delta D_{1mi}, \Delta D_{1bi}, \Delta D_{2wi}, \Delta D_{2mi}, \Delta D_{2bi}) \tag{4-66}$$

$$q_{2mbi} = f_{16}(\Delta D_{1wi}, \Delta D_{1mi}, \Delta D_{1bi}, \Delta D_{2wi}, \Delta D_{2mi}, \Delta D_{2bi}) \tag{4-67}$$

$$q'_{2i} = f_{17}(\Delta D_{1wi}, \Delta D_{1mi}, \Delta D_{1bi}, \Delta D_{2wi}, \Delta D_{2mi}, \Delta D_{2bi}) \tag{4-68}$$

需要说明的是，实际上 1 号机架中间辊与工作辊的辊间压力分布值 q_{1mwi}、中间辊与支撑辊的辊间压力分布值 q_{1mbi} 以及 1 号机架出口带材轧制压力横向分布值 q'_{1i} 与 2 号机架工作辊与中间辊弯辊力 S_{2w}、S_{2m} 和中间辊的窜动量 δ_2 是无关的，式 4-63 ~ 式 4-65只是为了表达方便而写成与式 4-62 及式 4-66 ~ 式 4-68 相类似的形式。

实际上，考虑到磨床的实际加工能力，可以将相关辊型曲线用方程式 4-69 来表示：

$$\begin{cases} D_{w1}(x) = D_{w1} - a_{w1}\left[1 - \cos\left(b_{w1}\dfrac{2x}{L_w}\right)\right] \\ D_{w2}(x) = D_{w2} - a_{w2}\left[1 - \cos\left(b_{w2}\dfrac{2x}{L_w}\right)\right] \\ D_{m1}(x) = D_{m1} - a_{m1}\left[1 - \cos\left(b_{m1}\dfrac{2x}{L_m}\right)\right] \\ D_{m2}(x) = D_{m2} - a_{m2}\left[1 - \cos\left(b_{m2}\dfrac{2x}{L_m}\right)\right] \\ D_{b1}(x) = D_{b1} - a_{b1}\left[1 - \cos\left(b_{b1}\dfrac{2x}{L_b}\right)\right] \\ D_{b2}(x) = D_{b2} - a_{b2}\left[1 - \cos\left(b_{b2}\dfrac{2x}{L_b}\right)\right] \end{cases} \tag{4-69}$$

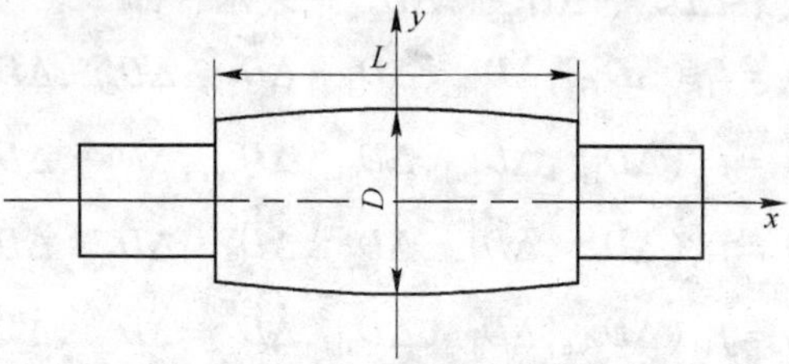

图 4-21 轧辊辊型曲线示意图

相关辊型特征参数就分别可以用 a_{w1}、b_{w1}、a_{w2}、b_{w2}、a_{m1}、b_{m1}、a_{m2}、b_{m2}、a_{b1}、b_{b1}、a_{b2}、b_{b2} 等 12 个参数表示。式 4-62 ~ 式 4-68 可以进一步用式 4-70 ~ 式 4-76 来表示：

$$\sigma_{21i}=f_{18}(a_{w1},b_{w1},a_{w2},b_{w2},a_{m1},b_{m1},a_{m2},b_{m2},a_{b1},b_{b1},a_{b2},b_{b2}) \quad (4\text{-}70)$$

$$q_{1mwi}=f_{19}(a_{w1},b_{w1},a_{w2},b_{w2},a_{m1},b_{m1},a_{m2},b_{m2},a_{b1},b_{b1},a_{b2},b_{b2}) \quad (4\text{-}71)$$

$$q_{1mbi}=f_{20}(a_{w1},b_{w1},a_{w2},b_{w2},a_{m1},b_{m1},a_{m2},b_{m2},a_{b1},b_{b1},a_{b2},b_{b2}) \quad (4\text{-}72)$$

$$q'_{1i}=f_{21}(a_{w1},b_{w1},a_{w2},b_{w2},a_{m1},b_{m1},a_{m2},b_{m2},a_{b1},b_{b1},a_{b2},b_{b2}) \quad (4\text{-}73)$$

$$q_{2mwi}=f_{22}(a_{w1},b_{w1},a_{w2},b_{w2},a_{m1},b_{m1},a_{m2},b_{m2},a_{b1},b_{b1},a_{b2},b_{b2}) \quad (4\text{-}74)$$

$$q_{2mbi}=f_{23}(a_{w1},b_{w1},a_{w2},b_{w2},a_{m1},b_{m1},a_{m2},b_{m2},a_{b1},b_{b1},a_{b2},b_{b2}) \quad (4\text{-}75)$$

$$q'_{2i}=f_{24}(a_{w1},b_{w1},a_{w2},b_{w2},a_{m1},b_{m1},a_{m2},b_{m2},a_{b1},b_{b1},a_{b2},b_{b2}) \quad (4\text{-}76)$$

实际上，在双机架平整机组的平整轧制过程中，其辊型优化的目的主要是在改善板形质量的同时提高带钢表面质量，杜绝色差缺陷的发生。根据 3. 6. 1 节可以知道，带材色差影响函数中同时包括带材表面色差与板形两种因素。因此，辊型优化中色差影响函数可以作为优化目标。而在实际生产过程中，无论是轧辊表面还是带材表面，色差都是不允许的。因此，治理色差必须对轧辊与带材表面进行综合治理，保证轧制过程中轧辊与带材表面都不出现色差问题。针对双机架平整机组的设备工艺特点，对某单一规格的产品而言，在轧制压力及张力等金属模型参数以及辊系参数已知的前提下，其辊型参数优化的综合控制目标函数可以表示为：

$$\begin{cases} F(X) = \beta F_s(X) + (1-\beta)F_r(X) \\ F_s(X) \leqslant 0.25 \\ F_r(X) \leqslant 0.46 \\ X = \{a_{w1}, b_{w1}, a_{w2}, b_{w2}, a_{m1}, b_{m1}, a_{m2}, b_{m2}, a_{b1}, b_{b1}, a_{b2}, b_{b2}\} \end{cases} \tag{4-77}$$

式中 β——加权系数。

显然，双机架平整机组以色差治理及板形质量控制为目标的辊型优化设定的目的，就是通过设计一种合适的辊型，使得轧辊在轧制状态时，对于所有规格的产品（在实际生产中，一般选择经常生产的 m 个规格的产品来进行优化，而且应该根据各自在总产量中的比例进行加权，越是经常生产的产品，加权系数取得越大)，在保证板形质量的前提下，无论是轧辊表面还是带材表面都不出现色差问题。所以辊型优化的目标函数可以表示为:

$$\begin{cases} G(X) = \sum_{j=1}^{m} \alpha_j F_j(X) \\ F_{sj}(X) \leqslant 0.25 \\ F_{rj}(X) \leqslant 0.46 \\ X = \{a_{w1}, b_{w1}, a_{w2}, b_{w2}, a_{m1}, b_{m1}, a_{m2}, b_{m2}, a_{b1}, b_{b1}, a_{b2}, b_{b2}\} \end{cases} \tag{4-78}$$

式中 α_j——产量加权系数，由各规格产品的生产产量在总产量中的比例来确定。

通过式 4-78 就可以把双机架平整机组的辊型参数综合优化问题转换为寻求一组合适的工作辊、中间辊及支撑辊辊型参数值 $X = \{a_{w1}, b_{w1}, a_{w2}, b_{w2}, a_{m1}, b_{m1}, a_{m2}, b_{m2}, a_{b1}, b_{b1}, a_{b2}, b_{b2}\}$，使得 $G(X)$ 最小。这个 12 个参数多维寻优问题采用 Powell 法很快就可以得出相关结果。

4.4.3 模型在现场的应用

某公司 1220 双 UCM 平整机组为了提高产品的板形与表面质量，利用 4.4.2 节所述相关模型对机组进行了辊型优化，取得了良好的使用效果。优化后工作辊的辊型曲线为：

$$D_{\mathrm{w}}(X) = D - 2.0 \times 10^{-5} \times \left[1 - \cos\left(\frac{120\pi}{180} \cdot \frac{2x}{1200}\right)\right] \tag{4-79}$$

对于中间辊，考虑到加大窜动之后辊间压力分布的均匀问题，采用如下辊型曲线：

$$D_{\mathrm{m}}(x) = \begin{cases} D, & |x| \leqslant 450 \\ D - 2 \times 15 \times 10^{-6} \times \left(\dfrac{|x| - 450}{150}\right)^{3.2}, & |x| > 450 \end{cases} \tag{4-80}$$

参考文献

[1] W. L. 罗伯茨．冷轧带钢生产[M]．北京：冶金工业出版社，1991.

[2] 傅作宝．冷轧薄钢板生产[M]．北京：冶金工业出版社，1996.

[3] 刘宏民．板形理论研究的现状及发展方向[J]．钢铁，1993，28(2)：75～78.

[4] 白振华．带钢平整机板形控制技术的开发研究[D]．秦皇岛：燕山大学，2002.

[5] 张耀兴，译．冷轧带钢的质量与检验[M]．北京：冶金工业出版社，1985.

[6] 连家创，刘宏民．板厚板形控制 [M] 北京：兵器工业出版社，1995.

[7] 刘宏民．三维轧制理论及其应用[M]．北京：科学出版社，1999：54～146.

[8] Liu Hongmin，Lian Jiachuang，Duan Zhenyong. Study on the Asymmetrical Cold Rolling of Strip under Large Width to Thickness Ratio[J]. Journal of Materials Science & Technology，1996，12(3)：232～234.

[9] 连家创，段振勇．轧件宽展量的研究[J]．钢铁，1984(11)：22～25.

[10] 刘宏民，连家创，段振勇．三次样条函数条元法及对带材轧制过程的模拟[J]．燕山大学学报，1998，22(1)：51～55.

[11] Liu Hongmin，Zheng Zhenzhong，Peng Yan. Streamline Strip Element Method for Analysis of the Three-dimensional Stresses and Deformations of Strip Rolling[J]. International Journal for Numerical Methods in Engineering，2001，50(5)：1059～1076.

[12] Liu Hongmin，Lian Jiachuang，Peng Yan. Third-Power Spline Function Strip Element Method and its Simulation of the Three-dimensional Stresses and Deformations of Cold Strip Rolling[J]. Journal of Materials Processing Technology，2001，116(2，3)：235～243.

[13] 彭艳，刘宏民．带材轧制过程应力及变形的计算机仿真[J]．机械工程学报，2004，40(9)：75～79.

[14] 彭艳，刘宏民，于春义，张守刚．板形理论中张力横向分布计算模型的改进[J]．燕山大学学报，2002，26(1)：10～12.

[15] Liu Hongmin，Peng Yan，Chu Yupeng，Wang Yingrui. Strip Element Method for Shape Discrimination of Strip Rolling[J]. Communications in Numerical Methods in Engineering，2004，20(9)：709～720

[16] Liu Hongmin，Wang Yingrui. Stream Surface Strip Element Method and Simulation of Three-dimensional Deformation of Continuous Hot Rolled Strip[J]. Journal of Iron and Steel Research，2004，11(2)：18～24.

[17] Liu Hongmin，Wang Yingrui. Stream Surface Strip Element Method for Simulation of the Three-dimensional Deformations of Plate and Strip Rolling[J]. International Journal of Mechanical Sciences，2003，45(9)：1541～1561.

[18] 刘宏民，郑振忠，彭艳，龙武山．六辊CVC宽带轧机轧辊接触压力横向分布特性的计算机仿真[J]．机械工程学报，2000，36(8)：69～73.

[19] 刘宏民，连家创，段振勇．模拟带材轧制过程的条元法[J]．机械工程学报，1993，29(4)：36～43.

[20] Liu Hongmin，Lian Jiachuang. Transverse Distributions of Front and Back Tension Stresses in Cold Strip Rolling[J]. Chinese Journal of Metal Science & Technology，1992，8(6)：427～434.

[21] Peng Yan，Liu Hongmin. Study on Increasing Calculated Precision and Convergence Speed of Streamline Strip Element Method[J]. Journal of Central South of Technology，2004，11(1)：105～108.

[22] 彭艳，刘宏民，胡建平，龙武山．冷轧带材板形分析及预设定控制软件（FAPCSR）及其应用[J]．钢铁，2003，38(2)：34～37.

[23] 连家创．冷轧薄板轧制压力和极限最小厚度的计算[J]．重型机械．1979(2)：20～37.

[24] 连家创．冷轧薄板轧制压力和极限最小厚度的计算[J]．重型机械．1979(3)：21～34.

[25] 曹鸿德．塑性变形力学基础与轧制原理[M]．北京：机械工业出版社，1981.

[26] Stone M D. Iron and Steel Engineer Year Book[M]. Pittsburgh：Association of Iron and Engineer Publisher，1953：115～128.

[27] 赵志业．金属塑性变形与轧制理论[M]．北京：冶金工业出版社，1980.

[28] 马东清，陈荣清，等．板带轧制工艺学[M]．北京：冶金工业出版社，1998：234～235.

[29] A. И. 采利科夫．轧制原理手册[M]．王克智译．北京：冶金工业出版社，1989.

[30] Fleck N A，Johnson K L. Cold Rolling of Foil[J]. Proc. Inst. Mech. Eng.，1992，206：119～131.

[31] Le H R，Sutcliffe M P F. A Robust Model for Rolling of Thin Strip and Foil[J]. International Journal of Mechanical Sciences，2001，43：1405～1419.

[32] 胡锡增．冷轧板材和带材最小可轧厚度的确定及最佳工作辊径的选择[J]．东北重型机械学院学报，1982(1)：1～11.

[33] 贾春玉，刘宏民，邱格君．神经模糊组合预报冷连轧机轧制力[J]．燕山大学学报，2005，29(3)：18～21.

[34] 马庆龙，王东城，刘宏民．基于神经网络和自适应预报模型参数的平整轧制力模型[J]．塑性工程学报，2008，15(3)：191～194.

[35] 王东城，彭艳，刘宏民．冷轧带钢平整机高精度高速度轧制力模型开发[J]．塑性工程学报，2008，15(1)：172～177.

[36] Wang Dongcheng, Peng Yan, Liu Hongmin. A High-speed Rolling Force Model for Thin Strip and Temper Rolling [C]. International Conference on Mechanical Engineering and Mechanics, 2007: 808 ~ 812.

[37] Domanti S A, Edwards W J. Application of Foil Rolling Models to Thin Steel Strip and Temper Rolling [C]. 6th International Rolling Conference, Dusseldorf, 1994.

[38] 王伟. 板带冷轧机机型选择与辊系参数优化理论及其应用[D]. 秦皇岛: 燕山大学, 1999.

[39] 杨绪灿, 金建三. 弹性力学[M]. 北京: 高等教育出版社, 1987.

[40] 白振华. 薄带平整轧制时轧制压力模型的研究[J]. 机械工程学报, 2004, 40(8): 63 ~ 66.

[41] 白振华, 戚向东, 连家创. 平整机轧制压力模型的改进[J]. 上海金属, 2004, 26(1): 33 ~ 36.

[42] 白振华, 连家创. 宝钢2050热轧平整机轧制压力模型的研究[J]. 重型机械, 2002(6): 11 ~ 13.

[43] 白振华, 连家创. 半平面理论在平整轧制力模型中的应用[C]. 中国机械工程会议. 2002.

[44] 徐秉业. 弹性与塑性力学——例题和习题[M]. 北京: 机械工业出版社, 1981.

[45] 白振华, 康晓鹏, 龙瑞兵, 等. 工程实用平整轧制压力模型及其自学习技术研究[J]. 钢铁, 2008, 43(10): 51 ~ 54.

[46] 白振华. 一种平整轧制压力设定、预报及自学习方法: 中国, 200710185706. X [P].

[47] 白振华, 蒋岳峰, 李兴东, 等. 极薄带钢平整轧制过程辊间压靠问题研究[J]. 机械工程学报, 2006(8): 224 ~ 228.

[48] 周利, 何奖爱. 轧辊制造技术与发展趋势[J]. 铸造, 2002, 51(11): 35 ~ 40.

[49] 周利, 刘芳, 刘长生, 等. 高速钢轧辊工作层材料的高温氧化行为[J]. 钢铁研究学报, 2005, 17(2): 24 ~ 28.

[50] 周利, 刘常升, 孙大乐. 浅谈高速钢轧辊的特点[C]. 第七届全国冶金轧辊学术交流年会会议论文集, 2004.

[51] 白振华, 周庆田. 平整机成品板面粗糙度预报与控制技术: 中国, 200510048185. 4[P].

[52] 白振华. 冷连轧机高速生产过程核心工艺数学模型[M]. 北京: 机械工业出版社, 2009.

[53] 李秀军, 黄业钢, 康晓鹏, 等. 平整轧制过程中轧辊表面粗糙度衰减模型研究[J]. 冶金设备, 2008(6): 36 ~ 39.

[54] 白振华, 王骏飞, 李兴东, 等. 冷连轧机工作辊原始粗糙度与换辊周期的研究[J]. 轧钢, 2004, 24(4): 11 ~ 14.

[55] 白振华，王骏飞. 冷连轧机成品板面粗糙度控制技术的研究[J]. 钢铁，2006，41(11)：46 ~ 48.

[56] 周庆田，白振华，王骏飞. 冷连轧过程板面粗糙度模型及其应用的研究[J]. 中国机械工程，2007，18(14)：1743 ~ 1746.

[57] Ma Qinglong，Wang Dongcheng，Liu Hongmin，Lu Haiming. Effect of Temper Rolling on Tensile Properties of Low-Si Al-Killed Sheet Steel[J]. Journal of Iron and Steel Research，International，2009，16(3)：64 ~ 67.

[58] 白振华，李兴东，连家创，等. 平整机延伸率设定的研究[J]. 冶金设备，2005(1)：25 ~ 26.

[59] 顾廷权，白振华，陈培林，等. 平整机延伸率轧制力张力弯辊力综合优化控制方法：中国，ZL200510029203.4[P].

[60] 白振华，李亮亮，马辉，宁远鹏. 二次冷轧机组基于机理模型的弯辊在线快速调整方法：中国，200910073992.X[P].

[61] 邹家祥，施成东. 轧钢机械理论与结构设计[M]. 北京：冶金工业出版社，1993.

[62] 黄传清，白振华，连家创. 热轧高强钢平整机辊径参数设计技术研究[J]. 宝钢技术，2006(5)：51 ~ 53，68.

[63] 白振华. 四辊高强钢平整机的辊径参数设计方法：中国，ZL200610012454.6[P].

[64] 刘华鹏，康贵信. 可变凸度轧辊（VC 辊）在不同油压下的应力和变形分析[J]. 天津冶金，1994(4)：30 ~ 33.

[65] 李本利，刘助柏，等. 液压涨形轧辊凸度的弹性有限元分析[J]. 锻压机械，1993(5)：24 ~ 26.

[66] 白振华，连家创，杨杰. 可变凸度轧辊（VC 辊）在不同油压下的凸度曲线[J]. 机械工程学报，2002，38(6)：156 ~ 158.

[67] 刘鸿文. 材料力学[M]. 北京：高等教育出版社，1979.

[68] 白振华，李兴东，杨杰. VC 轧辊凸度的形成及其板形控制能力的研究[J]. 上海金属. 2002，24(5)：25 ~ 27.

[69] 白振华，连家创，杨杰. 1550CAL VC 辊平整机板形控制技术的开发研究[J]. 轧钢，2003，20(1)：8 ~ 10.

[70] 白振华，杨杰. 宝钢平整机板形技术研究[J]. 宝钢技术，2003(1)：48 ~ 51.

[71] Bai Zhenhua，Li Xingdong，Zhou Lianlian. Crown Distribution Curve of VC Roll under Different Oil Pressure[J]. Iron & Steel Technology，2004(9)：247 ~ 253.

[72] 白振华. 双机架平整机轧制工艺参数计算模型的研究[J]. 钢铁研究学报，2006，18(9)：29 ~ 31.

[73] 白振华，陈凤坡，蒋岳峰，等. 双机架平整机延伸率分配模型研究[J]. 中国

机械工程，2005，16(15)：1332～1334.

[74] 张宝平，刘志亮，白振华．平整机延伸率、轧制力及张力的协调控制技术[J]．轧钢，2007，24(4)：15～18.

[75] 张宝平，丁勇生，白振华．在平整轧制过程中带钢的延伸率、板形及综合控制方法：中国，200610023405.2[P].

[76] 吴首民，李秀军．二次冷轧机组平整模式下的荫罩带钢张力与延伸率综合设定技术[C]. 2008年全国冷轧板带生产技术交流会论文集，2008.

[77] 白振华，康锡军，宁远鹏．双机架UCM平整机组带钢表面色差缺陷综合治理方法：中国，200910073996.8[P].

[78] 李秀军，白振华，李亮亮，等．带钢平整轧制过程中色差综合控制技术的研究[J]．钢铁.

[79] 白振华，杜晓钟，龙瑞兵，等．双UCM平整机组基于机理模型的板形参数在线设定方法：中国，200810054636.9[P].

[80] 白振华，康晓鹏，龙瑞兵．双六辊UCM机型平整机组板形综合控制方法：中国，200810176031.7[P].

[81] 白振华，康晓鹏，吴首民．双UCM平整机组板形参数在线设定技术[J]．钢铁，2009，44(5)：39～43.

[82] 陈先霖．新一代高技术宽带钢轧机的板形控制[J]．北京科技大学学报，1997，42(1)23～38.

[83] 华云松，彭艳，刘宏民．热带钢轧机辊型在线检测现状与发展[J]．轧钢，2002，19(4)：44～46.

[84] 彭艳，刘宏民，张守刚，于春义．HC轧机板形板凸度控制策略的研究[J]．钢铁，2002，37(4)：35～38.

[85] 华云松，彭艳，刘宏民，等．辊型在线检测中的误差分离与补偿方法研究[J]．冶金设备，2003(4)：14～18.

[86] 华云松，彭艳，刘宏民，等．热带连轧辊型检测中影响因素的模拟实验研究[J]．钢铁，2004，39(10)：46～49.

[87] 王宏旭．板形计算理论和工作辊辊型优化曲线的研究[D]．秦皇岛：燕山大学，1996.

[88] 白振华，连家创，刘峰，王建强．宝钢2050热轧厂平整机辊型优化技术的研究[J]．钢铁，2002，37(9)：35～38.

[89] 白振华．1450热轧平整机辊型理论及其工程应用的研究[J]．冶金设备，2006(2)：4～6.

[90] 王东城，马庆龙，刘宏民．冷轧带钢平整机支撑辊辊型优化技术的研究[J]．钢铁，2009，44(8)：56～59.

[91] 白振华，连家创．VC轧机板形控制关键技术的开发与研究[J]．中国机械工程，

2003, 14(15): 1287~1289.

[92] 白振华, 杨杰. VC轧机板形控制及辊型优化技术的研究[J]. 重型机械, 2004(2): 29~33.

[93] 白振华, 顾廷权, 吴安民, 连家创. 宝钢1800 3# CGL热镀锌平整机辊型技术的研究[J]. 中国机械工程, 2006, 17(1): 33~35.

[94] Bai Zhenhua, Yang Lipo. Study on Roll Shape Setting Technology of the Hot Galvanizing Planishing Mill[J]. Journal of Iron and Steel, 2007, 14(1): 33~36.

[95] 顾廷权, 白振华, 赵宇声, 等. 热镀锌平整机辊型曲线设计方法: 中国, ZL200510029216.1[P].

[96] 白振华. 一种针对薄窄料平整轧制过程的辊型曲线设计方法: 中国, ZL200610012600.5[P].

[97] 白振华, 冯宪章, 蒋岳峰. 极薄带钢平整轧制过程辊型改造方案的研究[J]. 中国机械工程, 2007, 18(23): 2887~2890.